计算机科学素养

计算思维基础

主　编　刘　芳
副主编　方　涛　林蓉华　吴　倩
　　　　李禹材　陈　睿　王德超

科学出版社

北　京

内 容 简 介

计算思维是大学计算机基础教学研究的热点课题之一。本书从非计算机专业大学生的计算思维能力的培养出发，将计算思维的训练和培养融入教材的各个部分，从而提升非计算机专业大学生的计算思维能力和综合素养，进一步挖掘学科专业知识的学习潜能。本书依托计算机基础知识和结构，对计算思维的概念、方法及应用等进行阐述。

本书可作为普通高等学校非计算机专业"计算思维""大学计算机基础"等课程的教材，也可作为其他读者学习计算机知识的参考书。

图书在版编目(CIP)数据

计算思维基础/刘芳主编. —北京：科学出版社，2021.8
（计算机科学素养）
ISBN 978-7-03-069316-7

Ⅰ. ①计… Ⅱ. ①刘… Ⅲ. ①计算方法－思维方法－高等学校－教材 Ⅳ. ①O241

中国版本图书馆 CIP 数据核字(2021)第 130889 号

责任编辑：张丽花 / 责任校对：王 瑞
责任印制：霍 兵 / 封面设计：迷底书装

科学出版社 出版
北京东黄城根北街 16 号
邮政编码：100717
http://www.sciencep.com
石家庄继文印刷有限公司印刷
科学出版社发行 各地新华书店经销
*
2021 年 8 月第 一 版 开本：787×1092 1/16
2024 年 6 月第七次印刷 印张：14
字数：330 000
定价：45.00 元
（如有印装质量问题，我社负责调换）

前　言

本书从如何培养大学生的计算思维能力出发，对课程的教学改革进行了一些探讨和研究，将计算思维的训练和培养融入教学的各环节中，以进一步提升大学生的综合素质和能力，挖掘大学生的学习潜能，从而培养非计算机专业大学生分析问题和解决问题的计算思维能力，以及利用信息技术服务社会的责任感和创新精神。

1. 本书结构

第 1 章　计算思维与计算机

第 2 章　0 和 1 的巧妙思维

第 3 章　计算机系统的基本思维

第 4 章　算法思维基础

第 5 章　数据处理的基本思维

第 6 章　计算机网络的基本思维

第 7 章　充满智慧与挑战的计算思维应用技术

附录　拓展阅读

2. 本书特色

(1) 从非计算机专业低年级学生的思维习惯出发，采用通俗易懂的表述方式，强调可读性和趣味性。

编者均是多年从事大学计算机基础课程教学与研究工作的一线教师，对非计算机专业低年级学生的学习基础、思维习惯、学习特点等有充分的了解，结合课程培养目标，在保证表达准确的前提下，尽可能用通俗易懂的语言，深入浅出地介绍计算机知识及其应用，着重突出计算思维的训练，使学生能更好地理解和掌握计算机基本知识和应用。

(2) 深入挖掘和整理思政元素，将思政教育潜移默化地融入教材。

本书通过一些历史故事、典型案例、拓展阅读等将思政教育融入其中，在培养学生掌握基本理论和基本技能的同时，树立学生的家国情怀、法治意识和文化自信等精神，更好地培养具有社会主义核心价值观的新型人才。

(3) 本书内容丰富、结构清晰，既重视计算思维培养需求，又重视计算机知识的传授。

本书包含非计算机专业大学生所需的计算机基础知识和完整的理论体系，强调课程内容深度和广度的有机结合。每章配有小结、习题与思考题等，帮助读者理清知识脉络，巩固基础知识，促进计算思维的训练和养成，提升非计算机专业大学生的计算机科学素养。

学生通过课程学习，一方面掌握计算思维基础知识，为学科专业知识的学习打下坚实的思维基础；另一方面将计算机基础知识融入计算思维的培养和训练，使学生逐步掌握运用计算机来解决问题的思路和方法，提升计算机科学素养。

本书由刘芳任主编，方涛、林蓉华、吴倩、李禹材、陈睿和王德超任副主编。第 1 章由方涛编写，第 2 章由林蓉华编写，第 3 章由吴倩编写，第 4 章由刘芳编写，第 5 章由李禹材编写，第 6 章由陈睿编写，第 7 章由王德超编写，拓展阅读由方涛、林蓉华、吴倩和陈睿编写，全书由刘芳统稿。

在本书编写过程中得到了四川师范大学计算机科学学院领导和老师们的大力支持与帮助，在此表示衷心的感谢。

由于编者水平有限，加上时间仓促，书中难免有疏漏和不足之处，敬请读者批评指正。

编　者

2021 年 3 月

目　录

第 1 章

计算思维与计算机

劳动创造了工具，而工具又拓展了人类探索自然深度和广度的能力。计算机是人类对计算工具不懈努力追求的最好回报，计算思维则是人类依靠计算机强大的计算能力解决问题而自然产生的思维模式。因此，人类的计算需求孕育出计算工具，计算工具的发展深刻影响着人类认识和改变世界的思维能力。

下面我们将从计算环境的演变开始认识计算，并跟随计算工具的发展史，探索计算思维的形成与发展历程。

1.1 计算与计算工具

在人们的生活中，计算无处不在。古有"运筹帷幄之中，决胜千里之外"，今有云计算、海计算、智能计算、互联网等把人、物与计算工具联系起来。计算这个原本专门的数学概念已经泛化到人类的整个知识和生活领域，成为人们认识事物、研究问题和思考生活的一种新视角、新观念和新方法。

1.1.1 计算的概念

当今学科种类繁多，涉及面广，每个学科都需要进行大量的计算。天文学家需要计算分析星位移动；生物学家需要计算发现基因组的奥秘；经济学家需要从大量的数据中寻找消费行为和商业机会等。计算无处不有、无处不在，但计算究竟是什么？

1. 计算的定义

计算，一个我们并不陌生的概念，如加、减、乘、除、正弦、微分、积分等数值计算以及符号推导等，其实计算除了包括具体的数值问题求解，还包括针对具体问题进行的定理、公理的推导和证明等。随着信息时代的到来，以计算机为中心的计算概念正在拓广，并被不断赋予新的含义，成为自然、科学和社会三大系统各个领域的基本处理过程。

所谓计算，抽象地讲就是将输入 A 依据一定的法则变换为输出 B 的过程，如图 1.1 所示。

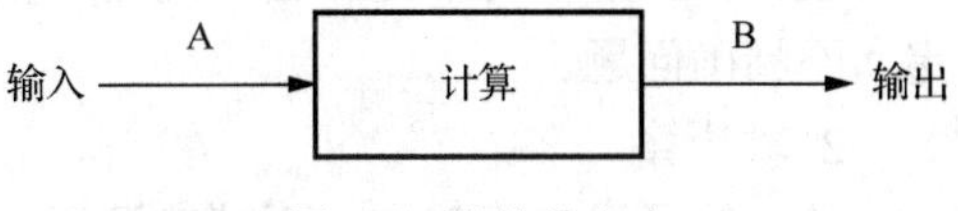

图 1.1 计算的定义

下面举三个简单的例子。

(1) 令 A 是一个四则运算表达式，B 为表达式的值，从 A 到 B 的过程就是一个表达式的计算过程。

（2）令 A 为一组公理和推导规则，B 为一个定理，从 A 到 B 的一系列变换就是定理的证明过程。

（3）令 A 为"中国"，B 为"China"，从 A 到 B 的过程就是将中文翻译成英文的计算过程。

从上面三个简单的例子中可以看出，计算是依据一定规则，在有限的步骤内将输入转化为输出的过程。

2．可计算与不可计算

什么问题可以计算？什么问题不可计算？在 20 世纪之前，人们对这些问题并没有深入思考。虽然在对可计算性的有关数学描述中，定义了递归函数与可计算函数等，但实质上可计算性就是要求对某个函数或问题的计算过程可以用符号记录下来，或者说在有限步骤内可以完成计算。直到 20 世纪 30 年代，人们才从哥德尔（K. Godel）、丘奇（A. Church）、图灵（A. M. Turing）等科学家的研究中弄清楚，计算最重要的问题是清楚什么问题可计算，什么问题不可计算。

从计算机科学的角度而言，一个问题是否可计算与该问题是否具有相应的算法完全等价。一个生活问题能不能用计算机求解，关键是能不能把这个问题用计算机可以接受的方式表示出来，以及求解的过程是否能用算法计算。

3．计算的分类

计算的可行性是计算机科学的理论基础。现实世界需要计算的问题很多，如哪些问题可以自动计算，哪些问题可以在有限的时间、空间内自动计算，哪些问题不能计算，这些都体现了计算的复杂性和可行性。计算的可行性理论起源于对数学基础问题的研究，确定了哪些问题可以用计算机解决，哪些问题不可以用计算机解决。因此，根据计算的可行性，计算可分为硬计算和软计算两大类。

1）硬计算

硬计算（传统计算）这个术语由美国加州大学的 Cadenza 教授于 1996 年提出，长时间用于解决各种不同的问题。

硬计算解决问题时，一般要遵循如下步骤：

第 1 步：分析与问题相关的变量，然后分为两组，即输入或条件变量（输入数据 A），以及输出或行动变量（输出数据 B）。

第 2 步：数学方程建立数学关系（f(A)=B）。

第 3 步：用解析或数学方法求解方程。

第 4 步：基于数学方程的解，确定解决问题的思路和方法。

硬计算的主要特征是严格、确定和精确。但硬计算不适合处理现实生活中的许多不确定、不精确问题。

2）软计算

软计算通过对不确定、不精确及不完全真值的容错以取得低代价的解决方案。它通过模拟自然界中智能系统的生化过程（人的感知、脑结构、进化等）来有效地处理日常生活中的问题。软计算包括模糊逻辑、人工神经网络、遗传算法和混沌理论等几种计算模式。这些模式是互补及相互配合的，因此在许多应用系统中组合使用。

计算能力是人类的基本能力之一，计算工具则是用于完成计算的器具。计算不仅仅是一种数据分析的过程，更是一种用于思考和发现问题的方法，这种思维方式伴随着人类计算工具的产生、发展过程。下面，我们就追随计算工具的发展历程，探索计算工具中包含的计算思维方式。

1.1.2　计算工具的发展史

人类发明了各种计算工具，从古老的"结绳记事"到算盘、计算尺、差分机到现代计算机等。计算的思维方式指引着计算工具经历了从简单到复杂、从低级到高级、从手动到自动的发展过程，而且还在不断发展。回顾计算工具的发展历史，大致可以划分为四个阶段。

1. 手动式计算工具

人类计算的行为由来已久，远古时代，人类就有了计算需求和解决问题的能力。双手是人类最初的计算工具，掰手指头数数是人类最早的计算方法。人有十个手指头，因此十进制成为人们熟悉的计数法。由于双手的局限和社会生产力的发展，人类开始使用石头、结绳、小棍子等工具进行计算。英文单词的计算一词 calculation 的字根为 calculus，其本意就是用于计算的小石子。

1）算筹

我国古代劳动人民最先创造和使用了一种简单的计算工具——算筹。根据史书的记载，算筹是一根根同样长短和粗细的小棍子，多用竹子制成，也有的用木头、兽骨、象牙、金属等材料制成。算筹采用十进制记数法，有纵式和横式两种摆法，这两种摆法都可以表示 1、2、3、4、5、6、7、8、9 九个数字，数字 0 用空位表示，如图 1.2 所示。

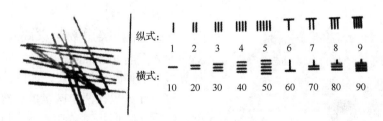

图 1.2　算筹

在春秋战国时期，算筹的使用已经非常普遍了。算筹的记数方法为：个位用纵式，十位用横式，百位用纵式，千位用横式，……，这样从右到左，纵横相间，就可以表示任意大的自然数。

2）算盘

计算工具发展史上的第一次重大改革是算盘，也是我国古代劳动人民首先创造和使用的。算盘由算筹演变而来，并且和算筹并存竞争了一个时期，终于在元代后期取代了算筹。算盘采用十进制记数法并有一整套计算口诀，如"三下五除二""七上八下"等算法，这是最早的体系化算法。算盘能够进行基本的算术运算，是公认的最早使用的计算工具。

3）Napier 算筹

1617 年，英国数学家约翰·内皮尔（John Napier）发明了 Napier 算筹，也称 Napier 算筹，如图 1.3 所示。

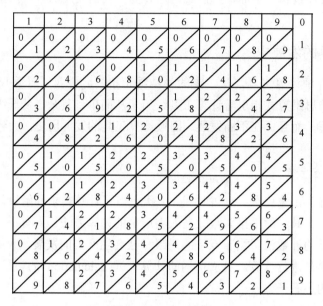

图 1.3　Napier 算筹

Napier 算筹由 10 根长条状的木棍组成，每根木棍的表面雕刻着一位数字的乘法表，右边第一根木棍是固定的，其余木棍可以根据计算的需要进行拼合和调换位置。Napier 算筹可以用加法和一位数乘法代替多位数乘法，也可以用除数为一位数的除法和减法代替多位数除法，从而大大简化了数值计算过程。

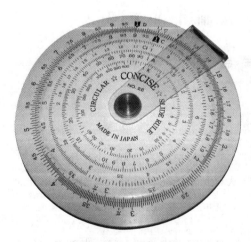

图 1.4　对数计算尺

4）对数计算尺

1621 年，英国数学家威廉·奥特雷德（William Oughtred）根据对数原理发明了对数计算尺，也称圆形计算尺，如图 1.4 所示。

对数计算尺在两个圆盘的边缘标注对数刻度，然后让它们相对转动，就可以基于对数原理用加减运算来实现乘除运算。

17 世纪中期，对数计算尺改进为尺座和在尺座内部移动的滑尺。18 世纪末，发明蒸汽机的瓦特独具匠心，在尺座上添置了一个滑标，用来存储计算的中间结果。对数计算尺不仅能进行加、减、乘、除、乘方、开方运算，而且可以计算三角函数、指数函数和对数函数，它一直使用到袖珍电子计算器面世。

即使在 20 世纪 60 年代，对数计算尺的使用仍然是理工科大学生必须掌握的基本功，是工程师身份的一种象征。

2．机械式计算工具

1）帕斯卡加法器

17 世纪，欧洲出现了利用齿轮技术的计算工具。1642 年，法国数学家布莱士·帕斯卡(Blaise Pascal)发明了帕斯卡加法器，如图 1.5 所示。

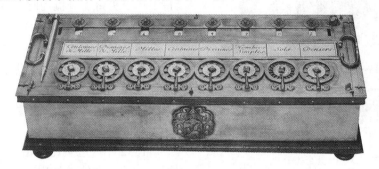

图 1.5　帕斯卡加法器

帕斯卡加法器是由齿轮组成、以发条为动力，通过转动齿轮来实现加减运算，用连杆实现进位的计算装置。帕斯卡从加法器的成功中得出结论：人的某些思维过程与机械过程没有差别，因此可以设想用机械来模拟人的思维活动。这是人类历史上第一台机械式计算工具，其原理对后来的计算工具产生了深远的影响。

2）莱布尼茨四则运算器

德国哲学家、数学家戈特弗里德·威廉·莱布尼茨(Gottfried Wilhelm Leibniz)学习了关于帕斯卡加法器的论文，该论文激发了他强烈的发明欲望，决心把这种机器的功能扩大到乘除运算。1673 年，莱布尼茨研制了一台能进行四则运算的机械式计算器，称为莱布尼茨四则运算器，如图 1.6 所示。

图 1.6　莱布尼茨四则运算器

这台机器在进行乘法运算时采用进位-加(shift-add)，即步进(stepped reckoning)的方法，后来演化为二进制，被现代计算机采用。

3）巴贝奇差分机

19 世纪中期，为了解决航海、工业生产和科学研究中的复杂计算问题，许多数学表(如对数表、函数表等)应运而生。这些数学表虽然带来了一定的方便，但由于采用人工计算，其中的错误很多。英国数学家查尔斯·巴贝奇(Charles Babbage)决心研制新的计算工具，专门用于航海和天文计算，用机器取代人工来计算这些实用价值很高的数学表。

图 1.7 巴贝奇差分机

巴贝奇在前人马洪发明的逻辑演示器的影响下，于 1822 年开始设计差分机(different engine)，其目标是能计算 20 位有效数字的 6 次多项式的值。在英国政府的支持下，巴贝奇差分机历时 10 年研制成功，如图 1.7 所示。

这是最早采用寄存器来存储数据的计算工具，体现了早期程序设计思想的萌芽，使计算工具从手动机械跃入自动机械的新时代，因此他被称为"计算之父"。

4)巴贝奇分析机

1832 年，巴贝奇开始进行新的研制计划，设计一台能够处理数学公式的分析机(analytical engine)。在分析机的设计中，巴贝奇采用了三个具有现代意义的装置。

(1)存储装置：采用齿轮式装置的寄存器保存数据，既能存储运算数据，又能存储运算结果。

(2)运算装置：从寄存器取出数据进行加、减、乘、除运算，并且乘法以累次加法来实现，还能根据运算结果的状态改变计算的进程，用现代术语来说，就是条件转移。

(3)控制装置：使用指令自动控制操作顺序，选择所需处理的数据以及输出结果。

我们今天使用的每一台计算机都遵循巴贝奇的基本设计方案。但是巴贝奇先进的设计思想超越了当时的客观现实，由于当时的机械加工技术还达不到所要求的精度，这台以齿轮为元件、以蒸汽为动力的巴贝奇分析机一直到巴贝奇去世也没有完成。

3. 机电式计算机

1)霍利里思制表机

1886 年，美国统计学家赫尔曼·霍利里思(Herman Hollerith)借鉴了雅各织布机的穿孔卡原理，用穿孔卡片存储数据，采用机电技术取代了纯机械装置，制造了第一台可以自动进行加减四则运算、累计存档、制作报表的制表机，如图 1.8 所示。

这台制表机参与了美国 1890 年的人口普查工作，使预计 10 年的统计工作仅用 1 年零 7 个月就完成了，是人类历史上第一次利用计算

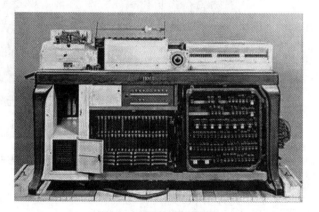

图 1.8 霍利里思制表机

机进行的大规模数据处理。霍利里思于 1896 年创建了制表机公司(Tabulating Machine Company，TMC)。1911 年，TMC 与另外两家公司合并，成立了计算-制表-记录公司

CTR（Computing-Tabulating-Recording）。1924 年，CTR 公司改名为国际商业机器公司（International Business Machines Corporation），就是赫赫有名的 IBM 公司。

2）K.Zuse 的 Z-1、Z-2、Z-3、Z-4 计算机

1938 年，德国工程师康拉德·朱斯（Konrad Zuse）研制出 Z-1 计算机，这是第一台采用二进制的计算机。在接下来的四年中，朱斯先后研制出采用继电器的计算机 Z-2、Z-3、Z-4。其中 Z-3 计算机如图 1.9 所示。

Z-3 是世界上第一台真正的通用程序控制计算机，不仅全部采用继电器，而且采用了浮点记数法、二进制运算、带存储地址的指令形式等。这些设计思想虽然在朱斯之前已经有人提出过，但朱斯第一次

图 1.9　Z-3 计算机

将这些设计思想具体实现。1944 年，在一次空袭中，朱斯的住宅和包括 Z-3 在内的计算机都被炸毁。由于当时德国保守机密，朱斯的工作也很少为人所知。德国战败后，朱斯流亡到瑞士一个偏僻的乡村，转向计算机软件理论的研究。

3）机电式计算机 Mark-Ⅰ

1936 年，美国哈佛大学应用数学教授霍华德·艾肯（Howard Aiken）提出用机电的方法，而不是纯机械的方法来实现巴贝奇分析机。在 IBM 公司的资助下，其在 1944 年研制成功了机电式计算机 Mark-Ⅰ，如图 1.10 所示。

图 1.10　机电式计算机 Mark-Ⅰ

Mark-Ⅰ 长 15.5m，高 2.4m，由 75 万个零部件组成，使用了大量的继电器作为开关元件，存储容量为 72 个 23 位十进制数，采用了穿孔纸带进行程序控制。它的计算速度很慢，执行一次加法操作需要 0.3s，并且噪声很大。尽管它的可靠性不高，仍然在哈佛大学使用了 15 年。Mark-Ⅰ 只是部分使用了继电器，1947 年研制成功的计算机 Mark-Ⅱ 全部使

用继电器。到了 1949 年由于当时电子技术已取得重大进步，艾肯研制出采用电子管的计算机 Mark-Ⅲ。

从此，在计算技术上存在着两条发展道路：一条是各种台式机械和较大机械式计算机的发展道路；另一条是采用继电器电子元件的发展道路。后来建立在电子管和晶体管电子元件基础上的电子计算机正是受益于这两条发展道路。

4. 电子计算机

1）ABC 电子计算机

1939 年，美国爱荷华州立大学（Iowa State University，ISU）数学物理学教授约翰·阿塔纳索夫（John Atanasoff）和他的研究生克利福特·贝瑞（Clifford Berry）一起研制了一台称为 ABC（Atanasoff Berry Computer）的电子计算机。由于经费的限制，他们只研制了一台能够求解包含 30 个未知数的线性代数方程组的样机。在阿塔纳索夫的设计方案中，第一次提出采用电子技术来提高计算机的运算速度。1997 年，由埃姆斯实验室（Ames Laboratory，位于爱荷华州立大学 ISU 校园）的约翰·古斯塔夫森（John Gustafson）领导的研究团队花费了 35 万美元，建造了一台能工作的 ABC 电子计算机的复制品。现在，这台 ABC 电子计算机的复制品永久展览于爱荷华州立大学德拉姆计算和通信中心（Durham Computing and Communications Center）一楼大厅，如图 1.11 所示。

图 1.11　ABC 电子计算机的复制品

2）ENIAC 计算机

第二次世界大战中，美国宾夕法尼亚大学物理学教授约翰·莫克利（John Mauchly）和他的研究生普雷斯帕·埃克特（Presper Eckert）受军械部的委托，为计算弹道和射击表，启动了研制 ENIAC（Electronic Numerical Integrator and Computer）的计划。1946 年 2 月，这台标志着人类计算工具历史性变革的巨型机器 ENIAC 宣告竣工。ENIAC 计算机如图 1.12 所示。

图 1.12　ENIAC 计算机

ENIAC 是一个庞然大物，共使用 18000 多个电子管、1500 个继电器、10000 个电容器和 70000 个电阻器，占地面积约 $170m^2$，重达 30t。ENIAC 的最大特点就是采用电子器件代替机械齿轮或电动机械来执行算术运算、逻辑运算和存储信息,因此,同以往的计算机相比,ENIAC 最突出的优点就是高速度。ENIAC 每秒能完成 5000 次加法、300 多次乘法,比当时最快的计算工具快 1000 多倍。

ENIAC 是世界上第一台能真正运转的大型电子计算机,ENIAC 的出现标志着电子计算机时代的到来。

电子计算机的发明是计算工具发展史的里程碑。从手动计算工具到电子计算机的发展,计算工具的发展、计算环境的演变、计算科学的形成、计算文明的迭代中蕴含着思维的力量。计算工具的变革不仅带来一场计算工具技术的革命,而且带来了计算思维的革新和人们审视问题、解决问题的新视角。正如图灵奖得主 Edsger W.Dijkstra 所言,我们所使用的工具影响着我们的思维方式和思维习惯,从而深刻地影响着我们的思维能力。未来,人的思维将借助计算工具的发展,从本体到延伸,无处不在地开创新时代。

1.2　计　算　思　维

波兰经济学家 Virlyn W.Bruse 曾说:伟大创新的根源从来不只是技术本身,而常在于更广阔的历史背景下、更多看待问题的新方法。基于计算机系统的计算突破了传统计算理论方法的限制,计算机系统不仅可以完成数学计算和逻辑分析,也可以实现对现实的模拟和重现,大大拓展了人类在认知世界和解决问题时的思维能力。

人类在认识世界和改造世界的科学活动中离不开思维活动。人类对自身的思维活动很早就开展了研究,并提出思维活动的基本规则。

(1)思维活动的载体是语言和文字。

(2)思维的表达方式必须遵循一定的格式,即需要符合一定的语法和语义规则。

(3)思维活动具有思维逻辑。

到目前为止,符合这样三条规则的思维逻辑大体可分为三类:

(1)实证思维(Experimental Thinking):通过观察和实验获取自然规律法则的一种思维方式,以观察和归纳自然规律为特征,如物理学。

(2)逻辑思维(Logical Thinking):通过抽象概括,建立描述事物本质的概念,应用科学的方法探寻概念之间关系的一种思维方法,以推理和演绎为特征,如数学。

(3)计算思维(Computational Thinking):又称构造思维,是从具体算法设计规范入手,通过算法过程的构造与实施来解决给定问题的一种思维方式,以设计和构造为特征,如计算机学科。

可见,计算思维与实证思维、逻辑思维是并列的三种科学思维模式。它和"读、写、算"能力一样,是每个人必须具备的基本思维能力。那么,计算思维究竟是什么?

1.2.1　计算思维的概念

1. 计算思维的定义

目前国际上广泛使用的计算思维的概念,是由美国卡内基梅隆大学计算机科学系主任周以真提出的，即计算思维是运用计算机科学的基础概念进行问题求解、系统设计以及人类行为理解等涵盖计算机科学之广度的一系列思维活动。这个概念第一次从思维层面阐述了运用计算机科学的基础概念进行问题求解、系统设计和人类行为理解的过程。

因此，计算思维是计算机发展到一定程度，在人类逐渐意识到计算机解决问题的强大能力后自然产生的思维模式，是一种广泛地关注逻辑性和批判性思考的技能，是一种解决问题的能力。

计算思维关注将问题分解并且利用所掌握的计算机知识找出解决问题的办法。该思维活动可以划分为四个主要的组成部分。

(1)解构(Decomposition)：把问题进行拆分，同时厘清各个部分之间的关系。

(2)模式识别(Pattern Recognition)：找出被拆分问题各部分之间的相同和不同之处。

(3)模式归纳或抽象化(Abstraction)：探寻形成这些模式背后的一般规律，排除无效信息，发现核心问题。

(4)算法设计(Algorithm Design)：针对相似的问题提供逐步的解决办法。

计算机把人的科学思维和物质的计算工具合二为一，通过数学思维与工程思维的融合，拓展了人类认识问题和解决问题的能力。计算思维帮助人们发明、改造、优化、延伸计算机。同时，借助于计算机，计算思维的作用和意义进一步浮现。

2. 计算思维的特点

(1)计算思维是概念化思维，不是程序化思维。

计算机科学不是计算机编程。像计算机科学家那样的思维意味着远不止能用计算机编程，还能够进行抽象的多个层次的思维。

(2)计算思维是基础的技能，而不是机械的技能。

计算思维的根本技能是每一个人为了在现代社会中发挥职能所必须掌握的，而不是机械重复的刻板技能。

(3)计算思维是人的思维，不是计算机的思维。

计算思维是人类求解问题的一条途径，但决非要使人类像计算机那样地思考。计算机枯燥且沉闷，人类聪颖且富有想象力，是人类赋予计算机激情。配置了计算设备，我们就能用自己的智慧去解决那些在计算机时代之前不敢尝试的问题，实现"只有想不到，没有做不到"的境界。

(4)计算思维是思想，不是人造品。

计算思维不只是将我们生产的软硬件等人造物进行呈现，更重要的是计算的概念，被人们用来求解问题、管理日常生活，以及交流和活动。

(5)计算思维面向所有的人，所有领域。

计算思维是面向所有人的思维，而不只是计算机科学家的思维。如同所有人都要具备的"读、写、算"能力一样，计算思维是每个人必须具备的思维能力。

(6)计算思维是数学思维和工程思维的互补与融合，不是数学性的思考。

计算机科学在本质上源自数学思维，因为像所有的科学一样，其形式化基础建筑于数学之上。计算机科学又从本质上源自工程思维，因为我们建造的是能够与实际世界互动的系统，基本计算设备的限制迫使计算机学家必须计算性地思考，不能只是数学性地思考。

3．计算思维的思维方式

计算思维主要包括科学思维中的逻辑思维、算法思维、网络思维和系统思维等。运用逻辑思维精准地描述计算过程，运用算法思维有效地构造计算过程，运用网络思维和系统思维有效地组合各个计算过程，从而达到解决现实问题的目的。

1）逻辑思维

逻辑思维是人类运用概念、判断、推理等思维类型反映事物本质与规律的认识过程。逻辑思维属于抽象思维，是思维的一种高级形式，其特点是以抽象的概念、判断和推理作为思维的基本形式，以分析、综合、比较、抽象、概括和具体化作为思维的基本过程，从而揭示事物的本质特征和规律性联系。

下面我们来看一个例题，理解逻辑思维的概念。

例 1.1　谁偷了奶酪。

有四只小老鼠一块出去偷食物(它们都偷了食物)，回来时族长问它们都偷了什么食物?

老鼠 a 说："我们都偷了奶酪。"

老鼠 b 说："我只偷了一颗樱桃。"

老鼠 c 说："我没偷奶酪。"

老鼠 d 说："有些老鼠没偷奶酪。"

族长仔细思考了一下，发现它们当中只有一只老鼠说了实话。请你判断以下哪个选项是正确的。

A．所有老鼠都偷了奶酪

B．所有的老鼠都没有偷奶酪

C．有些老鼠没偷奶酪

D．老鼠 b 偷了一颗樱桃

下面，我们一起来分析这个问题：

假设老鼠 a 说的是实话，那么其他三只老鼠说的都是假话，这符合题中仅一只老鼠说实话的前提。

假设老鼠 b 说的是实话，那么老鼠 d 说的也是实话，与前提"只有一只老鼠说实话"矛盾。

假设老鼠 c 或 d 说的是实话，这两种假设只能推出老鼠 a 说假话，与前提不符。

所以 A 选项正确，所有的老鼠都偷了奶酪。

生活中逻辑思维的例子很多，如大家最爱玩的"数独"游戏、围棋等。

2）算法思维

算法思维具有非常鲜明的计算机科学特征。算法思维是思考使用算法来解决问题的方法，这是学习编写计算机程序时需要开发的核心技术。关于算法思维，将在第 4 章进一步学习。

例 1.2　鸡兔同笼问题。

鸡兔同笼是中国古代著名典型趣题之一，记载于《孙子算经》之中。书中是这样叙述的："今有雉、兔同笼，上有三十五头，下有九十四足。问：雉、兔各几何？"（雉，今称鸡）

《孙子算经》中为本题提出了两种解法。

解法 1："术曰：上置三十五头，下置九十四足。半其足，得四十七，以少减多，再命之，上三除下三，上五除下五，下有一除上一，下有二除上二，即得。"

所谓的"上置""下置"指的是将数字按照上下两行摆在算筹盘上。在算筹盘第一行摆上数字三十五，第二行摆上数字九十四，将脚数除以二，此时第一行是三十五，第二行是四十七。用较小的头数减去较多的半脚数，四十减去三十，七减去五。此时下行是十二，三十五减十二(下一除上一，下二除上二)得二十三。此时第一行剩下的算筹就是鸡的数目，第二行的算筹就是兔的数目。

解法 2："又术曰：上置头，下置足，半其足，以头除足，以足除头，即得。"

在第一行摆好三十五，第二行摆好九十四，将脚数除以二，用头数去减半脚数，用剩下的数(我们现在知道这是兔数)减去头数。这样第一行剩下的是鸡数，第二行剩下兔数。

3) 网络思维

所谓的"网络思维"是基于网络的"互联网+"思维结构，指利用网络时代的特征，形成掌握网络技术的搭建理念和思路方法。它既强调网络构成的核心是对象之间的互动关系，可以包括基于机器的人机互动，涉及以虚拟社区为基础的交往模式、传播模式、搜索模式、组织管理模式、科技创新模式等，如社交网络、自媒体、专业发展共同体；也可以包括机器间的互联，涉及因特网、物联网、云计算、大数据等的运作机制，是非平面、立体化的，无中心、无边缘的网状结构。

例如，传统的写作和解读常采用线性顺序。由于受稿纸和书本有限空间的影响，人们必须按一定的时空和逻辑顺序来书写或解读某种信息。而计算机写作和解读中，信息载体几乎没有空间限制，完全可以突破时间和逻辑的线性轨道，进行随意的跳跃和生发。它可以在文本的任何一个节点上增加和补充新的思想内容，删除不合主题的冗余材料，不同的部分可以任意调换先后次序，进行自由组合。

网络思维促进互联网的巨大发展，互联网的发展反过来使计算思维的网络化更加深入人心，改变了人们的生活方式、工作方式和思维方式。关于网络的基本思维，将在第 6 章进一步学习。

4) 系统思维

系统思维就是用框架来系统思考与表达的思考方式。如果把构建一栋房子看成一个系统，系统元素就是砖瓦、木材和水泥，系统间的联系就是图纸结构。框架是系统思维的核心，用框架来思考，可以对事情有更全面、更快速、更深入的理解。

因此，系统思维就是把认识对象作为系统，从系统与要素、要素与要素、系统与环境的相互联系、相互作用中综合地考察认识对象的一种思维方法。简单地说，就是对事情全面思考不只就事论事，把想要达到的结果、实现该结果的过程、过程优化以及对未来的影响等一系列问题作为一个整体系统进行研究。

1.2.2 计算思维的本质

计算思维的本质是抽象(Abstraction)和自动化(Automation)。抽象指的是将待解决的问题用特定的符号语言标识并使其形式化，从而达到机械执行的目的(即自动化)。算法就是抽象的具体体现。自动化就是自动执行的过程，它要求被自动执行的对象一定是抽象的、形式化的，只有抽象的、形式化的对象经过计算后才能被自动执行。由此可见，抽象与自动化是相互影响、彼此共生的。

想要理解抽象和自动化之于计算思维的重要性，我们先来看运用计算思维进行问题求解的关键路径：

(1) 把实际问题抽象为数学问题，并建模。

(2) 把数学模型中的变量和规则等用特定的符号代替。

(3) 通过编程把解决问题的逻辑分析过程写成算法。

(4) 根据算法，计算机一步步地完成相应指令，求出结果。

建立数学模型的过程就是理解问题的过程，并且要把你对问题的理解用数学语言描述出来，这非常关键。数学模型的好坏意味着你对问题的理解程度，而且数学模型还说明了在这个问题中，哪些内容可以计算以及如何进行计算，这可以说是计算思维里最核心的内容了。这个关键过程需要的核心能力就是抽象能力以及一定的数学基础。

1. 抽象

我们以一个经典的数学问题——哥尼斯堡七桥问题来理解什么是抽象。

18 世纪初，东普鲁士的哥尼斯堡城(今俄罗斯加里宁格勒)有一条河流穿城而过，而河中有两个小岛，河两岸和两个小岛之间有七座桥连接，如图 1.13(a)所示。城里的居民们有一个有趣的话题：是否有人可以从某个陆地出发，走过每座桥恰好一次最后又回到这个位置。注意：这里说到“恰好一次”，也就是说每座桥都要走过，而且不能重复。这个问题在数学史上称为七桥问题或哥尼斯堡七桥问题。

1736 年，瑞士数学家欧拉发现这个问题虽然与图形有关，但是和传统上处理图形的数学分支——几何学有很大的不同，因为这个问题与图形的具体画法无关，与角度、长度之类的量完全没关系。他将图中河的两岸(即 A 和 C)抽象为两个点，再将河中两个岛(即 B 和 D)也抽象为两个点，然后用连接两点之间的线段(不一定是直线段)表示桥。例如，B 和 D 之间有桥，就将 B 和 D 连接起来，那么我们将得到如图 1.13(b)所示的图，建立了哥尼斯堡七桥问题的数学模型，将问题转换为是否可以从图中任何一点出发，经过所有边一次且仅一次回到原点的数学问题。

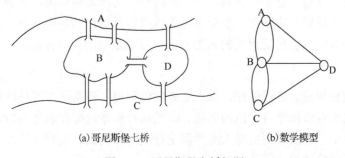

(a)哥尼斯堡七桥　　　　　　　　(b)数学模型

图 1.13　哥尼斯堡七桥问题

因此，抽象就是对同类事物去除其现象的次要方面，抽取其共同的主要方面，从个别中把握一般，从现象中把握本质，即“从共性中寻找差异，从差异中寻找共性”的认知过程和思维方法。抽象最为重要的是产生各种各样的系统模型，以此作为解决问题的基础，因此建模是抽象更为深入的认识行为。

2. 自动化

自动化，即选择合适的计算机去解释执行抽象，自动化可以从自动执行和自动控制两方面来考察。

1）自动执行

自动化即预先设计好的程序或系统可自动运行。自动执行源于冯·诺依曼的预置程序的计算机思想（该内容将在 1.3 节详细讨论），在电子计算机时代一直被延续。

2）自动控制

自动控制体现了程序执行后的必然结果。人机交互并非总是线性的，往往因时而变，程序应能随时响应用户的需要。自动控制是能按规定程序对机器或装置进行自动操作或控制的过程，其基本思想源自控制论。具体而言，自动控制是在无人直接参与的情况下，利用外加设备装置（即控制装置或控制器），使机器设备（统称为被控对象）的某个工作状态或参数（即被控制量）自动按照预定规律运行。

自动控制技术的发展有利于将人类从复杂、耗时、烦琐、机械、危险的劳动环境中解放出来，并大大提高工作效率。例如，目前许多的物流仓库都配置机器人分类和运送货物，它们个子小、力气大，可抬起重达 720 磅（约等于 327kg）的物品，通过扫描地上的条码前进，并能根据无线指令的订单将货物所在的货架从仓库搬运至员工处理区。这些机器人负责将货物（连同货架）一块搬到员工面前，快递人员只需要在固定的位置进行盘点或配货，这样工作人员每小时可挑拣、扫描 300 件商品，效率是以前的三倍，并且其准确率达到了99.9%。

理解自动化的必要性、实现自动执行和自动控制的基本思想方法，能够辨识自动化的限度，理解人类在自动执行和控制系统中的功能和价值，是人类在高科技面前保持人类自信本质的基石，这种思维能力必将成为新时代人才的重要素养之一。

1.2.3　计算思维的应用

计算思维已经渗透到各学科领域，并正在潜移默化地影响和推动各领域的发展，成为一种发展趋势。计算思维的概念正在走出计算机科学乃至自然科学领域，向社会科学领域拓展，成为一种新的具有广泛意义的思想方法，有着重要的社会价值。

1. 医学

电子病历数据集成、远程医疗、重点患者定位管理、药品溯源等是计算思维与医学的融合，帮助医院实现资源整合、流程优化，降低运行成本，提高服务质量、工作效率和管理水平。在医疗中，我们看到机器人医生能更好地陪伴病人、观察并治疗自闭症，可视化技术使虚拟结肠镜检查成为可能等。

2. 环境学

在环境学中，大气科学家用计算机模拟暴风云的形成来预报热带气旋及其强度。计算机仿真模型表明空气中的污染物颗粒有利于减缓热带气旋。因此，与污染物颗粒相似但不影响环境的气溶胶被研发并将成为阻止和减缓这种大风暴的有力手段。

3. 法学

在法学中，斯坦福大学的 CL(Computer Laminography)方法应用了人工智能、时序逻辑、状态机、进程代数、Petri 网等方面的知识，欺诈调查方面的 POIROT 项目为欧洲的法律系统建立了一个详细的本体论结构等。

4. 地质学

在地质学中，"地球是一台模拟计算机"，研究人员用抽象边界和复杂性层次模拟地球和大气层，并且设置了越来越多的参数来进行测试，甚至可以将地球模拟成一个测试仪，跟踪测试不同地区的人们的生活质量、出生率和死亡率、气候影响等。

5. 神经科学

在神经科学中，大脑是人体中最难研究的器官，科学家可以从肝脏、脾脏和心脏中提取活细胞进行活体检查，唯独大脑，要想从中提取活检组织仍是个难以实现的目标。无法观测活的大脑细胞一直是精神病研究的障碍。精神病学家目前重换思路，从患者身上提取皮肤细胞，转成干细胞，然后将干细胞分裂成所需要的神经元，最后得到所需要的大脑细胞，在细胞水平上观测到精神分裂患者的脑细胞。类似这样的新的思维方法，为科学家提供了以前不曾想到的解决方案。

6. 其他领域

计算思维在艺术、社会科学、体育、军事、天文等很多领域都有着广泛的应用。

计算思维关注很多领域和日常生活中使用的计算原理，而不局限于科学计算。我们身处的时代，需要我们每个人像计算机科学家一样去思考，只有拥有这种计算思维的能力，我们才能游刃有余地生活、学习和工作。

1.3　计算模型与计算机

抽象是计算思维的本质之一，通过抽象产生各种各样的系统模型，以此作为解决问题的基础。计算模型是刻画计算抽象的形式系统或数学系统。计算模型很重要的一条是采用了算法思维来研究计算的过程，通过计算机运行程序之间的密切关系，揭示可计算性概念，从而使计算理论受到重视并被广泛使用。

因此，在计算科学中，计算模型是指具有状态转换特征，能够对所处理对象的数据或信息进行表示、加工、变换和输出的数学机器，是现代计算发展的理论模型。

1.3.1　图灵机模型

艾伦·马西森·图灵(Alan Mathison Turing，1912～1954 年)，英国数学家、逻辑学家，是计算机逻辑的奠基者，提出了"图灵机"和"图灵测试"等重要概念，被称为计算机科学之父和人工智能之父。

为了回答究竟什么是计算、什么是可计算性等问题，1936 年，年仅 24 岁的图灵发表了著名的《论数字计算在决断难题中的应用》一文。文中分析和总结了人类自身如何运用笔和纸等工具进行计算以后，提出了理想的计算机的数学模型——图灵机（Turing Machine，TM）。

1. 图灵机的基本思想

图灵将人进行运算的过程看作如下几个简单的步骤。

第 1 步：根据眼睛看到显示于纸上的符号，在脑中思考相应的法则。

第 2 步：指示手中的笔，在纸上写上或擦去一些符号。

第 3 步：把注意力从纸上的一个位置移动到另一个位置。

第 4 步：如此继续，直到认为计算结束为止。

图灵机的基本思想是用机器来模拟人们用纸和笔进行数学运算的过程，或者说，图灵机是将计算机与自动的机械操作联系在一起的一种理论模型。

2. 图灵机的理论模型

图灵机的理论模型如图 1.14 所示。

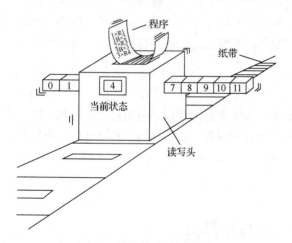

图 1.14　图灵机的理论模型

该模型由以下四个部分组成：

（1）一条无限长的纸带（tape）。

纸带被划分为一个个连续的方格，称为单元格（Cell），每个单元格包含一个来自有限字母表的符号（Tape Symbol，称为带符），字母表中有一个特殊的符号表示空白。纸带上的格子从左到右依此被编号为 0,1,2,…，纸带的右端可以无限伸展。

（2）一个读写头（head）。

读写头内部包含了一组固定状态（盒子上的方块）和程序。该读写头可以在纸带上左右移动，它能读出当前所指的单元格上的符号，并能改变当前单元格上的符号。

（3）一套控制规则（program，即程序）。

控制规则包括当前读写头的内部状态、输入数值、输出数值、下一刻的内部状态。在每个时刻，读写头都从当前的纸带上读入一个单元格信息，根据当前机器所处的状态及读写头所读入的单元格上的符号来确定读写头下一步的动作，同时，改变状态寄存器的值，令机器进入一个新的状态。

（4）一组内部状态（current state）。

它用来保存图灵机当前所处的状态。图灵机的所有可能的状态的数目是有限的，并且有一个特殊的状态，称为停机状态。

注意，图灵机仅仅是计算机的数学模型，这个理论模型的每一部分都是有限的，现实中不存在无限长的纸带，因此这只是一个理想设备。图灵认为这样的一台装置就能模拟人类所能进行的任何计算过程。

3. 图灵机的意义

图灵机模型被认为是计算机的基本理论模型：计算机是使用相应的程序来完成任何设定的任务，一个问题的求解可以通过构造其图灵机(即算法和程序)来解决。图灵认为：凡是能够用算法解决的问题，也一定能用图灵机解决；而图灵机解决不了的问题，任何算法也解决不了。这就是著名的图灵可计算性问题。

图灵提出图灵机模型的意义主要体现在以下几点。

(1)证明了通用计算理论，肯定了计算机实现的可能性，同时它给出了计算机应有的主要架构。

(2)图灵机模型引入了读写、算法与程序语言的概念，极大地突破了过去的计算器的设计理念。

(3)图灵机模型理论是计算学科最核心的理论，因为计算机的极限计算能力就是通用图灵机的计算能力，很多问题可以转化为图灵机这个简单的模型来考虑。

为了纪念图灵在计算机领域的卓越贡献，美国计算机协会(Association for Computing Machinery，ACM)于 1966 年设图灵奖(Turing Award，TA)。图灵奖旨在奖励对计算机事业做出重要贡献的个人，图灵奖是计算机领域的国际最高奖项，被誉为"计算机界的诺贝尔奖"。

尽管图灵机就其计算能力而言，可以模拟现代任何计算机，甚至蕴含了现代存储程序计算机的思想(图灵机的纸带可认为是可擦写的存储器)，但是图灵机向人们展示了这样一个过程：程序和其输入可以先保存到存储带上，图灵机就按程序一步一步运行直到给出结果，结果也保存在存储带上。更重要的是，这个模型让我们隐约可以看到现代计算机的主要构成，尤其是冯·诺依曼理论的主要构成。

1.3.2　冯·诺依曼机

冯·诺依曼(John von Neumann，1903～1957 年)是 20 世纪最重要的数学家之一，在现代计算机、博弈论和核武器等诸多领域有杰出建树的最伟大的科学全才之一，被称为计算机之父和博弈论之父。

1. 冯·诺依曼体系结构思想

在图灵等的工作的影响下，1946 年 6 月，冯·诺依曼与同事完成了《关于电子计算装置逻辑结构设计》的研究报告，具体介绍了电子计算机和程序设计的新思想，提出了"存储程序"的概念，确定了现代存储程序计算机的基本结构和工作原理，给出了由运算器、控制器、存储器、输入设备和输出设备五类部件组成的冯·诺依曼体系结构，如图 1.15 所示。

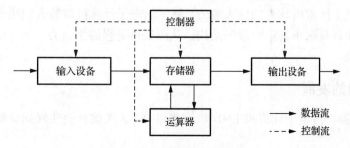

图 1.15　冯·诺依曼体系结构

冯·诺依曼体系结构思想可以概括为：

(1)计算机内部采用二进制表示数据的指令和数据。指令包括操作码和地址码两部分，操作码指出操作类型，地址码指出数据地址。一串指令就组成一个程序。

计算机内的所有数据都用二进制表示，具体的表示方法将在第 2 章进一步学习。

(2)采用"存储程序"和"程序控制"的思想。冯·诺依曼机的基本工作原理是"存储程序"和"程序控制"。计算机工作时，先把程序和数据送入计算机，存入计算机内存，然后存储起来，这就是"存储程序"的原理。运行时，计算机根据事先存储的程序指令，在程序的控制下，由控制器逐条取出指令，分析、执行指令，直至完成指令规定的动作，这就是"程序控制"的原理。

(3)由运算器、控制器、存储器、输入设备和输出设备五类部件组成计算机系统，并规定了各部分的功能。

冯·诺依曼体系结构非常重要，从此以后的计算机都采用冯·诺依曼体系结构，按此体系结构建造的计算机称为存储程序计算机，直到今天的计算机都是存储程序计算机。

2. 冯·诺依曼机的局限性

冯·诺依曼机以存储程序原理为基础，以运算器为中心，这就注定其本质特点是线性或是串行性，限制了冯·诺依曼机的发展，它的瓶颈主要表现在以下两点。

1)指令执行的串行性

中央处理器(Central Process Unit，CPU)的运算依赖于寄存器。每一个指令的运算或多或少依赖于其前序指令的执行结果。

2)存储器读取的串行性

存储器是现代体系的核心。一切数据都要在存储器里处理，所有对内存的读取都是独占性的，每一个瞬间，内存实体只能被一个操作对象通过片选信号占据。这就决定了内存的串行读取特性。

目前，针对冯·诺依曼体系结构的瓶颈的应对对策很多，哈佛结构就是其中之一。哈佛结构的数据和程序分别存储于两个存储器中，数据总线和指令传输总线完全分开，指令和数据的空间也是完全分开的，一个用于存取指令，另一个用于存取数据。

图灵机和冯·诺依曼机是现代电子计算机(即计算机)的理论计算模型，是人对计算过程的模拟。特别地，冯·诺依曼在图灵机计算模型基础上对其实现了工程化，提出了冯·诺依曼体系结构，为现代计算机的研制奠定了理论基础。

当然，电子计算机的产生显示了电子元件在进行初等运算速度上的优越性，但没有最大限度地发挥电子技术所具有的巨大潜力。新生的电子计算机需要人们用千百年来制造计算工具的经验和智慧赋予其更合理的结构，从而获得更强的生命力。下文中的计算机，一般指电子计算机。

1.3.3 计算机的发展

自 1946 年第一台电子计算机 ENIAC 诞生以来，人类的社会实践向计算机工具提出了更多的要求。

(1)计算量越来越大，要求计算机有较大的容量，能够进行各种复杂的计算。

（2）更高的计算精确度和更快的计算速度的要求。

（3）大规模生产和科研的管理工作，对计算机提出一系列处理信息的要求等。

为了适应社会发展的需求，自 20 世纪 40 年代以来，计算机的相关技术已有了飞速的发展。下面，我们一起学习计算机的发展历史、我国计算机的发展历程，以及未来计算机的发展趋势。

1．计算机的发展历史

根据计算机的发展过程中所采用的电子器件的发展，将计算机的发展划分为四代。

1）第一代（1946～1958 年）：电子管计算机时代

如图 1.16 所示，这一代计算机的主要特征是：以电子管为基本电子器件，使用机器语言和汇编语言，应用领域主要局限于科学计算，运算速度只有每秒几千次至几万次，主流产品为 IBM 700 系列。由于体积大、功率大、价格昂贵且可靠性差，因此很快被新一代计算机所替代，然而，第一代计算机奠定了计算机发展的科学基础。

图 1.16　电子管和电子管计算机

2）第二代（1959～1964 年）：晶体管计算机时代

如图 1.17 所示，这一代计算机的主要特征是：晶体管取代了电子管，软件技术上出现了算法语言和编译系统，开始使用管理程序，提出操作系统的概念，出现高级语言，主流产品为 IBM 7000 系列。应用领域从科学计算扩展到数据处理、自动控制，运算速度已达到每秒几万次至几十万次，相比于第一代计算机，其体积缩小、功耗降低、可靠性提高。

3）第三代（1965～1970 年）：中小规模集成电路时代

这一代计算机的主要特征是：普遍采用了中小规模的集成电路，使体积、功耗均显著减少，可靠性大大提高，运算速度为每秒几十万次至几百万次。在此期间，出现了向大型化和小型化两级发展的趋势，计算机品种多样化和系列化，主流产品为 IBM 360 系列。操作系统进一步完善，高级语言数量增多，出现并行处理、多处理机及面向用户的应用软件。操作系统的出现，使得软件技术与计算机外围设备发展迅速，应用领域不断扩大。

图 1.17　晶体管和晶体管计算机

4) 第四代(1971 年至今)：大规模和超大规模集成电路时代

如图 1.18 所示，这一代计算机的主要特征是：中、大及超大规模集成电路成为计算机的主要器件，运算速度已达每秒几十万亿次以上。大规模和超大规模集成电路技术的发展，进一步缩小了计算机的体积，降低了功耗，增强了计算机的性能。多机并行处理与网络化是第四代计算机的又一重要特征，大规模并行处理系统、分布式系统、计算机网络的研究和实施进展迅速，系统软件的发展不仅实现了计算机运行的自动化，而且正在向工程化和智能化迈进。

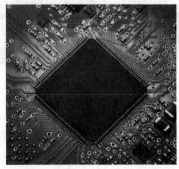

图 1.18　集成电路和超大规模集成电路

数据库管理系统、网络软件得到发展，软件工程标准化，面向对象的软件设计方法与技术被广泛采用，人类进入了微型计算机时代，主流产品为 IBM 3090 系列。

另外，智能化计算机也可以称为第五代计算机，其目标是使计算机像人类那样具有听、说、写、逻辑推理、判断和自我学习能力。

2. 我国计算机的发展历程

1956 年，中国代表团参加在莫斯科举办的"计算技术发展道路"国际会议，在向苏联"取经"后，中国制定科学技术发展规划，把计算机列为发展科学技术的重点之一。

1958 年，中国科学院(简称中科院)计算技术研究所研制成功我国第一台计算机，即 103 型电子管通用计算机，标志着我国第一台计算机的诞生。

1965 年，中科院计算技术研究所成功研制第一台大型晶体管计算机——109 乙机，之后推出 109 丙机，该机在两弹试验中发挥了重要作用。

1974 年，清华大学等单位联合设计、成功研制采用集成电路的 DJS-130 小型计算机，运算速度达每秒 100 万次。

1983 年，国防科学技术大学成功研制运算速度每秒上亿次的银河-Ⅰ巨型机，如图 1.19 所示，这是我国高速计算机研制的一个重要里程碑。

图 1.19　银河-Ⅰ巨型机

1985 年，电子工业部计算机管理局成功研制与 IBM PC 机兼容的长城 0520CH 微型机。

1992 年，国防科学技术大学(今国防科技大学)研制出银河-Ⅱ通用并行巨型机，其运算速度达每秒 10 亿次，为共享主存储器的四处理机向量机，其中央处理器是采用中小规模集成电路自行设计的，总体上达到 20 世纪 80 年代中后期国际先进水平。

2001 年，中科院计算技术研究所成功研制我国第一款通用 CPU——龙芯芯片。

2013 年 11 月，国际 TOP500 组织公布了最新全球超级计算机 500 强排行榜榜单，国防科学技术大学研制的"天河二号"以比第二名美国的"泰坦"快近一倍的速度再度登上榜首，"天河二号"是全球最快的超级计算机。

经过几十年的发展，在 2020 年 6 月最新的全球超级计算机排名中，我国的神威·太湖之光与天河二号巨型机进入全球 TOP10 的榜单，分别排名全球第三和第四。

3. 未来计算机的发展趋势

计算机应用的广泛和深入，又向计算机技术本身提出了更高的要求。当前，计算机的发展表现为四种趋势：巨型化、微型化、网络化和智能化。

(1)巨型化。巨型化是指发展高速度、大存储量和强功能的巨型计算机，关注计算机的计算性能。巨型化是天文、气象、地质、核反应堆等尖端科学的需要，也是记忆巨量的知识信息以及使计算机具有类似人脑的学习和复杂推理的功能所必需的。巨型机的发展集中体现了计算机科学技术的发展水平。

(2)微型化。微型化就是进一步提高集成度，利用高性能的超大规模集成电路研制质量更加可靠、性能更加优良、价格更加低廉、整机更加小巧的微型计算机，关注计算机体积的优越性。

(3) 网络化。网络化就是把各自独立的计算机用通信线路连接起来，形成各计算机用户之间可以相互通信并能使用公共资源的网络系统，关注利用计算机技术，整合各种网络资源。网络化能够充分利用计算机的宝贵资源并扩大计算机的使用范围，为用户提供方便、及时、可靠、广泛、灵活的信息服务。

(4) 智能化。智能化是指让计算机具有模拟人的感觉和思维过程的能力，关注计算机的人工智能。智能计算机具有解决问题和逻辑推理的功能、知识处理和知识库管理的功能等。人与计算机的联系是通过智能接口，用文字、声音、图像等进行自然对话。目前，已研制出各种"机器人"，有的能代替人劳动，有的能与人下棋，等等。智能化使计算机突破了"计算"的初级含意，从本质上扩充了计算机的能力，可以越来越多地代替人类的脑力劳动。

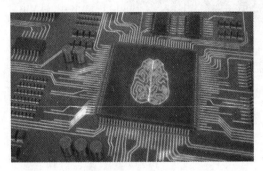

图 1.20　光子芯片

从目前的研究情况看，未来新型计算机将在以下几个方面取得实质性的突破。

(1) 光子计算机：光子计算机是利用光信号进行数字运算、信息存储和处理的新型计算机，运用集成光路技术，把光开关、光存储器等集成在一块芯片上，运用光纤维连接成计算机，具有超强的并行处理能力和超高的运算速度。光子芯片如图 1.20 所示。

(2) 生物计算机（分子计算机）：微电子技术和生物工程这两项高科技的互相渗透，为研制生物计算机提供了可能。生物计算机采用蛋白质分子构成的生物芯片，在这种芯片中，信息以波的形式传播，运算速度比当今最新一代计算机快 10 万倍，能量消耗仅相当于普通计算机的十分之一，并且拥有巨大的存储能力。

(3) 量子计算机：是一类遵循量子力学规律进行高速数学和逻辑运算、存储及处理量子信息的物理装置。2019 年 IBM 首先发布了第一台商用量子计算机，如图 1.21 所示。

量子计算机中用"量子位"来代替传统电子计算机的二进制位。量子位既可以用与二进制位类似的"0"和"1"，也可以用这两个状态的组合来表示信息。正因如此，量子计算机被认为可进行传统电子计算机无法完成的复杂计算，其运算速度将是传统电子计算机无法比拟的。

图 1.21　IBM 发布的商用量子计算机

(4) 模糊计算机：模糊计算机是建立在模糊数学基础上的计算机。模糊计算机除了具有一般计算机的功能外，还具有学习、思考、判断和对话的功能，可以立即识别外界物体的形状和特征，甚至可以帮助人从事复杂技能脑力劳动。

(5)超导计算机：超导计算机是利用超导技术生产的计算机及其部件，其开关速度达到几微微秒，运算速度比现在的电子计算机快，电能消耗量少。

本 章 小 结

本章基于计算的本质和特点，通过计算工具的发展，由浅入深地介绍了计算思维的产生和发展，以及其和计算机间的相互关系，阐释计算工具对人们思维方式的深刻影响和改变。本章教学目标是理解和掌握计算思维的本质、特点和思维方式。

本章主要内容包括：

(1)计算与计算工具。介绍计算的本质和分类，基于计算技术的发展，详细介绍计算工具的发展史。

(2)计算思维。介绍计算思维的概念、本质和应用，着重讲解了计算思维的特点、本质和思维方式，并简要介绍了计算思维在生活中的应用。

(3)计算模型与计算机。通过图灵机模型，重点讲解了计算模型的意义及其与计算机的关系；通过冯·诺依曼体系结构思想，重点讲解该体系结构为现代计算机的研制奠定的结构基础，基于此，详细介绍了现代计算工具，即电子计算机的发展和未来趋势。

计算机作为强大的计算工具影响着我们的思维方式和思考习惯，也会深刻地影响着我们的思维能力。因此，计算思维成为大数据时代、智能化时代和网络化时代每个人必须具备的必要能力之一。

习题与思考题

1-1　什么是计算？计算的本质是什么？结合实例，分析计算工具的发展所带来的思维方式、思维习惯和思维能力的改变。

1-2　简述计算思维的概念。试从计算思维的本质思考大学生活中如何提高自身的计算思维素养。

1-3　结合自身专业领域或日常学习生活领域，谈谈日常生活和学习中，有哪些计算思维的内容得以实际运用，它们是如何改变人们身边的现状的。

1-4　结合所学专业，利用计算机的发展历史，思考自己的专业发展的每一个阶段是如何融入计算机技术的。

1-5　你怎么看待图灵机模型在现代计算机发展历史中的地位和意义？

1-6　冯·诺依曼提出的"存储程序"的计算机方案的要点是什么？怎么看待冯·诺依曼机和图灵机之间的相互关系？

1-7　查阅资料，进一步了解未来计算机的发展趋势，谈谈你对未来计算机有何设想，你设想的依据是什么。

1-8　如果你来整理计算发展的历史对计算工具的影响，你将如何讨论这一话题？

第2章

0和1的巧妙思维

现代计算机已经应用到社会生活的方方面面：小到处理文档、听音乐、看电影、逛淘宝、看股市；大到月球探测器登月、卫星上天、天气预报。它到底能干多少事情，恐怕谁也说不清楚。在这些极其丰富、令人眼花缭乱的应用背后，大家思考过计算机是如何表达这些信息的吗？

五彩缤纷的现实世界要在计算机中表达，各种信息要用计算机来处理，就需要通过一定的方式将这些信息转换为计算机可以存储和加工的数据。计算机中用数据来表示信息，通过数据处理来实现对信息的处理。在计算机内部，所有的数据都以二进制（0和1）的形式来表示。

计算思维的本质是抽象和自动化，现实问题用二进制（0和1）来表示，是抽象的一种过程。万物符号化、符号数字化是计算自动化的基础和前提。

2.1 数值世界的0和1

在生活和工作中经常会面临各种各样的数值数据，它们的大小不等、类型不一样，涉及整数、实数、正数和负数等。在计算机中，这些数值都是用0和1的序列来表示的。

2.1.1 弃"十"选"二"的神来之笔

人们在生产生活实践中，创造了多种表示数的方法，如最常用的十进制、钟表使用的十二进制、表示时间的时分秒换算采用的六十进制，还有中国古代在度量质量的时候采用的"半斤八两"的十六进制等。

在众多的进制中，我们最熟悉的就是十进制，但是计算机却采用了二进制。计算机为什么要抛弃大家最为熟悉的十进制，而采用二进制表示信息呢？最主要的原因有以下四点。

（1）电路实现容易：计算机采用的主要电子元器件晶体三极管有两种完全不一样的状态（导通状态和截止状态），这两种状态正好对应二进制的0和1。

（2）工作状态可靠：晶体三极管的状态稳定性非常好，从一种状态转换为另外一种状态也很简单，状态转换的速度也很快，抗干扰能力很强；并且晶体三极管的体积小，集成度高，功耗也低。

（3）运算规则简单：二进制的运算规则很简单，就加法而言，运算规则为

$$0+0=0 \qquad 0+1=1 \qquad 1+0=1 \qquad 1+1=10$$

在计算机内部，减法可以转化为加法来做，乘除法也通过一些特殊的技术转换为加法来做。运算规则越简单，运算器的复杂度就越低，可靠性就越高。

(4)便于逻辑运算：二进制的 0 和 1，分别对应逻辑代数中的"假（false）"和"真（true）"。基本的逻辑运算符有"非（not）""与（and）""或（or）"三种，对应的运算规则也很简单，如表 2.1 所示。

表 2.1　基本的逻辑运算符及运算规则

运算符	名称	运算规则				说明
not	非	not 1=0		not 0=1		非真即假，非假即真
and	与	0 and 0=0	0 and 1=0	1 and 0=0	1 and 1=1	同时为真才为真，否则为假
or	或	0 or 0=0	0 or 1=1	1 or 0=1	1 or 1=1	同时为假才为假，否则为真

所以，在计算机中采用二进制，而不是大家熟悉的十进制。计算机只会二进制，人们通常用十进制，人和计算机是没有办法交流的，这就需要在二进制和十进制之间进行转化。下面我们就数制、进制转换等进行学习。

1. 数制的基本概念

数制就是表示不同进制数的规则。数制有三要素：基数、符号集和进位借位规则。

(1)基数：是指在进制中允许使用的基本符号的个数。

(2)符号集：是指在进制中允许使用的基本符号集的集合。

(3)进位借位规则：是指当数的某位增大到某一数值时，必须向高位进位，或者当被减数小于减数的时候，必须向高位借位。

常见的不同数制的基数、符号集和进位借位规则如表 2.2 所示。

表 2.2　不同数制的基数、符号集和进位借位规则

数制	基数	符号集	进位规则	借位规则
二进制	2	0,1	逢二进一	借一当二
八进制	8	0,1,2,3,4,5,6,7	逢八进一	借一当八
十进制	10	0,1,2,3,4,5,6,7,8,9	逢十进一	借一当十
十六进制	16	0,1,2,3,4,5,6,7,8,9,A,B,C,D,E,F	逢十六进一	借一当十六

通常来说，对于 r 进制，其基数为 r，符号集为 0,1,2,…,r-1，进位规则为逢 r 进一，借位规则是从高位借一个当 r 用。

2. 各种进制数的表示

数学中 101，它表示确定大小的一百零一。但是计算机科学中的 101，其值的大小，与它采用的数制有关，不同的数制，其值不一样，因此必须用一种科学的方法来标识不同的数制。在计算机科学中常用以下两种方法表示不同进制的数。

1)采用字母后缀

B（Binary Number）：二进制数，如二进制的 101 可以写成 101B。

O（Octal Number）：八进制数，如八进制的 101 可以写成 101O。

D（Decimal Number）：十进制数，如十进制的 101 可以写成 101D。

H（Hexadecimal Number）：十六进制数，如十六进制的 101 可以写成 101H。

2）采用括号外面加下标

例如：

$(101)_2$——表示二进制数 101　　　　$(101)_8$——表示八进制数 101

$(101)_{10}$——表示十进制数 101　　　$(101)_{16}$——表示十六进制数 101

本章采用第二种方法表示不同进制的数。

3. 不同进制的数都可以用按权展开相加的方法来表示

对于十进制数 111.11，其中的五个数字 1 在不同的位置表示的数值显然是不同的：以小数点为界，小数点左边第一个 1 表示数值 1，即 1×10^0，第二个 1 表示数值 10，即 1×10^1，第三个 1 表示数值 100，即 1×10^2；小数点右边第一个 1 表示数值 0.1，即 1×10^{-1}，第二个 1 表示数值 0.01，即 1×10^{-2}。

为什么同样的数字 1 表示的值不同呢？因为它所在的位置不同，即存在一个与位置有关的值，这个值就称为权，也称为位权。一个数字可以用各位数值本身的值与其权之乘积的和来表示。

例如：

$$(111.11)_{10} = 1\times10^2+1\times10^1+1\times10^0+1\times10^{-1}+1\times10^{-2}$$

$$(111.11)_2 = 1\times2^2+1\times2^1+1\times2^0+1\times2^{-1}+1\times2^{-2}$$

$$(111.11)_8 = 1\times8^2+1\times8^1+1\times8^0+1\times8^{-1}+1\times8^{-2}$$

$$(111.11)_{16} = 1\times16^2+1\times16^1+1\times16^0+1\times16^{-1}+1\times16^{-2}$$

4. 不同进制数的转换

1）r 进制数转十进制数

r 进制数转十进制数的方法是"按位权展开求和"，即按照不同进制的位权展开，再按照十进制运算法则求和即可。

例如：

$$(111.11)_2 = 1\times2^2+1\times2^1+1\times2^0+1\times2^{-1}+1\times2^{-2}$$
$$= 4+2+1+0.5+0.25$$
$$= (7.75)_{10}$$

$$(124.2)_8 = 1\times8^2+2\times8^1+4\times8^0+2\times8^{-1}$$
$$= 64+16+4+0.25$$
$$= (84.25)_{10}$$

$$(87A.C)_{16} = 8\times16^2+7\times16^1+10\times16^0+12\times16^{-1}$$
$$= 2048+112+10+0.75$$
$$= (2170.75)_{10}$$

2）十进制数转 r 进制数

十进制数转 r 进制数，整数部分和小数部分分别转换。整数部分采用"除以基数倒序取余法"，即采用短除法，将十进制数的整数部分除以 r，直到商为 0，然后将余数从下往上取即可；小数部分采用"乘以基数顺序取整法"，即十进制数的小数部分乘以 r 取整，所得的整数从上往下取，直到达到要求的精度为止。

　　例 2.1　将 $(25.32)_{10}$ 转换成二进制数，小数部分保留 3 位小数。

　　首先，将整数部分 25 采用除以基数 2 倒序取余数的方法转换成二进制，过程为

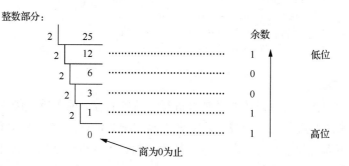

所以整数部分 25 转化为二进制为 11001。

　　其次，将小数部分采用乘以基数 2 顺序取整的方法转换为二进制，过程为

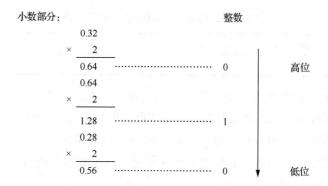

所以，小数部分 0.32 转化为二进制、保留 3 位小数结果是 010。

　　即，$(25.32)_{10}=(11001.010)_2$。

　　短除法在将较大的十进制数转换为二进制数的时候，过程比较麻烦。根据十进制数与 2 的幂次存在如表 2.3 所示的对应关系，我们可以通过拆分和凑数的方法，快速地完成十进制数转二进制数。

表2.3　十进制数和 2 的幂次的对应关系

十进制数	…	512	256	128	64	32	16	8	4	2	1
2 的幂次	…	2^9	2^8	2^7	2^6	2^5	2^4	2^3	2^2	2^1	2^0
$(439)_{10}$ 的二进制	…		1	1	0	1	1	0	1	1	1

　　比如，把 $(439)_{10}$ 转换成二进制，我们发现 439 可以拆成 256+128+32+16+4+2+1，我们就可以在表格第三行对应的位置填 1，其余的地方填 0，于是 $(439)_{10}=(110110111)_2$。

例 2.2 将 $(2024)_{10}$ 转化成十六进制数。

因为 2024 是一个整数,可以直接采用除以基数 16 倒序取余数的方法转换成十六进制,过程为

```
16 │ 2024                              余数        ↑
16 │  126  ················       8      低位
 16 │   7  ················       E
          0  ················       7      高位
```

所以 $(2024)_{10}=(7E8)_{16}$。

当人们直接用计算机内部的二进制数进行交流的时候,简单重复的 0 和 1 既烦琐又容易出错,所以常用八进制数、十进制数或者十六进制数进行交流,从而降低人们书写二进制数的长度。下面再简单介绍一下二进制与八进制、十六进制之间的转化。

3)二进制数与八进制数的转换

三位二进制数最大为 $(111)_2=(7)_8$,最小为 $(000)_2=(0)_8$,因此任意三位二进制数按照权展开求和后得到的数一定是八进制的数,二进制数与八进制数的对应关系如表 2.4 所示。

表 2.4 二进制数与八进制数的对应关系

二进制数	111	110	101	100	011	010	001	000
八进制数	7	6	5	4	3	2	1	0

于是可以得到二进制数与八进制数的转换方法——"三位合一或一分为三"。具体的方法是:二进制数转换为八进制数时,将二进制数以小数点为界,整数部分从低位到高位,小数部分从高位到低位,每三位一组,不足三位的,整数部分在前面补 0,小数部分在后面补 0,然后将每组二进制数按照权展开求和即可。八进制数转换为二进制数时,每一位转换成三位二进制数即可。

例 2.3 将 $(1110111010.11011)_2$ 转换为八进制数。

转换过程为

```
001   110   111   010.   110   110
 ↓     ↓     ↓     ↓      ↓     ↓
 1     6     7     2.     6     6
```

于是 $(1110111010.11011)_2=(1672.66)_8$。

例 2.4 $(4761.54)_8$ 转换为二进制数。

转换过程为

```
 4    7    6    1.    5    4
 ↓    ↓    ↓    ↓     ↓    ↓
100  111  110  001.  101  100
```

于是 $(4761.54)_8=(100111110001.1011)_2$。

4) 二进制数与十六进制数的转换

四位二进制数最大为 $(1111)_2 = (F)_{16}$，最小为 $(0000)_2 = (0)_{16}$，因此任意四位二进制数按照权展开求和后得到的数一定是十六进制数，二进制数与十六进制数的对应关系如表 2.5 所示。

表 2.5　二进制数与十六进制数的对应关系

二进制数	0111	0110	0101	0100	0011	0010	0001	0000
十六进制数	7	6	5	4	3	2	1	0
二进制数	1111	1110	1101	1100	1011	1010	1001	1000
十六进制数	F	E	D	C	B	A	9	8

于是可以得到二进制数与十六进制数的转换方法——"四位合一或一分为四"。具体的方法是：二进制数转换为十六进制数时，将二进制数以小数点为界，整数部分从低位到高位，小数部分从高位到低位，每四位一组，不足四位的，整数部分在前面补 0，小数部分在后面补 0，然后将每组二进制数按照权展开求和即可。十六进制数转换为二进制数时，每一位转换成四位二进制数即可。

例 2.5　将 $(1110111010.11011)_2$ 转换为十六进制数。

转换过程为

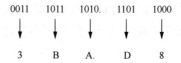

于是 $(1110111010.11011)_2 = (3BA.D8)_{16}$。

例 2.6　将 $(AB.C6)_{16}$ 转换为二进制数。

转换过程为

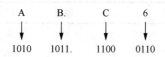

于是 $(AB.C6)_{16} = (10101011.1100011)_2$。

5) 八进制数与十六进制数的转换

八进制数与十六进制数的转换可以以二进制数为桥梁进行，即先把八进制数转换为二进制数，再把二进制数转换为十六进制数。

2.1.2　二进制的百变之身

前面讨论了各种进制数的转换，在实际应用中，我们还需要考虑这些问题：计算机表示的数有大小限制吗，数值的正负怎么区分，小数点在计算机中怎么处理。

在计算机中要完整地表示一个数，通常需要考虑三个因素：数的范围、数的符号和小数点的位置。

在计算机中，表示数的范围受计算机的字长限制。计算机的核心部件是 CPU，所有的计算任务都在 CPU 里面完成。CPU 同一时间内能处理的二进制位数称为字长。一般的个人计算机的字长为 8 位、16 位、32 位、64 位、128 位等。

在计算机中，数值型数据又可以分为无符号数和有符号数。如果二进制的全部有效位数都用来表示数值的大小，即没有符号位，则称为无符号数。通常，一个数既包含数值的大小还包含数值的符号，在计算机中约定在最高位用"0"表示正数，"1"表示负数。对于不同字长的无符号数和有符号数，计算机能表示的整数的范围是不同的，如表 2.6 所示。

表 2.6　不同字长数的表示范围

字长	无符号数	有符号数
8 位	$[0,2^8-1]$，即$[0,255]$	$[-2^7,2^7-1]$，即$[-128,127]$
16 位	$[0,2^{16}-1]$，即$[0,65535]$	$[-2^{15},2^{15}-1]$，即$[-32768,32767]$
32 位	$[0,2^{32}-1]$，即$[0,4294967295]$	$[-2^{31},2^{31}-1]$，即$[-2147483648,2147483647]$
64 位	$[0,2^{64}-1]$，即$[0,18446744073709551615]$	$[-2^{63},2^{63}-1]$，即$[-9223372036854775808, 9223372036854775807]$

注：有符号数是以补码的方式表达的，在后续章节会详细说明。

在计算机中，数值型数据分为定点数和浮点数。定点数是指计算机中所有数值的小数点位置不变。浮点数是指小数点位置可以浮动的数。不管是定点数还是浮点数，小数点在计算机中都不占位数。

1. 定点整数的计算机表示

定点整数是将小数点位置固定在最低位的右边，它只能表示纯整数，定点整数的表示方法如图 2.1 所示。

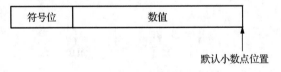

图 2.1　定点整数的表示方法

假设计算机字长为 8 位，我们来看几个定点十进制整数在计算机中如何表示：

$(-123)_{10}$ 的二进制形式为 -1111011，在计算机中就表示为 **11111011**，这个称为**机器数**。其中，左侧最高位的"1"就是符号位，表示负号。

$(45)_{10}$ 的二进制形式为 101101，在计算机中就表示为 **00101101**，其中，左侧最高位的"0"就是符号位，表示正号；左侧第二个 0，表示机器数不足八位的要补足八位。

$(-239)_{10}$ 的二进制形式为 -11101111，在计算机中就表示为 111101111，长度就超过了 8 位，称为"溢出"。溢出是一种错误的状态，有溢出说明字长满足不了要求，就需要用更大的字长来表示数据。

2. 定点小数的计算机表示

定点小数将小数点位置固定在最高位数据的左边，它只能表示小于 1 的纯小数，定点小数的表示方法如图 2.2 所示。

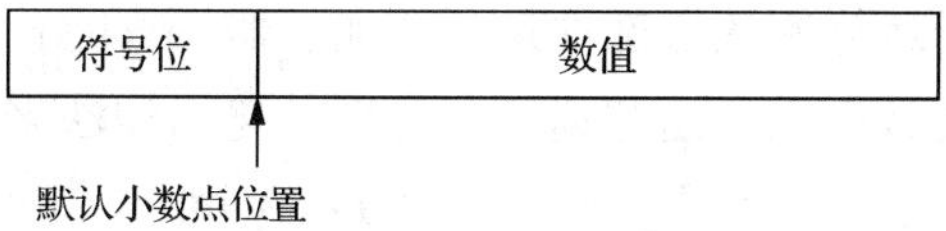

符号位	数值

默认小数点位置

图 2.2　定点小数的表示方法

使用定点小数时，要求参与运算的所有操作数、运算过程中产生的中间结果和最后结果的绝对值都应该小于 1；如果出现大于或者等于 1 的情况，定点小数的格式就无法正确地表示出来，也会发生溢出的现象。

定点数表示法具有直观、简单、方便等优点，但是表示的数的范围较小，缺乏灵活性，很容易溢出。

3. 浮点数的计算机表示

十进制的科学记数法一般形式为 $a=b\times10^n$，其中：a 为十进制的数值，b 为尾数，n 为指数，10 为基数。例如，$0.00012234=12.234\times10^{-5}=1.2234\times10^{-4}=0.12234\times10^{-3}=\cdots$。也就是在十进制中一个数的小数点的位置可以通过乘以 10 的幂次来调整。通常 b 在[1,10)，这样便精确规定了小数点的位置，一个数的科学记数法就有唯一的表示形式。

计算机二进制的浮点数与此类似，一个任意二进制数 $c=p\times2^m$，其中：p 为 c 的尾数(包括数符和尾数的数值部分)，m 为 c 的阶码(包括阶符和阶码的数值部分)。浮点数的表示形式如图 2.3 所示。

阶符	阶码的数值部分m	数符	尾数的数值部分p

图 2.3　浮点数的表示形式

其中，数符和阶符各占 1 位，阶码的数值部分的位数对应于数的大小范围，尾数的数值部分的位数对应浮点数的精度。通常尾数绝对值的范围在[0.1,1)。

例 2.7　若用 2 字节来表示一个浮点数，其中，阶符和数符各占 1 位，阶码的数值部分占 4 位，尾数的数值部分占 10 位，请写出-34.75D 在计算机中的浮点数表示形式。(注：为了方便标识，本题采用字母后缀表示数制)

转换过程为-34.75D=-100010.11B=-0.10001011B$\times2^{+110B}$

因为阶码的数值部分为 110，不够四位，所以在前面补一个 0；因为尾数的数值部分为 10001011，不够 10 位，所以在后面补三个 0。

于是-34.75D 在计算机中的表示形式如图 2.4 所示。

阶符	阶码的数值部分	数符	尾数的数值部分
0	0110	1	1000101100

图 2.4　-34.75D 在计算机中的表示形式

浮点数的运算精度和表示范围都远远大于定点数，但是在运算规则上定点数比浮点数简单，容易实现，所以现代计算机中一般同时使用这两种表示数的方法。

2.1.3　九九归一的加法运算

在计算机内部，用于运算的核心部件是一个加法器，只能做加法运算。那么减法、乘法、除法和其他的运算怎么办呢？这些运算都可以转化为加法来实现。

1. 原码、补码、反码

计算机中机器数可以用原码、反码、补码来表示，不同的表示方法有不同的计算规则。下面以 8 位字长的二进制数为例来说明。

1) 原码

原码是一种简单的机器数表示方法，符号位用 0 表示正数，用 1 表示负数，数值部分不变。设一个数为 X，则用[X]$_原$表示 X 的原码。

例 2.8　写出 $(25)_{10}$ 和 $(-9)_{10}$ 的原码。

因为 $(25)_{10}=(11001)_2$，$(-9)_{10}=(-1001)_2$，所以[25]$_原$=00011001，[-9]$_原$=10001001。

用原码表示数虽然简单明白，而且与其表示的数值之间转换也方便，但是原码不便于进行减法运算。进行减法运算的时候要比较绝对值的大小，用大数减小数，还要根据结果选择符号，同时 0 的原码表示不唯一，[+0]$_原$=00000000，[-0]$_原$=10000000，与编码唯一性原则相违背。

2) 反码

引入反码是希望能够通过加法规则去计算减法，所以需要改变负数的编码。

正数的反码等于其原码，负数的原码是把原码中除符号位以外的各位按位取反即可。设一个数为 X，则用[X]$_反$表示 X 的反码。

例 2.9　写出 $(25)_{10}$ 和 $(-9)_{10}$ 的反码。

因为 $(25)_{10}=(11001)_2$，所以[25]$_反$=[25]$_原$=00011001。

因为 $(-9)_{10}=(-1001)_2$，[-9]$_原$=10001001，所以[-9]$_反$=11110110。

同样地，0 的反码表示也不唯一，[+0]$_反$=00000000，[-0]$_反$=11111111，反码也不便于进行减法计算，计算完成后仍然需要根据符号位进行调整。

3) 补码

和反码一样，正数的补码等于其原码，负数的补码，是把反码末位加 1。设一个数为 X，则用[X]$_补$表示 X 的补码。

例 2.10　写出 $(25)_{10}$ 和 $(-9)_{10}$ 的补码。

因为 $(25)_{10}=(11001)_2$，所以[25]$_补$=[25]$_原$=00011001。

因为 $(-9)_{10}=(-1001)_2$，[-9]$_原$=10001001，[-9]$_反$=11110110，所以[-9]$_补$=11110111。

补码可以把减法转化为加法来做，同时 0 的补码是唯一的，[0]$_补$=[+0]$_补$=[-0]$_补$=00000000，符合编码唯一性原则，所以在现代计算机中一般采用补码来表示定点数。

2. 计算机使用补码的意义

为什么补码可以把减法运算转化为加法运算来做呢？我们看下面的一个例子，大家就非常清楚了。

例 2.11　设 M=$(34)_{10}$，N=$(21)_{10}$，求 M−N 的值。

因为[M]原=[M]反=[M]补=00100010，[−N]原=10010101，[−N]反=11101010，[−N]补=11101011，所以[M]补+[−N]补的计算过程如图 2.5 所示。

$$
\begin{array}{r}
\text{[M]补}\quad 00100010 \\
\text{[−N]补 +)}\quad 11101011 \\
\hline
100001101
\end{array}
$$

图 2.5　[M]补+[−N]补的计算过程

如果不考虑进位，把最高位的 1 丢掉的话，结果就是 00001101，这个二进制数对应的十进制数是 13，正好是 34−21 的结果。

为什么最高位可以丢掉而不影响最后的结果呢？举个简单的例子，在日常时钟的读数上面：假设现在的标准时间是 7 点钟，钟表的示数为 9 点钟，快了 2 小时。要校对钟表，可以倒拨 2 小时，即 9−2，做的是减法；也可以正拨 10 小时，即 9+10=19（去掉 12 即为 7），做的是加法。这里 12 被称作模，超过 12 将自动减去 12，即 10 为−2 相对于模 12 的补码。这个模正是上述运算中被舍弃的进位。

因此，计算机中引入补码就可以把减法运算转化为加法运算来做，也可以把乘法运算转换为连加运算、除法运算转换为连减运算来做，极大地简化了算术运算，加、减、乘、除四种运算就九九归一了。

2.2　文字世界的 0 和 1

计算机除能处理数值数据外，还能处理非数值数据，如英文、汉字、拉丁文、希腊文等。计算机内部要直接存储这些非数值信息，也必须按照一定的方式对这些非数值信息进行 0 和 1 的编码。

2.2.1　西文字符编码

西文字符，包括英文字母、数字、各种符号和一些控制符，最常用的编码方式是美国标准信息交换码（American Standard Code for Information Interchange，ASCII）。它是由美国国家标准学会（American National Standard Institute，ANSI）制定的一种标准编码方式，已经被国际标准化组织（International Organization for Standardization，ISO）定为国际标准，称为 ISO 646 标准，适用于所有西文字符。

ASCII 码由 7 位二进制组成，它总共有 128 个通用标准符号，包括 26 个英文大写字母、26 个英文小写字母、0～9 共 10 个数字，32 个通用控制符号和 34 个专用符号。标准的 ASCII 码表如表 2.7 所示。

表2.7　标准ASCII码表

低四位	高三位							
	000	001	010	011	100	101	110	111
0000	NUL	DLE	SP	0	@	P	`	p
0001	SOH	DC1	!	1	A	Q	a	q
0010	STX	DC2	"	2	B	R	b	r
0011	ETX	DC3	#	3	C	S	c	s
0100	EOT	DC4	$	4	D	T	d	t
0101	ENQ	NAK	%	5	E	U	e	u
0110	ACK	SYN	&	6	F	V	f	v
0111	BEL	ETB	`	7	G	W	g	w
1000	BS	CAN	(	8	H	X	h	x
1001	HT	EM	)	9	I	Y	i	y
1010	LF	SUB	*	:	J	Z	j	z
1011	VT	ESC	+	;	K	[	k	{
1100	FF	FS	,	<	L	\	l		
1101	CR	GS	-	=	M	]	m	}
1110	SO	RS	.	>	N	^	n	~
1111	SI	US	/	?	O	-	o	DEL

1. 控制字符或通信专用字符

0～31及127(共33个)是控制字符或通信专用字符,它们没有特定的图形显示,但会依不同的应用程序,对文本显示产生不同的影响。

1)控制字符

控制字符包括 LF(换行)、CR(回车)、FF(换页)、DEL(删除)、BS(退格)、BEL(响铃)等。

2)通信专用字符

通信专用字符包括 SOH(文头)、EOT(文尾)、ACK(确认)等。

2. 可显示字符

32～126(共95个)是可显示字符,其中32是空格,48～57为0到9十个阿拉伯数字,65～90为26个大写英文字母,97～122号为26个小写英文字母,其余为一些标点符号、运算符号等。

根据表2.7,我们可以看到字符ASCII码的一些规律:

(1)数字"0"比数字"9"要小,并按"0"到"9"顺序递增,如"3"<"8"。

(2)字母"A"比字母"Z"要小,并按"A"到"Z"顺序递增,如"A"<"Z"。

(3)字母"a"比字母"z"要小,并按"a"到"z"顺序递增,如"a"<"z"。

(4)同一个字母的大写比小写要小,如"A"<"a"。

(5)数字"0"～"9"比字母要小,如"7"<"F"。

字母和数字的ASCII码的记忆非常简单,只要记住了一个字母或者数字的ASCII码,如大写字母"A"的 ASCII 码为 1000001，小写字母"a"的 ASCII 码为 1100001，数字"0"的 ASCII 码为 0110000，根据它们之间的前后关系，就可以推算出其余的字母和数字的 ASCII 码。

基本的 ASCII 码是 7 位编码，由于计算机中信息的基本单位是字节，1 字节是 8 位，所以，当计算机系统用 ASCII 码表示字符的时候，会在最高位补 1 个 0，用 1 字节来存放一个字符的 ASCII 码。

例 2.12　对字符串"hello,world!"进行 ASCII 码编码。

我们对"hello,world!"中的每个英文字符，分别进行 ASCII 编码，就可以得到以 0 和 1 组成的 ASCII 码：011010000110010101101100011011000110111100101100011101110110111101110010011011000110010000100001，可以将其在计算机中存储为一个文件。

如果要打开该文件并读出字符内容，只要把这个 0 和 1 组成的 ASCII 码按照 8 位分隔，并查找 ASCII 码表即可转换成相应的英文字符，完成解码。

上述过程就是西文字符编码和解码的过程，体现了信息表示和处理的一般性思维，即对于任何信息，只要给出信息的编码标准或者协议，就可以对信息进行编码和解码，从而将其表示为二进制，然后在计算机中进行存储和加工。

2.2.2　汉字编码

西文字符数量少，在计算机的键盘上都有对应的输入键，计算机内部存储和处理西文字符一般采用 ASCII 码就可以完成。但是汉字数量庞大，字形复杂，同音字多，所以计算机对汉字进行处理要复杂得多。

键盘上没有汉字，不能利用键盘直接输入，汉字的输入要采用输入码；ASCII 码是西文字符的统一编码标准，汉字的信息处理也必须有一个统一的编码标准——《信息交换用汉字编码字符集　基本集》(GB 2312—1980)，即国标码；由于国标码和 ASCII 码均为二进制编码，为了区分，引入了机内码；最后，由于汉字的字形复杂，需要用对应的字库，即字形码，来存储汉字，方便汉字的显示和打印。

为了方便理解，我们以汉字"大"为例，了解汉字信息在计算机中的处理过程，如图 2.6 所示。

图 2.6　汉字信息处理的过程

下面我们对几种汉字编码进行详细介绍。

1. 汉字输入码

汉字输入码就是使用英文键盘输入汉字时的编码，又称为外码或者输入码。目前，我国已推出的输入码有数百种，但用户使用较多的有十几种，输入码大体可分为数字码、音码、形码和音形码四类。

1) 数字码

数字码就是用一串数字代表一个汉字，常用的是区位码。《信息交换用汉字编码字符

集 基本集》(GB 2312—1980)对 6763 个汉字和 682 个图形字符进行了编码,给出了几种汉字编码标准。区位码将汉字和图形字符排列在一个 94×94 的矩阵中,该矩阵的每一行称为一个"区",每一列称为一个"位"。例如,"大"在矩阵中处于 20 行 83 列,区位码即为 2083D。区位码的汉字编码无重码,向内部码转换方便,但是记忆非常困难,所以一般用于录入特殊符号、不规则汉字、生僻字等。

2) 音码

音码是根据汉字的发音来确定汉字的编码,其特点是简单易学,但是重码多,输入速度慢。常用的音码输入法有微软拼音输入法、搜狗拼音输入法等。例如,"大"的拼音输入码就是"da"。

3) 形码

形码是根据汉字的字形结构来确定汉字的编码。其特点是重码少,输入速度快,但是记忆量大,熟练掌握有一定的难度。形码的代表是五笔字型输入法。

4) 音形码

音形码是既根据汉字的发音又根据汉字的字形来确定汉字的编码,如自然码输入法。

显然,一个汉字操作系统一般支持多种汉字输入方式,因此一个汉字的输入码有多种。同时,语音输入、手写板输入等智能化输入,也是输入法的发展趋势。

2. 汉字国标码

《信息交换用汉字编码字符集 基本集》(GB 2312—1980)除了十进制的区位码以外,还有十六进制的编码,称为国标码,它是在不同汉字信息系统间进行汉字交换的时候采用的编码。国标码中每个汉字用两个字节表示。第一个字节(高位字节)表示在《信息交换用汉字编码字符集 基本集》(GB 2312—1980)的区编码,第二个字节(低位字节)表示位编码,每个字节的最高位都是 0,如"大"的国标码二进制表示为 **00110100 01110011**,转换为十六进制表示为 3473H。

国标码不等同于区位码,它可以由区位码转换得到,具体的做法是:先将区位码的区码和位码由十进制转换为十六进制,再将区码+20H 得到国标码的高位字节,位码+20H 得到国标码的低位字节。例如,"大"的区位码是 2083D,将区码和位码分别转化为十六进制是 14H 和 53H,再将区码和位码分别加上 20H,即为 34H 和 73H,所以"大"的国标码为 3473H,转化过程如图 2.7 所示。

图 2.7　汉字"大"区位码与国标码的转化

国标码是汉字编码的标准,其作用相当于西文字符处理的 ASCII 码。不管用哪种汉字输入法输入汉字,最后都会转换成唯一的汉字国标码。

3. 汉字机内码

汉字的机内码是指一个汉字在计算机系统内部处理和存储使用的编码。由于国标码和

ASCII 码的每个字节的高位都是 "0"，为了保证中西兼容，不发生冲突，就将国标码的每个字节的最高位变成 "1"，来保证国标码和 ASCII 码在计算机内部的唯一性。将国标码的每个字节的最高位变成 "1"，就成为机内码。例如，"大" 的国标码二进制表示为 **0011010001110011**，则 "大" 的机内码二进制表示为 **1011010011110011**，转换为十六进制表示为 B4F3H。也可以将十六进制国标码高位和低位字节分别 +80H 转换为机内码，转化过程如图 2.8 所示。

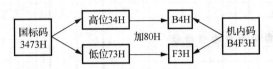

图 2.8　汉字 "大" 国标码与机内码的转化

另外，在 Office 办公软件中，可以打开如图 2.9 所示的 "符号" 对话框，查到常用汉字的机内码。例如，我们可以查到 "大" 的机内码的十六进制表示为 B4F3H。

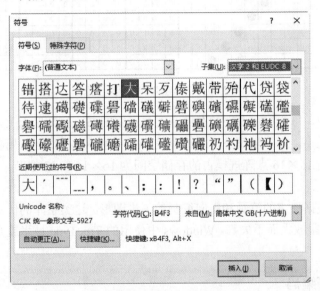

图 2.9　"大" 的机内码

如果在 "符号" 对话框中查到 "你好，世界！" 的汉字机内码用十六进制表示为 "C4E3BAC3A3ACCAC0BDE7A3A1"，对应的二进制 0 和 1 的字符串形式为 "1100010011100011101110101100001110100011101011001100101011000000101111011111001111101000111010000001"。这样 "你好，世界！" 通过机内码编码，就以 0 和 1 的字符串的形式，在计算机中存储为一个文件。

4. 汉字字形码

汉字的字形码是表示汉字字形信息的编码，在显示打印汉字的时候使用。目前，汉字的字形码通常有点阵字库和矢量字库两种。

1) 点阵字库

点阵字库是将汉字字形用汉字字形点阵的代码表示。汉字点阵按照使用规模不同，有

16×16 点阵、24×24 点阵、32×32 点阵和 48×48 点阵等。以 16×16 点阵为例，汉字"大"的字形点阵和编码示意图如图 2.10 所示，点阵中的每一点都由 0 或 1 组成，一般 1 代表有点，0 代表没有点。

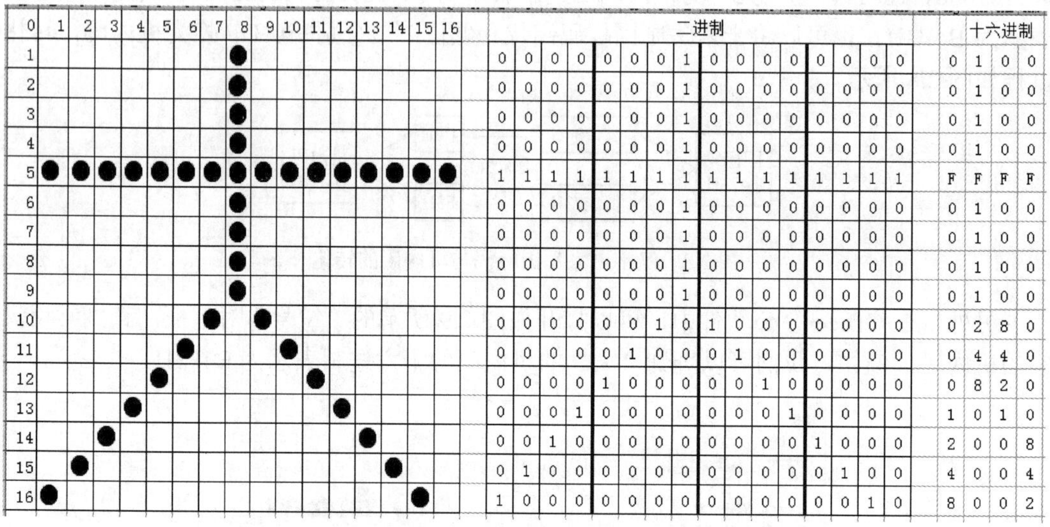

行	二进制	十六进制
1	0000 0001 0000 0000	0 1 0 0
2	0000 0001 0000 0000	0 1 0 0
3	0000 0001 0000 0000	0 1 0 0
4	0000 0001 0000 0000	0 1 0 0
5	1111 1111 1111 1111	F F F F
6	0000 0001 0000 0000	0 1 0 0
7	0000 0001 0000 0000	0 1 0 0
8	0000 0001 0000 0000	0 1 0 0
9	0000 0001 0000 0000	0 1 0 0
10	0000 0010 1000 0000	0 2 8 0
11	0000 0100 0100 0000	0 4 4 0
12	0000 1000 0010 0000	0 8 2 0
13	0001 0000 0001 0000	1 0 1 0
14	0010 0000 0000 1000	2 0 0 8
15	0100 0000 0000 0100	4 0 0 4
16	1000 0000 0000 0010	8 0 0 2

图 2.10　字形点阵和编码示意图

在汉字点阵中，每个汉字占用的存储空间与汉字的书写复杂度无关。点阵规模决定了占用存储空间的大小。点阵规模小，分辨率差，字形也不美观，但占用存储空间小，易于实现。很容易算出 16×16 点阵规模占的存储空间为 16×16/8=32 字节。

2) 矢量字库

矢量字库是根据汉字的笔画和走向编制的矢量图形。这类字库的优点是占用的内存空间小，并且可以无限放大而不失真。Windows 中使用的 TrueType 技术就是汉字的矢量表示方法。

2.2.3　通用字符编码

ASCII 码诞生于美国，只用了 7 位二进制对常用的英文字母、数字、运算符等进行了编码，并形成了事实上的标准，却没有考虑自身扩容和其他语言的字符集，这就导致了各种编码方案的出现，如中国汉字的 GB2312 码，日本的 JIS 码等。但是这些编码系统没有哪一个拥有足够的字符，可以适用于多种语言文本。

为容纳所有国家的文字，国际标准化组织提出了 Unicode 编码标准。Unicode 依照通用字符集(Universal Character Set，UCS)的标准来发展，它为每种语言中的每个字符设定了统一并且唯一的二进制编码，以满足跨语言、跨平台进行文本处理的要求。目前使用的 Unicode 版本对应于 UCS-2，使用 16 位的编码空间，每个字符占两字节，理论上最多可以表示 2^{16} 个字符，基本满足各种语言的使用。

2.3　声色世界的 0 和 1

除了数值、字符外，计算机还需要处理声音、图像、视频等信息，这些信息在计算机内部要存储和加工，也必须按照一定的方式对这些信息进行 0 和 1 的编码。

2.3.1　声音数字化

声音信息包括语音、乐音和自然界的各种声响，是具有一定振幅和频率且随时间变化的声波，声音的波形图如图 2.11 所示。

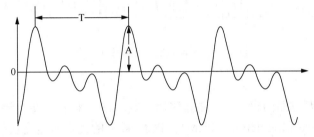

图 2.11　声音的波形图

声波是一种连续变化的模拟信号，而计算机只能处理和记录二进制的数字信号，因此声波信号必须经过一定的变化和处理，变成二进制数据后才能在计算机中进行存储和编辑。经过数字化处理的声音称为数字化音频信号。

模拟音频信号要转化为数字化音频信号，需要经过采样、量化、编码三个过程。

1. 音频采样

音频采样就是每间隔一定的时间，获取一个振幅值，使在时间上连续的振幅值变成在时间上离散的数值。该时间间隔称为采样周期 T，周期的倒数 1/T 即为采样频率 f。通常采样频率越高，数字化音频的质量越高，但数据量也越大。根据奈奎斯特(Harry Nyquist)采样定理，只要采样频率高于输入信号最高频率的两倍，就能从采样信号还原原始信号。正常人能听到的声音的最高频率为 22kHz，因此在实际采集声音的过程中，我们通常设置采样频率为 44.1kHz 就足够了。

2. 音频量化

音频量化就是将采样所得的值表示为二进制数。量化位数是指存放每个采样点的振幅的二进制位数，经常采用的有 8 位、12 位和 16 位。国际标准语音编码采用 8 位量化位数，每个采样点可以表示 2^8 个(0～255)不同量化值，音频可采用 16 位量化位数，每个采样点可表示 2^{16} 个(0～65535)不同量化值。在相同的采样频率下，采样量化位数越高，音质越好，但数据量也越大。只要确定了量化位数，量化值也就确定了。

图 2.12 表示用 8 位量化位数，对 1s 声音波形采样 30 次的示意图，当然这个采样频率是非常低的。

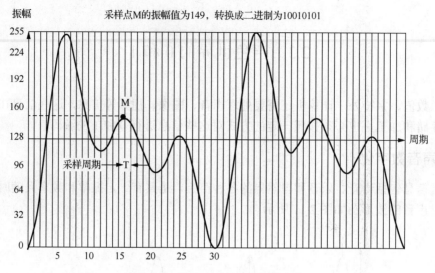

图 2.12　声音的采样与量化示意图

3. 音频编码

音频的编码有两方面的含义。一是指采用一定的格式来记录数字数据。通常采用脉冲编码调制（Pulse Code Modulation，PCM），PCM 最大的优点就是音质好，但是音频文件的容量比较大。我们常见的 Audio CD 就采用了 PCM，一张光盘的容量只能容纳 72min 的音乐信息。把每个采样点的振幅值用二进制来表示，就是编码的过程。例如，M 点的振幅值为 149，量化即转成二进制的 10010101。二是指采用一定的算法来压缩数字数据以减少存储空间和提高传输效率。根据不同的要求，可以采用不同的压缩编码方式，例如，MPEG（Moving Picture Experts Group）音频压缩标准，它的特点是压缩比较高，制作简单，便于交换，非常适合在网上传播；RA 音频压缩标准，它的特点是有较高的压缩比，适合于采用流媒体方式在网上实时播放。

对于数字化音频，除了要考虑采样、量化、编码三个过程外，由于音频信号的复杂性，我们还需要考虑声道数。声道数是指声音通道的个数。单声道只产生和记录一个波形；双声道产生和记录两个波形，即立体声，所占用的存储空间是单声道的两倍。

通常每秒存储数字化声音文件的字节数为

采样频率×采样精度（量化位数）×声道数/8

例如，采用 22.05kHz 采样频率，每个采样点用 8 位采样精度存储、录制 1min 的立体声语音，不压缩的数据量是

$$(22.05×1000×8×2×60)/8=2646000B≈2.52MB$$

通常，在对声音质量要求不高的情况下，适当降低采样频率和量化位数，采用单声道录音，能有效地降低声音文件的大小。

2.3.2　图像数字化

在计算机中，图形（Graphics）和图像（Image 或 Picture）是一对既有联系又有区别的概念。图形，一般指用计算机绘制的画面，以矢量图形文件格式存储。计算机中存储的是生

成图形的指令，因此图形可以任意缩放而不失真。图像，一般是指通过扫描仪、摄像机等输入设备捕捉实际的画面产生，由像素点阵构成的位图。位图文件存储的是构成图像的每个像素点的颜色、亮度等信息，位图在缩放过程中会损失细节或产生锯齿状失真。位图和矢量图放大前后的效果如图 2.13 所示。

(a) 位图与位图放大以后   (b) 矢量图与矢量图放大以后

图 2.13 位图与矢量图

图形是计算机通过绘图软件，按照一定的数学算法绘制的矢量图。矢量图本来就是以数字化的方式存储在计算机中，所以就没有必要对图形进行数字化处理了。而图像是现实中真实的画面，本质上是一种模拟信号。因此我们主要讨论数字化图像。图像数字化过程一般也要经过采样、量化、编码三个阶段。

1. 图像采样

图像采样就是把模拟的图像信息转化为离散点的过程。采样的实质就是把图像分割成一系列称为像素点的小区域。我们用像素点的"列数×行数"来表示像素点的数目，称为分辨率。

对于同一幅图，分割的像素数目越多，说明图像的分辨率越高，看起来就越逼真，同时存储量也就越大；反之，图像显得越粗糙，存储量也就相应要小一些。同一幅图，可以采用不同的分辨率来表示，效果如图 2.14 所示。

(a) 原始图像   (b) 采样图像   (c) 采样图像   (d) 采样图像
(128 像素×128 像素)   (64 像素×64 像素)   (32 像素×像素 32)

图 2.14 图像采样与分辨率示意图

2. 图像量化

图像的量化是指用一定位数的二进制数来表示像素点的色彩或者是亮度。量化位数越大，则越能真实地反映原有图像的颜色，但得到的数字图像的存储容量也越大。例如，用 8 位、16 位、24 位等来表示图像的颜色。

在多媒体计算机中，常用像素深度来表示图像的色彩值。它决定彩色图像每个像素可能有的颜色数，或灰度图像每个像素可能有的灰度级数。

1）黑白图像：像素深度为 1 位，每个像素点仅用 1 个二进制位表示。

2）灰度图像：像素深度为 8 位，量化为 0~255 共 256 级灰度值，每个像素点由从 0（黑色）到 255（白色）的亮度值来表现，其中间的值来表现不同程度的灰。每个像素点用一个字节来表示。

3）彩色图像：彩色图像的每个像素的颜色都可看作三种基本颜色 R 表示红（Red）、G 表示绿（Green）和 B 表示蓝（Blue）按照不同的比例组合而成。若每种颜色用 8 位量化，那么一个像素共用 24 位表示，即像素深度为 24 位。每个像素的颜色可以是 2^{24} 种颜色中的一种。

3. 图像编码

图像编码是按一定的规则，将量化后的数据用二进制数据存储在文件中。图像的分辨率和像素深度直接决定了位图文件的大小。

$$位图文件的存储量（字节）=图像的分辨率×像素深度/8$$

例如，一张分辨率为 1024 像素×768 像素的真彩色的图像需要的存储空间为

$$1024×768×24/8≈2.3MB$$

由此可见，数字化图像如果不经过压缩直接存储，所占用的存储空间是巨大的。因此数字化图像一般根据需要，采用不同的编码技术进行压缩以后再存储。

2.3.3 视频数字化

将传统的模拟电视信号经过采样、量化和编码后，转换成用二进制代码表示的数字信号的过程，就称为视频数字化。数字化视频可以使用计算机进行存储、编辑和播放，并且适合在网络上传播，因此得到了广泛应用。

视频数字化通常有以下两种方式：一是先从彩色全电视信号，如来自录像带、摄像机的电视信号中分离出彩色分量，然后进行数字化；二是直接用一个高速的 A/D 转化器对彩色全电视信号进行数字化，然后再进行分离。不管采用何种方式进行视频数字化，都要通过视频捕捉卡和相应的软件来实现。

数字化视频如果不经过压缩直接存储，所占用的存储空间是巨大的。例如，要在计算机上按每秒 30 帧，连续显示分辨率为 1024 像素×768 像素的 24 位真彩色高质量的视频，需要的存储空间大概是 1024×768×24/8×30=67.5MB。一张 650MB 的光盘最多只能存储几秒钟的视频。因此数字化视频一般要通过压缩、降低帧速、降低分辨率等手段来减小数据量。

2.4 一物一码，万物符号化

生活中，我们常常会扫码，如在商场购买商品时，收银员需要扫商品的一维条形码结账，消费者之后再扫二维码支付；我们也经常会扫二维码名片，加微信、QQ 好友，扫二

维码获得各种信息；新型冠状病毒肺炎疫情期间我们还拥有健康码，记录或显示自己的信息。我们扫的这些码，本质上也是把各种信息数字化的结果。

2.4.1　一维条形码

在没有发明一维条形码之前，超市盘点货物都由人工完成。进入 20 世纪，随着人们消费水平的提高，超市物品种类和数量急剧增加，传统盘点货物的方法和结账造成的滞留，让超市成本变得更高，这时的大型超市迫切需要一种效率更高的生产供应体系，在结账时能够自动读取产品信息，自动盘点货物。需求促进了生产，在 1973 年，IBM 高级工程师乔治·劳雷尔(George J. Laurer)与诺曼·约瑟夫·伍德兰(Norman J. Woodland)共同研究开发出了一维条形码。

一维条形码用黑白线条给商品搭建了一个透明的世界，零售商不仅能够直接获得数据来进行库存盘点，也能根据数据更直观地分析消费者的购物习惯，调整经营策略。

1. 什么是一维条形码

一维条形码(Barcode)是将宽度不等的多个黑条和空白，按照一定的编码规则排列，用来表达一组信息的图形标识符。常见的一维条形码是由反射率相差很大的黑条(简称条)和白条(简称空)排成的平行线图案，并能够用特定的设备识读，转换成计算机能够识别的二进制。

通常一维条形码都由静区、起始字符、数据字符与终止字符组成，有些一维条形码在数据字符与终止字符之间还有校验字符。一维条形码的组成结构如图 2.15 所示。

| 静区 | 起始字符 | 数据字符 | 校验字符 | 终止字符 |

图 2.15　一维条形码的组成结构

(1)静区：不携带任何信息的区域，用于提示扫描器进行扫描。

(2)起始字符：第 1 位字符，具有特殊结构。当扫描器读取到该字符时，便开始正式读取代码。

(3)终止字符：最后 1 位字符，一样具有特殊结构，用于告知代码扫描完毕。为了方便双向扫描，起止字符具有不对称结构。因此扫描器扫描时可以自动对条码信息重新排列。

(4)数据字符：一维条形码中间的条和空结构，包含了所要表达的信息。

(5)校验字符：检验读取到的数据是否正确。不同编码规则可能会有不同的校验规则。

2. 一维条形码的分类

一维条形码的种类很多，常见的有 20 多种，目前使用频率最高的几种一维条形码有商品条码(如 EAN 码和 UPC 码)，物流条码(如 EAN128 码、ITF 码、Code39 码)等。我国目前使用的商品条码是 EAN 码，UPC 码主要用于北美地区。

1)EAN(European Article Number)码

EAN 码分为 EAN-13(标准版)和 EAN-8(缩短版)。EAN-13 条形码由 13 位数字组成，其结构如图 2.16 所示。

3位	4位	5位	1位
前缀码	制造厂商码	商品码	校验码
1　2　3	4　5　6　7	8　9　10　11　12	13

图 2.16　EAN-13 条形码结构

(1)前缀码。前缀码由第 1 位数到第 3 位数组成，共 3 位，表示国家或地区，由国际物品编码协会统一编制。例如，中国是 690～699，目前开放的是 690～695。

(2)制造厂商码。制造厂商码由第 4 位数到第 7 位数组成，共 4 位。一厂一码，我国由中国物品编码中心赋予制造厂商代码。

(3)商品码。商品码由第 8 位数到第 12 位数组成，共 5 位，表示商品品种。商品码是用来标识商品的代码，由产品生产企业按照条件自己决定在自己的何种商品上使用哪些数字来为商品编码。

(4)校验码。校验码是最后 1 位，用来验证一个条形码是否被正确扫描。校验位是从条形码中其余的数字中计算得到的。

我国的 EAN-13 条形码示意图如图 2.17 所示。

图 2.17　EAN-13 条形码示意图

2)UPC(Universal Product Code)码

UPC 码是美国统一代码委员会制定的一种商品条形码，主要用于美国和加拿大地区，我们在美国进口的商品上可以看到。在技术上 UPC 码与 EAN 码基本一样。

一维条形码可以标出物品的生产国、制造厂家、商品名称、生产日期、图书分类号、邮件起止地点、类别、日期等信息，因而在商品流通、图书管理、邮政管理、银行系统等许多领域都得到了广泛的应用。

随着一维条形码技术应用领域的不断扩展，传统的一维条形码渐渐表现出了它的局限性。许多库存数据越来越多，线性一维条形码不得不水平拉伸以增加垂直线和空格，从而导致一维条形码较大，另外，如果一维条形码变形，则很难正确扫描，而且从长远看，一维条形码需要外部数据库来解码，维护和扩展的成本更高。基于这些因素，20 世纪 90 年代诞生了二维码。

2.4.2　二维码

二维码(Two-dimensional Code)，是用某种特定的几何图形按一定规律在平面(二维方向上)分布的黑白相间的图形记录数据符号信息的。它能将数字、英文字母、汉字、日文字母、特殊符号等信息记录到一个图形中，通过设备扫描可以识别并读出图形所表达的内容，再转换成计算机能识别的二进制代码。二维码可以在二维方向上表示信息，比一般的一维条形码有更大的信息容量，一个普通大小的二维码可以容纳数千个字符信息。

常见的二维码可分为两大类：行排式(堆积式)二维码和矩阵式(棋盘式)二维码，如图 2.18 所示。

(a)行排式二维码　　　　　(b)矩阵式二维码

图 2.18　二维码示意图

1. 行排式二维码

行排式二维码建立在一维条形码的基础之上，按需堆积成两行或者多行。它在编码设计、校验原理、读取方式等方面继承了一维条形码的一些特点，但是由于行数增加，需要对行进行判定，其译码算法和软件与一维条形码不同。代表性的行排式二维码有 Code 49、Code 16K、PDF417 等。

2. 矩阵式二维码

矩阵式二维码是在一个矩形空间通过黑、白像素在矩阵中的不同分布进行编码。在矩阵相应元素位置上，用点(方点、圆点或其他形状)的出现表示二进制"1"，点的不出现表示二进制的"0"，点的排列组合确定了矩阵式二维码所代表的意义。矩阵式二维码是建立在计算机图像处理技术、组合编码原理等基础上的一种新型图形符号自动识读处理码制。代表性的矩阵式二维码有 Codeone、Data Matrix、Maxicode、QR 码(Quick Response Code)，以及自主知识产权的汉信码、CM 码、GM 码、龙贝码等。

矩阵式二维码中，最流行的莫过于 QR 码，目前我国使用最广泛的二维码也是 QR 码，它是由日本电装株式会社(Denso-Wave)于 1994 年研制的一种矩阵式二维码。QR 码具有高容量、高密度、高读取速度的特点，支持纠错处理。

随着移动互联网和智能终端的普及，二维码的应用已经触及生活的方方面面，如产品防伪/溯源、广告推送、网站链接、数据下载、商品交易、定位/导航、电子凭证、车辆管理、信息传递、名片交流、Wi-Fi 共享等。"扫一扫"已经成为一种最简单、方便的获取信息的方式，二维码也越来越受到大家的喜爱。

本 章 小 结

现实世界的各种媒体信息都可以转换成 0 和 1 的二进制编码，只有转换成 0 和 1 的代码，计算机才能够存储、加工和传播。0 和 1 的思维体现了万物符号化、符号数字化、计算自动化的思维，是最重要的计算思维之一。

本章围绕信息数字化的原理与方法展开，基于 0 和 1 的思维，对数制的概念、数的表示、西文字符编码、汉字编码以及声音、图像和视频的编码进行具体的介绍，强调了编码的思维，本章的主要内容总结如下。

(1)数值世界的 0 和 1：介绍计算机为什么采用二进制、数制的概念、不同数制的转换、计算机中数的表示，还简单介绍了原码、反码、补码的基本概念。

(2)文字世界的 0 和 1：介绍西文字符、汉字转换成 0 和 1 二进制编码的过程，强调了编码和解码的思维。

(3)声色世界的 0 和 1：介绍了声音、图像、视频的数字化过程，强调了所有信息都可以用 0 和 1 进行编码。

(4)一物一码，万物符号化：以一维条形码和二维码为例，介绍了编码思维的具体应用。

习题与思考题

2-1　计算机为什么要使用二进制？单纯从计算来讲，二进制有优势吗？

2-2　计算机只能识别二进制的数，为什么还有八进制、十六进制？

2-3　非十进制数和十进制数之间相互转化的规则是什么？

2-4　什么是浮点数？为什么要设计浮点数？

2-5　计算机中引入补码可以把减法转化为加法来做，请写出计算机计算"6-9"的运算过程。

2-6　已知英文字符"A"的 ASCII 码是 01000001，"a"的 ASCII 码是 01100001，请写出单词"Ok"的 ASCII 码序列。

2-7　汉字"中"的区位码是 5448D，请根据它的区位码写出它的机内码和国标码的十六进制数表示。如果用 24×24 点阵存储它，需要多少字节的储存空间？

2-8　如果 CD 唱片采样频率为 44.1kHz，采样位数是 16 位，那么一首 3min 立体声的歌曲，在不压缩的情况下，存储容量大约是多少兆字节(MB)？（结果保留一位小数）

2-9　一幅 4240 像素×3036 像素分辨率的真彩色 24 位的山水画，在不压缩的情况下，需要的存储空间大约是多少 MB？（结果保留一位小数）

2-10　请给自己设计一张个性化的二维码名片。

第3章

计算机系统的基本思维

计算机作为工具，发展速度迅猛无比，无论是硬件的更新换代还是软件的推陈出新都让人眼花缭乱、耳目一新。硬件是计算机的"躯干"，软件是计算机的"灵魂"，二者相互依存、协同发展，共同构成一个完整的计算机系统。那么计算机的硬件有哪些部件？又是如何搭建而成？如何安装、设置和使用软件？让我们带着这些问题一起走进计算机系统的世界。

3.1 计算机系统概述

计算机系统是由硬件和软件组成的有机整体，能进行精确快速的运算和判断，满足用户的应用需求。

3.1.1 计算机系统的组成

一个完整的计算机系统由硬件系统和软件系统两大部分构成。硬件系统是由电子、机械和光电元件组成的各种计算机部件和设备的总称，主要由中央处理器、存储器、输入输出设备组成，是计算机完成各项工作的物质基础。软件系统则是计算机所需的各种程序及资料，由系统软件和应用软件组成，用于对计算机系统的所有资源进行管理控制并满足用户的应用需求，是计算机的灵魂。

计算机系统的基本组成如图 3.1 所示。

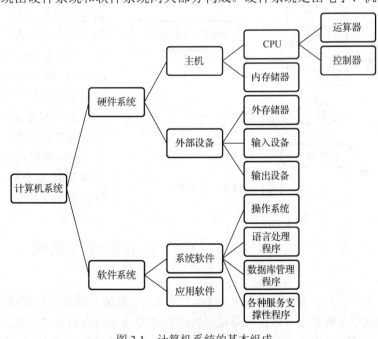

图 3.1 计算机系统的基本组成

3.1.2 计算机的工作原理

计算机做任何任务都有步骤，如要完成一个简单的"10+20"的加法运算时，操作步骤如表 3.1 所示。

表 3.1 计算"10+20"的操作步骤

计算步骤	文字描述	计算步骤	文字描述
1	开始	5	将运算结果 30 保存到存储器中
2	从存储器中取操作数 10	6	将运算结果 30 进行输出显示或打印
3	从存储器中取操作数 20	7	停止
4	对取出的操作数进行加法运算		

计算机不能直接识别这个操作步骤的文字描述，需要将每个步骤转换成计算机硬件能够理解的方式，这样每个步骤就形成了一条指令。七条指令从上到下就形成了一个完整的程序。简而言之，程序就是指令的有序集合。因此，执行程序的过程实际是逐条执行指令的过程。

设计计算机的目标是高速自动运行，肯定要摆脱人工辅助的模式，所以冯·诺依曼体系结构的核心是存储程序的工作方式。该工作方式就是事先编制程序，将程序（包含指令和数据）存入存储器中，计算机在运行程序时自动、连续地从存储器中依次取出指令、分析指令并执行指令。因此计算机的自动计算（或自动处理）过程就是执行一段预先编制好的程序的过程，如图 3.2 所示。

需要指出的是：对于整个程序的自动执行，如果没有硬件的支持，一切理念都是空谈。那计算机硬件是如何取出指令、分析指令和执行指令的呢？下面就让我们走入硬件的世界。

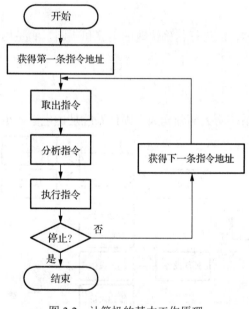

图 3.2 计算机的基本工作原理

3.2 计算机硬件系统

计算机硬件是看得见、摸得着的电子、机械和光电元件构成的各种计算机部件和设备。这些部件和设备依据计算机系统结构的要求构成有机整体，称为计算机硬件系统。冯·诺依曼当年将硬件系统分为运算器、控制器、存储器、输入设备、输出设备五大组成部分，虽然现代计算机的硬件体系结构仍然沿用冯·诺依曼体系，但还是有调整和整合，现代计算机的硬件体系结构如图 3.3 所示。

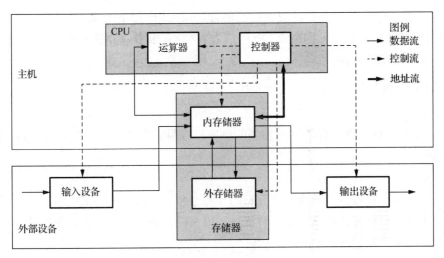

图 3.3　现代计算机的硬件体系结构

由图 3.3 可知，五大组成部分被系统地划分为主机和外部设备两部分。运算器和控制器合二为一，称为 CPU；存储器划分为内存储器和外存储器。CPU 在计算机中的作用和地位如何？存储器为什么要分内存储器和外存储器？主机内除了 CPU 和内存储器之外还有其他的硬件吗？这些零散的硬件到底是如何构成一个完整的硬件系统的？下面就让我们走进计算机硬件系统，了解常用的硬件及其功能。

3.2.1　中央处理器

CPU 是计算机的控制和处理核心，相当于计算机的大脑，在很大程度上决定着计算机系统的性能。

1. CPU 组成和功能

CPU 主要由运算器和控制器构成，因此它的功能主要由控制电路和运算电路实现。

1）运算器

运算器是对数据进行加工处理的部件，负责各种算术运算、逻辑判断和其他操作，由算术逻辑单元（Arithmetic and Logic Unit，ALU）、累加器、寄存器等组成。ALU 的基本功能为加、减、乘、除四则运算，与、或、非等逻辑操作，以及移位、求补等。运算的结果通常送回存储器，或暂时存放在寄存器中。

2）控制器

控制器是整个计算机硬件系统的指挥中心，负责取出指令、分析指令，并根据指令要求，有序地向各个部件发出执行该指令的时序控制信号，使计算机各部件协调一致地工作，并对计算机运行过程中出现的异常和特殊请求进行处理，保证整个计算机能有条不紊地自动运行。

简而言之，CPU 的功能主要有指令控制、操作控制、时间控制、数据处理和中断处理。CPU 是计算机绝对的领导核心，其运算能力和控制能力对计算机至关重要，因此需要不断地提高性能。在 CPU 的发展过程中架构不断更新并优化算法，其制造技术从微米工艺进化到纳米工艺，让 CPU 内部集成更多的晶体管，极大地减少栅极漏电、降低 CPU 的工作功耗，提高 CPU 的运算效率。衡量 CPU 性能的参数有很多，一般主要从频率、核心数、线程等方面描述 CPU 的品质。

2. CPU 性能参数

1）主频

主频表示 CPU 内数字脉冲信号振荡的频率，以赫兹为单位，主频数值越高，CPU 运算速度越快。

2）多核

多核指在一个处理器中集成多个完整的计算引擎(内核)。核心数越多，性能越高。多核处理器明显在程序多开和渲染上更有优势，很多应用程序，如游戏、图形图像处理、非线性编辑等需要多核超线程 CPU 的支持。

3）超线程技术

线程是 CPU 能够进行运算调度的最小单位。现在很多 CPU 支持超线程技术，一个核心配备两个线程，如 8 核 16 线程、10 核 20 线程。线程 1 在处理一个任务时，线程 2 可以同时处理其他任务，减少了 CPU 的空闲时间，提高了 CPU 的使用效率。

4）字长

字长是指 CPU 一次能直接并行处理的二进制位数。它标志着计算机处理数据的精度。

综上所述，CPU 是计算机的大脑，它可以完成大量的数据运算和程序运行。CPU 由运算器和控制器组成，其组成部件中并没有负责进行数据存储的专业组件，那 CPU 的运算数据和程序究竟从何而来呢？

3.2.2 存储器

人们经常把计算机称为"电脑"，这是一种拟人化的表达方式，计算机作为一个实锤的"工具人"，它的记忆从何而来呢？答案就是存储器。存储器在计算机中负责程序和数据的存储，提供记忆功能。无论是写着几个单词的文本、若干行代码表示的程序还是几小时的电影都以 0 或 1 的二进制形式存储在存储器中。那么，我们如何去描述存储对象的容量呢？

1. 信息的存储单位

1）位

位，也称 bit，是信息的最小数据单位。一个二进制数 0 或 1 所占存储空间就是 1bit。

2）字节

字节，也称 Byte，简写为 B，是信息表示的基本单位。1Byte=8bit。比如，10010011 的长度是 8 位，在存储器中占 1 字节的存储空间。

3）千字节、兆字节、吉字节、太字节

现在数据和存储器容量越来越大，为了更好地描述信息容量，计算机中常采用 KB(千字节)、MB(兆字节)、GB(吉字节)、TB(太字节)作为计量单位。

$$1KB=1024B=2^{10}B$$
$$1MB=1024KB=2^{20}B$$
$$1GB=1024MB=2^{30}B$$
$$1TB=1024GB=2^{40}B$$

存储器的基本单位是字节，那么计算机是如何对数据进行存储和读取的呢？这里要用到地址的概念。

2. 地址

现实生活中，酒店会提供若干房间供客人入住，每个房间都有唯一的房号。同样，存储器中也会提供若干房间供数据入住，它以字节为单位将存储器分隔成若干存储单元。每个存储单元可以存放 1 字节的数据信息，且有一个唯一的编号，这个编号就是存储单元的地址。存储单元及地址的示意图如图 3.4 所示。

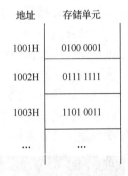

图 3.4　存储单元及地址示意图

计算机需要存取数据时，控制器向相关部件发出控制命令，并告之指令或操作数的具体地址，计算机的数据读取或存储均依据其地址完成。既然存储器的功能就是负责程序和数据储存，那为什么要分成内存储器和外存储器呢？

3. 内存储器

内存储器简称内存，是非常重要的存储设备。按照冯·诺依曼体系结构设计方案，执行程序时，CPU 需要不断地与内存进行数据交换。虽然现在存储设备不断发展，但 CPU 仍然执着地坚持内存是其唯一数据来源，只与内存打交道。因此外存储器中的所有程序和数据必须先调入内存才能被 CPU 运算和执行，内存的数据交换能力会直接影响到 CPU 的工作效率。

内存按其工作方式的不同，分为 RAM（Random Access Memory，随机存取存储器）和 ROM（Read Only Memory，只读存储器）。

1）RAM

RAM 允许随时按指定地址向内存单元存入和读取数据。计算机断电后，RAM 中的内容全部丢失。购买的内存条都是采用 RAM 工作方式，所以在内存中的数据是临时存储。

2）ROM

ROM 是只能读出而不能随意写入信息的存储器，断电之后数据也不会丢失。只读存储器中一般存放计算机启动的引导程序、检测程序、基本输入输出系统、时钟控制程序等重要程序和数据。

目前内存市场上绝大部分都是半导体材料的 DDR（双倍速率同步动态随机存储器）类型。从一代 DDR1 到四代 DDR4，内存频率逐渐提高，数据读取速度更快。但内存也有不足，一是数据不能永久存储且容量偏小，这个问题通过增加辅助存储器体系即可解决。二是内存速度虽然很快，但内存频率远低于 CPU 频率。因此，聪明的设计者在 CPU 和内存之间增设高速缓冲存储器（Cache）来较好地解决该问题，Cache 容量很小但是基本可以做到与 CPU 同频。计算机将调用频率非常高的程序和数据存放在 Cache 中，当 CPU 需要这些数据时，可以和 Cache 进行交换，只有当 Cache 中没有需要的数据时，才向内存进行调取。通过三级缓存技术，可以很好地提高 CPU 的实际工作频率。因此计算机存储器部分就形成了明显的分层体系结构，共建和谐的计算机存储系统。各存储器数据读取速度从 Cache、内存到外存储器逐次降低。

4. 外存储器

外存储器也称为辅助存储器，简称外存。它解决了内存不能永久保存数据且容量偏小的问题，是计算机存储体系结构的有利扩充。机械硬盘、固态硬盘、光盘、可移动磁盘等都是常见的外存储器。下面着重介绍以下几种外存储器。

1) 机械硬盘

机械硬盘主要由控制电机、磁盘、磁头臂、读写磁头等部分构成，整个盘体由多个盘片堆叠而成，盘片上完全覆盖肉眼看不见的小磁粒，这些磁粒有极性，它的极性表示 0 和 1，而且极性可以被改变。机械硬盘部件构成如图 3.5 所示。

为了能够精准定位数据所处的磁盘位置，磁盘表面被划分了若干同心圆环，即磁道，最外圈的磁道是 0 磁道。而一个磁道又被划分成若干扇区，磁道和扇区如图 3.6 所示。

图 3.5 机械硬盘部件构成

图 3.6 磁道和扇区

机械硬盘读取数据的时候，需要先定位数据所在的磁道及扇区。比如，数据在第三磁道第五扇区，磁头会先定位到第三磁道，并悬浮在磁盘上方，然后等待第五扇区转过来，利用读写磁头识别或改变磁粒的极性，以达到读写数据的目的，这个就是机械硬盘的寻道和寻址。因为寻址过程需要等待磁头臂和扇区转动，虽然盘片在主轴电机的带动下以 5400r/min 或者 7200r/min 的速度高速旋转，但机械硬盘数据读写延迟仍然很高，这样的数据延迟对高频的 CPU 和内存来说是很难容忍的。

2) 固态硬盘

固态硬盘是目前的主流，大家对固态硬盘的第一印象就是数据读取速度比机械硬盘快很多。因为固态硬盘不是靠磁性来工作的，它存储数据的基本单元称为浮栅晶体管，浮栅晶体管的栅 (Gate) 中注入不同数量的电子，通过改变栅的导电性能，来改变晶体管的导通效果，从而实现对数据不同状态的记录和识别。无数的浮栅堆叠在一块就形成了 NAND 闪存颗粒，其可以存储大量由 0 和 1 表示的数据，固态硬盘如图 3.7 所示。

图 3.7　固态硬盘

固态硬盘是纯电路结构的存储器，全部是由电子芯片及电路板组成，全程电子交互的数据读写的速度远超磁头臂和磁盘这种机械结构。

3)U 盘

U 盘全称为 USB(通用串行总线)闪存盘，是一种不需要物理驱动，仅通过 USB 接口即可与计算机连接进行数据读写的微型高容量、即插即用型的移动存储设备。目前 U 盘大多提供 USB3.0、USB3.1、USB3.2 等接口，USB3.0 以上接口的 U 盘数据读取速度都较高，但是不同品牌和型号的 U 盘的数据写入速度千差万别，在购买的时候要注意写入速度。目前 USB4 接口规范已经公布，正式应用后 U 盘读写速度应该会有更大的提升。

综上，外存储器永久地保存程序和数据，当需要进行数据运算和程序运行时，将相关内容送入内存，CPU 直接从内存中读取。那外存储器里面的数据是怎么来的呢？这里就涉及我们下面要学习的输入输出设备。

3.2.3　输入输出设备

我们的数据信息是用自己的语言方式描述的，但计算机却只认识 0 和 1。用户需要通过输入输出设备跟计算机进行信息转换和交流。

1. 输入设备

输入设备将各种形式的外部信息转换为计算机能识别和处理的二进制信息形式输入计算机中。键盘、鼠标、数码相机、摄像机、扫描仪、触摸屏等都是常见的输入设备。其中，键盘和鼠标是计算机必备的，虽然基本功能未变，但输入的快捷性、方便性、舒适性一直是技术发展追求的目标。各式各样的人体工学键盘缓解着我们的颈椎病和鼠标手，各种高效的语音输入、实时语音翻译等技术让我们越来越"懒"，输入就动动嘴，人工智能(AI)技术更在探索全新的输入方式——眼动输入，输入用一个眼神搞定，输入设备的未来充满了更多的憧憬和想象。

2. 输出设备

输出设备将计算机处理的二进制信息结果转换为用户所需要并能识别的信息形式(如数字、文字、符号、图形图像、声音等)进行输出。显示器、打印机是常见的输出设备。

1)显示器

显示器是常用的输出设备，目前市面主流都是液晶显示器。衡量显示器性能的指标有很多，如分辨率、刷新频率、尺寸、面板类型、响应时间、色域、色差、色深等，下面介绍几个常见指标。

(1)分辨率。分辨率是指单位面积能显示的像素数量，一般以"水平像素×垂直像素"来表示。比如，全高清显示器 1080P 的分辨率为(1920 像素×1080 像素)，2K/1440P 的分辨率为(2560 像素×1440 像素)，4K/2160P 的分辨率为(3840 像素×2160 像素)。在显示屏幕尺寸一样的情况下，分辨率越高，显示效果越细腻。

(2)刷新频率。刷新频率是指显示器屏幕每秒画面被刷新的次数，以赫兹为单位。刷新频率越高，画面的闪烁抖动感越弱、显示稳定性更好。

(3)色域。自然界的颜色丰富多彩，任何拍摄仪器或显示器都不能完全真实显示。色域指示显示器能显示颜色的丰富度，色域覆盖越广的显示器，它能显示的颜色就越丰富。由于每台显示器所能覆盖的颜色范围是不一样的，摄影设备所能存储的色彩信息也是不一样的，因此各行各业制定了不同的颜色标准，常见的色彩空间标准有 sRGB、NTSC、Adobe RGB、DCI-P3 等。

(4)色准。色准是显示器在色域覆盖范围内显示颜色的准确度。衡量色准的参数称为 ΔE，ΔE 值越小代表色彩偏离越小，色彩准确度越高。

2)打印机

打印机也是一种常见的输出设备，用于将计算机处理结果打印在相关介质上。衡量打印机性能的指标通常有三项：打印分辨率、打印速度和噪声。根据打印机的工作原理，将打印机分为击打式打印机和非击打式打印机两大类，如针式打印机是击打式，而喷墨打印机、激光打印机、3D 打印机等是非击打式。

(1)针式打印机。针式打印机主要应用于银行、税务、商店等的发票及票据打印。其打印速度慢、噪声大、打印质量较差，但由于打印成本低、复写能力强等优点所以仍然在需要大量打印票单的地方广泛使用。

(2)喷墨打印机。喷墨打印机通过喷墨管将墨水喷射到普通打印纸上而实现字符或图形的输出。其打印精度较高、噪声较低、价格低，所以占领了广大中低端市场。缺点是打印速度偏慢，容易堵，需要进行墨盒等耗材更换，日常维护费用增加。

(3)激光打印机。激光打印机利用光栅图像处理器产生要打印的位图，将其转换为电信号等一系列脉冲送往激光发射器并有规律地放出，反射光束被感光鼓接收并发生感光。当纸张经过感光鼓时，鼓上的着色剂就会转移到纸上，印成页面的位图。由于其打印速度快、噪声非常低而且价格逐年降低，所以是使用率非常高的一种打印设备。现在多数激光打印机都是打印、复印、扫描三种功能合一，采用鼓粉分离方式，打印质量精度不断提高，且耗材消耗少，非常适合办公场合使用。

3.2.4　主板

组装一台计算机时，需要 CPU、内存、硬盘、键盘、鼠标、显示器等设备。但这些硬件都是零散且独立的，必须要将它们连接起来形成一个整体才能发挥应有的作用。那硬件系统到底如何实现整机连接的呢？

在机箱内部有一块大规模集成电路板，它的名字叫主板。主板上有芯片组、各种插槽、输入/输出(I/O)控制电路、面板控制开关等，如图 3.8 所示。

(a)主板示意图

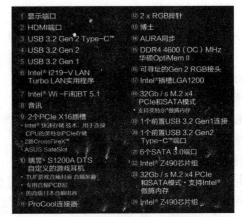

(b)插槽、接口、芯片介绍

图 3.8　主板

通过 CPU 插槽可以在主板上安装 CPU，CPU 靠主板的供电工作，供电不足会导致 CPU 无法长时间睿频，以最佳性能运行。

通过内存插槽可以安装内存条。一般主板都有 2~4 根内存插槽，且支持内存双通道。如果两根内存在 4 内存插槽主板上并行使用，推荐 2、4 插槽，选偶不选奇。

主板上还提供几种硬盘接口，如传统的 SATA 接口(串行先进技术总线附属接口)，直接用 SATA 线和固态硬盘或机械硬盘相连就可以了，还有 M.2 接口等。

主板上还提供多根 PCI-E 插槽。PCI-E 相当于一个通道，是数据的传输"公路"，可以让插入的设备高速地进行数据交换。利用 PCI-E 可以安装独立显卡、独立声卡、独立网卡等各种扩展设备。

主板的侧面还提供了键盘、鼠标、显示器等各种外部设备接口。

主板上有一组固化在 ROM 芯片上的基本输入输出(Basic Input Output System，BIOS)程序，开机后负责加电自检，检查硬件部分是否工作正常并引导加载操作系统，是软件程序和硬件设备之间的枢纽。

综上所述，所有的计算机硬件都要与主板连接才能形成一个整体，并且主板上若干总线让各硬件之间传送数据信息，作为枢纽连通软硬件。因此主板是计算机中最基本也是最重要的部件之一，它决定着计算机的稳定性及扩展性以及各个硬件能否发挥更好的性能。

3.2.5　总线

主板上配有连接插槽，这些插槽又称总线接插口，硬件设备可以通过插槽和接口连接到主板上形成完整的计算机硬件系统。如果说主板是一座城市，那么总线(Bus)就像是城市里的公共汽车，能按照固定行车路线传输信号，总线上传的信号就像公共汽车上的人或物。

根据连接部件的不同，总线分为内部总线、系统总线和外部总线。

1. 内部总线

同一芯片内部的通道，如 CPU 内部寄存器之间的数据通道，寄存器和 ALU 之间的数据通道。

2. 系统总线

计算机内部不同部件之间的总线，如 CPU 和内存之间的连接总线。根据各自功能的不同，系统总线又分为数据总线(Data Bus，DB)、地址总线(Address Bus，AB)、控制总线(Control Bus，CB)。

1) 数据总线

数据总线用于实现数据的输入和输出，数据总线的宽度等于计算机的字长。因此数据总线的宽度是决定计算机性能的主要指标。

2) 地址总线

地址总线用于 CPU 访问内存和外部设备时传送相关地址。例如，CPU 与内存传送数据或指令时，必须将内存单元的地址传送到地址总线上。地址总线的宽度决定了 CPU 的寻址能力。若某计算机的地址总线为 n 位，则此计算机的可寻址空间为 2^n 字节。

3) 控制总线

控制总线传递控制信号，实现对数据总线和地址总线的访问控制。

3. 外部总线

外部总线是主机和外部设备之间的总线。在计算机中，输入/输出设备不能够直接与系统总线相连。因为 I/O 设备都是机电、磁性或光学设备，而 CPU 和内存是电子设备，所以必须有中介来处理这种差异，所有输入/输出设备是通过一种被称为控制器或接口的器件连接到系统总线上的。并且每一个输入/输出设备都有一个特定的控制器或接口，如大家所熟知的 USB 和高清晰度多媒体接口(HDMI)都是控制器。

3.3　计算机软件系统

有了硬件，计算机则具备了"躯干"，但没有"灵魂"。没有安装软件的计算机称为"裸机"，它并不能完成任何工作，没有使用价值。我们要想使用计算机，必须在硬件的基础上配备完善的软件才行。操作系统是硬件之上的第一层软件，用户最终通过操作软件达到应用目的。计算机硬软件的层次结构如图 3.9 所示。

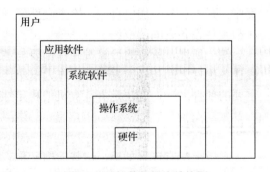

图 3.9　硬软件的层次结构图

那么到底什么是软件呢？软件有哪些分类？软件如何安装呢？

3.3.1　软件的概念

1. 软件

开发软件可以是为了解决自己的应用需求，也可以作为商品提供给他人使用。软件的使用者大都不是开发者，为了使用户更好地了解和使用软件，需要对软件的功能、维护指南等相关资料进行详细说明。所以确切地说，软件是指为运行、维护、管理及应用计算机所编制的所有程序及其文档资料的总和，程序开发是其核心。

2. 程序

为了满足人们的某种应用需求，将一组计算机能识别和执行的指令按某种结构(顺序、选择、循环)集合起来，就形成了程序。简而言之，程序就是若干条指令的集合。

3. 指令

指令是指示计算机执行某种操作的命令。通常，一条指令由操作码和操作数两部分组成。操作码说明该指令要完成的操作的性质及功能，如取数、做加法或输出数据等。操作数则给出了具体数据或操作数的存储单元地址。

综上所述，软件是程序加文档的集合，而程序由指令集合而成，因此软件的运行最终会归结到指令的执行。

3.3.2　软件的分类

1. 根据计算机软件的用途分类

1) 系统软件

系统软件是软件厂商为充分管理计算机的所有资源，最大限度地发挥计算机效率，方便用户使用并为应用软件提供支撑和服务而开发的软件，如操作系统、各种语言处理程序、数据库管理程序、各种服务支撑性程序等。

2) 应用软件

应用软件是指为某类应用需要或解决某个特定问题而开发的软件，如财会软件、办公自动化软件、图形图像处理软件、非线性编辑软件、股票交易软件等。

2. 根据软件的授权方式不同分类

1) 商业软件

商业软件是指作为商品进行交易的软件。目前大多数软件都属于商业软件，如 Windows 操作系统、Microsoft Office、Photoshop 等。使用者必须支付相应的费用才能被许可使用。相对于商业软件，免费软件是软件开发商为了推介其主力产品，扩大公司的影响，免费向用户发放的软件产品，还有一些是自由软件者开发的免费产品。

2) 共享软件

共享软件是以"先使用，后付费"的方式销售的享有版权的软件。根据试用满意程度决定是否购买。共享软件在未注册之前通常会有一定的功能限制，如使用时间限制、次数限制、功能不完全、软件水印等。一旦成为注册的正式版用户，则可以享受到所有权限。

3) 自由软件

自由软件是指任何人都能够得到软件的源代码，并且任何人都拥有运行、复制、发布和修改软件的权利。

3.3.3　操作系统

根据计算机系统层次结构可知，系统最下层是硬件系统，最上层是用户，软件为用户和硬件提供了接口。操作系统属于系统软件，是紧挨着硬件的第一层软件，其他软件则是建立在操作系统之上的。可见操作系统向下对计算机硬件进行控制和管理，向上对其他软件的运行提供服务支撑及管理，是计算机系统中硬、软件资源的总指挥部。

1. 操作系统的定义

操作系统是能有效地组织和管理计算机系统中所有硬件和软件资源，合理地组织计算机工作流程，并向用户提供各种服务功能，使得用户能够方便地使用计算机，使整个计算机系统能高效运行的系统软件。

2. 操作系统的分类

操作系统种类繁多，除了大家熟悉的 Windows 外，还有 UNIX、Linux、macOS 等。从系统的功能角度可将操作系统分为以下几个大类：

1）批处理操作系统

批处理操作系统是指用户将一批作业提交给操作系统后就不再干预，由操作系统控制它们自动运行。以前的单道批处理系统中，用户一次可以提交多个作业，但系统都是逐个处理作业，这将浪费宝贵的处理器资源。为改进这一状况，出现了多道批处理系统，如当一个作业做输入输出导致处理器空闲时，系统会自动进行切换，处理另一个作业。这样，计算机系统的资源可以交替地为多个作业服务，实现计算机系统各部分并行操作。虽然批处理系统交互性差，但提高了系统资源利用率。

2）分时操作系统

分时操作系统是一种多用户共享系统，多个用户通过各自的终端使用同一台计算机。操作系统按分时原则为每个用户分配使用 CPU 的时间片，时间片虽短，但 CPU 的高速使每个用户感到计算机好像为他一个人服务似的。

3）实时操作系统

实时操作系统能及时响应外部事件请求，在规定时间内迅速做出处理，并不失时机地将处理结果输出。例如，计算机用于导弹发射、飞机飞行、炼钢及化工生产等自动控制时，需要及时采集处理数据，进行计算分析、及时控制。又如，在铁路运营、飞机订票及银行管理等领域，计算机将接收从远程终端发来的服务请求，并在很短的时间内对用户做出正确的回答。

4）网络操作系统

网络操作系统能够管理网络上的共享资源及网络通信，协调各个主机上任务的运行，并向用户提供统一、高效、方便易用的网络接口。

前面从系统功能角度讨论了批处理、分时、实时、网络等操作系统。若根据操作系统能同时支持的用户数及任务数分类，还可以把操作系统分为单用户和多用户操作系统、单任务和多任务操作系统。根据操作系统是否应用在移动端，还可分为桌面操作系统和移动端操作系统。

3. 操作系统的功能

计算机技术的不断发展向操作系统提出了更高更新的要求。但不管怎么变化，其目标都是高效管理资源，并为用户提供一个易于使用的高效、安全的操作环境。操作系统的功能从资源管理角度分为五大部分：

1）处理器管理

在多道程序运行下对处理器进行分配和调度，使一个处理器为多个程序交替服务，最大限度地提高 CPU 的利用率。

2）存储管理

对内存进行管理，按一定的策略为申请内存空间的作业分配存储空间；为多个用户程序共享内存空间提供保护措施，使各用户程序和数据不被破坏。

3）设备管理

对计算机的各类外部设备进行管理，包括设备的分配与回收、启动外设工作、进行故障处理等。

4）文件管理

计算机系统中的所有信息(程序、数据及文档等)都以文件形式保存在外存中。文件管理的主要任务是面向用户实现按名存取，支持检索、插入和删除，解决文件的共享、保护和保密等问题。

5）作业管理

作业是指用户提交的任务，它包括用户程序、数据及作业控制说明。系统按一定策略实现作业调度并准备运行。作业完成后，进行资源回收，使各作业有效地共享系统资源。

3.3.4　装机不求人

如前所述，操作系统非常重要，是在计算机硬件基础之上安装的第一个软件。目前，购买笔记本电脑或者台式机时，商家都会帮用户预装好操作系统及常用软件。但是用户经常会因为病毒感染或者其他原因而需要重新安装操作系统，很多用户求助于他人或者花钱解决，本节来谈谈如何自己动手安装操作系统(以 Windows 10 为例)。

安装系统本质上就是运行存储介质(光盘或 U 盘)内的 Windows 安装包。现在很多机器上都没有配备光驱，使用便携式 PE 辅助安装操作系统非常普遍。那么什么是 PE？

PE 的全名是 Preinstallation Environment，即 Microsoft Windows 预安装环境，是一个在保护模式下运行的 Windows 工具，是用来装操作系统的系统。PE 中有各种系统检测和硬件检测的工具可以运行，在主系统不能正常开机启动的情况下，通过 PE 还可以直接访问计算机磁盘，对重要数据进行备份、对系统文件进行修复。用 U 盘做一个 PE，当计算机无法正常开机或想要重装系统时实现一键 U 盘装机还是很有必要的。

下面介绍如何制作 PE 并实现一键 U 盘装机。

1. 制作 PE

(1)准备一个 8GB 以上的 U 盘，将其插入计算机上，将原有内容清除干净，作为 PE 启动盘。

(2)下载 PE。目前 PE 有很多，如老毛桃、微 PE、优启通、通用 PE 等，无论选择哪种 PE 软件，均可进入其官网，选择最新版本进行下载。

(3)下载完成后进行 PE 安装。安装方法选择默认推荐方式，待写入 U 盘确认选择做 PE 启动盘的 U 盘，其他保持默认即可。单击"立即安装进 U 盘"按钮，等待短暂的几分钟后即可完成 PE 制作，具体设置如图 3.10 所示。

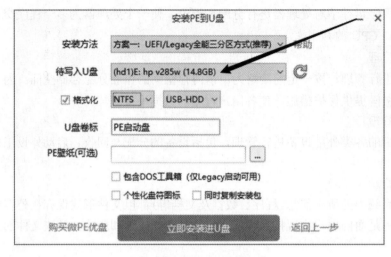

图 3.10　PE 安装设置界面

(4)当 PE 安装完成后，打开"此电脑"，可以看到 U 盘被分割成了两个分区。其中一个为 EFI 系统分区，这个分区就是 PE 本身所在的分区，绝对不要修改该分区的文件内容。另外一个 PE 启动盘是空白分区，这个空白分区可以当普通 U 盘使用，通常将下载的操作系统安装镜像文件存放在该空白分区。有时候 EFI 分区会自动隐藏，这是正常现象。PE 安装完成后 U 盘分区示意如图 3.11 所示。

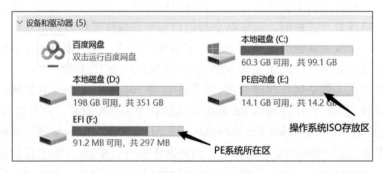

图 3.11　PE 安装完成后 U 盘分区示意图

(5)到微软官网或者其他站点下载 Windows 10 纯净版安装包镜像文件。下载完成后，在存储路径下会看到一个文件扩展名为 ISO 的文件，这个就是 Windows 10 操作系统的纯净版安装包镜像文件。不要解压，将整个安装包复制放入 U 盘的空白分区中。至此，我们的 PE 便携式操作系统制作完毕。以后需要重装系统的时候，随时可以拿出来进行 U 盘一键装机。

2. 利用 PE 实现一键装机

(1)将 PE 启动盘插入待安装操作系统的计算机上。按下开机键，然后按指定键进入

BIOS。注意不同品牌的笔记本电脑和台式机进入 BIOS 的按键是不同的，具体进入 BIOS 的按键请自行查阅说明书或者品牌官网说明。

（2）BIOS 设置为从 U 盘启动，保存设置并退出后，计算机自动重启并直接进入 PE 的桌面。桌面上有很多功能快捷方式，如分区工具、密码修改、GHOST 备份等。在安装操作系统之前，最重要的就是硬盘分区及格式化。一般来说，硬盘至少分两个区，C 区一般安装操作系统，设置 100GB 左右比较好。其他区保存用户资料和文档。如果不需要重新分区则可以跳过分区，如果需要对硬盘分区进行重新划分，可以利用 PE 桌面上提供的分区精灵（Disk Genius）完成。

（3）分区设置完毕，双击桌面"此电脑"，打开"此电脑"窗口，对复制有操作系统安装镜像的 U 盘分区进行双击将其打开。在窗口中右击文件扩展名为 ISO 的安装镜像文件，在弹出的快捷菜单中选择"加载"命令，然后会看见镜像安装文件的具体内容，双击 setup.exe 安装文件正式启动操作系统安装环节。

（4）Windows 10 系统安装程序启动后，按照系统提示进行语言、键盘基本设置后进入下一步等待系统自动安装。安装过程中不要断电，系统会自动重启两三次，耐心等待即可。之后会进入 Windows 10 初始化页面，一路按照系统提示根据自己的实际情况进行设置，最终操作系统安装完成。

操作系统安装完成后，为了发挥硬件的最佳性能提高系统使用舒适度，还需要安装硬件驱动程序、安装各式各样的应用软件以及修改 Windows 10 的相关系统设置。但是有很多用户不知道什么是驱动及如何安装驱动，还有少部分用户不知道如何正确安装和卸载应用程序，下面来看一下常用软件的安装与管理。

3.3.5　我的地盘我做主

当操作系统安装完毕后，接下来需要安装硬件设备的驱动程序，然后根据应用需求安装各种应用软件。

1. 安装设备驱动程序

设备驱动程序简称为驱动程序，是一种介于硬件和系统之间的应用程序接口（API），操作系统只有通过这个接口才能控制硬件设备的工作。简单来说就是驱使硬件动起来的程序简称驱动程序。

比如，将一块显卡插到主板上，因为主板和显卡有物理层面的电气信号交互，所以主板知道有一块显卡存在。但操作系统并不知道这个显卡的存在，因此需要一个软件去告诉操作系统这里有一个显卡，渲染画面的时候，可以把这个运算任务交给显卡完成。再如，让声卡播放声音，操作系统会先发送相应指令到声卡驱动程序，驱动程序接收到指令后，马上将其翻译成声卡才能听懂的电子信号命令，从而让声卡播放声音。因此驱动程序让操作系统知道某个硬件的存在，并能通过这个虚拟的 API 和这个硬件交互数据。

理论上讲所有的硬件都需要驱动程序才可以运行。可能有人会产生疑惑，我重装系统后没有安装任何驱动，计算机可以正常使用而且还能上网啊？答案很简单，就是操作系统自带了部分驱动。我们下载的操作系统安装包很大，一般几吉字节，但其实操作系统本体很小，所以其中有相当一部分数据都是驱动。这些驱动可以提供一个最基本的 API，维持硬件的基本运行，但只能是临时用一下。为了让硬件发挥最佳性能，一定要补齐各个硬件的专有适配驱动。

目前安装驱动的方法有三个。一是操作系统安装完成计算机联网以后自动安装。二是使用第三方软件帮助安装，如驱动精灵、驱动人生、鲁大师等。但这两种方式都存在硬件型号识别不准导致驱动安装不是最佳的情况，而且第二种方式还存在软件捆绑这种致命问题，稍不留神就会给系统带一堆垃圾软件。所以最佳方式是根据自己的机型手动去官网找驱动安装。比如，品牌机在外包装正面、机器保修卡里面，都有完整的机型名称，笔记本电脑背面贴纸也会有机型名称，根据机型名称去官网找到对应型号的驱动进行打包下载即可。

将驱动列表中所有相关驱动全部下载完成后，依次进行安装，有些驱动直接是.exe 格式，有些是压缩包格式，.exe 文件直接双击安装即可，压缩包则解压之后双击.exe 文件进行安装。

如果机器不是品牌机，而是自己组装的兼容机，可以用相同的方式，查找购买的硬件设备的型号，到官网下载对应的驱动进行安装，方式相同只是相对烦琐一点。在相关配件中，有些核心硬件驱动必须安装，如主板、独立显卡等，而有些附属配件则根据说明书进行选择安装。所有的驱动安装下载程序均需妥善保存，以备重装系统时使用。

总之，自己手动去官网下载驱动进行安装的方式，虽然比第三方软件一键安装驱动烦琐，但却是最纯净、最准确的方式，能让自己的硬件以官方提供的最匹配驱动达到最佳使用性能。

2. 安装应用软件

计算机的强大功能是通过各种应用程序实现的，应用程序的安装和卸载也应该是每个用户都应该掌握的技能。一般可以通过官方网站、各种软件下载网站下载所需的应用安装程序进行安装。安装完成后可以在程序列表中看到应用程序启动快捷方式，也可以将启动快捷方式放置在桌面上或者添加到快速启动栏。在整个安装过程中需要重点注意的就是安装路径，如图 3.12 所示。

什么是路径？要理解路径，必须先认识文件和文件夹。

在计算机中，所有的资料、数据都是以文件的形式保存在磁盘中。文件是存储信息的基本单位。每个文件都有文件名，文件名是由"主文件名.文件扩展名"组成。主文件名用户可以自己命名，文件扩展名代表的是文件的类型，不能随意更改。常见的文件类型如表 3.2 所示。

图 3.12　软件安装自定义选项

表 3.2　常见的文件类型

类型	含义	类型	含义
.exe	可执行文件，系统文件或应用程序	.avi	媒体文件
.rar/.zip	压缩文件	.txt	文本文件
.bmp/.gif/.jpg	位图文件/动态压缩图片/静态压缩图片	docx/.xlsx/.pptx	Word 文件/Excel 文件/ppt 文件
.wav	波形声音文件		

　　在系统中扩展名有时是隐藏的。用户通过窗口中"查看"选项→"显示/隐藏"功能区域，勾选"文件扩展名"复选框，即可查看文件的扩展名，如图 3.13 所示。

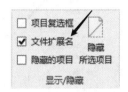

图 3.13　查看文件扩展名

　　大多数文件系统都是以树形结构来存储文件。树的最顶层节点称为根节点，每个根节点表示一个磁盘分区，磁盘驱动器的最上一级目录称为根目录，如 C:\或 D:\。根节点下可以包含文件和子文件夹，子文件夹下又可以包含文件和子文件夹，如此扩展下去。文件系统目录树的示意图如图 3.14 所示。

　　能够清楚地标识一个文件或文件夹在磁盘中的存储位置的就是路径。在系统中，路径的描述是从根目录开始的，根目录和子目录之间用斜杠(\)来分隔。如图 3.14 所示，流行音乐的路径就是"D:\音乐\流行音乐"。用户可以根据一个文件或文件夹的路径在资源管理器中去查找和定位它。

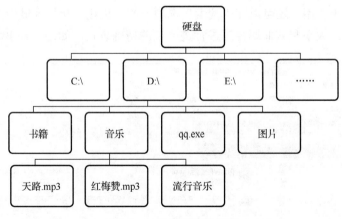

图 3.14　文件系统目录树

　　资源管理器是 Windows 操作系统提供的资源管理工具。用户可以用它查看本台计算机的所有资源，对文件及文件夹进行各种操作，如打开、复制和移动、选择、新建、删除、查找、布局、排列、显示及隐藏等。特别是它提供树形文件系统结构，便于清楚、直观地认识计算机的文件和文件夹。地址栏是资源管理器窗口中一个保留项目，不仅可以通过地址栏知道当前打开的文件夹名称及路径，还可以在地址栏中输入本地硬盘的地址或者网络地址，直接打开相应内容。资源管理器界面如图 3.15 所示。

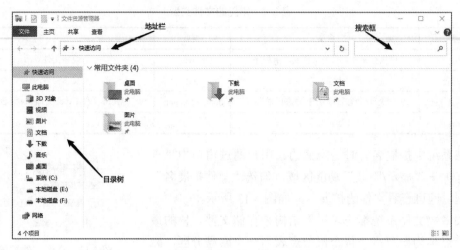

图 3.15　资源管理器界面

　　如果用户不知道文件所在的具体路径，可以通过资源管理器界面右上角的搜索框进行文件搜索。在左侧目录树定位某目录，则在该目录下搜索相关资源。比如，左侧选择"此电脑"，则搜索范围为整个计算机磁盘，左侧选择"系统(C:)"，则在 C 盘范围内搜索需要的文件。确定搜索范围后，可以按文件名搜索，还可以利用通配符，快速找到需要的文件。

　　通配符主要有"？"和"*"两种。"？"代表一个字符，"*"代表任意字符。例如，搜索计算机中所有 mobi 电子书文件，可以使用"*.mobi"进行搜索。搜索完成后，会在窗口中显示搜索结果，用户还可以在"搜索"选项卡的"优化"功能区域中对搜索结果设置修改日期、类型、大小和其他属性等进行进一步的精确查找，如图 3.16 所示。

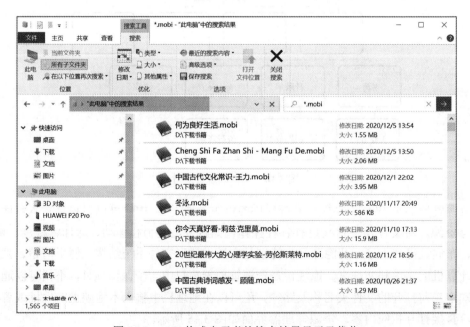

图 3.16　mobi 格式电子书的搜索结果显示及优化

3. 软件管理。

1）查看已安装的应用软件

右击"开始"按钮，选择"应用和功能"命令，打开"应用和功能"窗口，即可查看当前已经安装的软件，如图 3.17 所示。

2）卸载应用程序

计算机中可以卸载不需要的软件。在"应用和功能"窗口中，选中需要卸载的软件，单击"卸载"按钮，在弹出的"确认卸载"对话框中选择"是"按钮，确认卸载。软件卸载完成后会弹出"成功卸载"界面，单击"关闭"按钮即可。

图 3.17　"应用和功能"窗口

本 章 小 结

硬件是躯体，软件是灵魂，硬件和软件相结合构成完整的计算机系统。本章详细介绍了现代计算机的体系结构设计，并结合市场现状介绍了主要硬件的功能及性能指标，对软件的概念、安装和管理进行介绍，初步理解和掌握计算机的完整体系构成，提高学生的动手能力。

本章内容主要包括：

（1）计算机系统：介绍了计算机系统的组成和工作原理。

（2）计算机硬件系统：介绍 CPU、存储器、输入输出设备、主板、总线的功能及性能参数。

（3）计算机软件系统：介绍软件的概念、软件的分类、操作系统、如何安装操作系统及软件管理。感兴趣的读者可以自己试着做 PE，进行操作系统的安装。

习题与思考题

3-1　简述 CPU 的组成和功能。

3-2　阐述线程与进程的区别。

3-3　阐述内存、外存、高速缓冲存储器之间的区别和联系。

3-4　简述机械硬盘与固态硬盘性能及在工作方式上的差异，以及各自的优缺点。

3-5　阐述总线的作用及分类。

3-6　阐述指令、程序、软件的区别与联系。

3-7　计算机软件可分为哪几类？简述各类软件的作用。

3-8　阐述 CPU 执行程序的基本过程。

3-9　综合阐述衡量 PC 性能时，可从哪几个方面评价。

第4章

算法思维基础

计算思维是运用计算机科学的基础概念进行问题求解、系统设计以及人类行为理解等涵盖计算机科学之广度的一系列思维活动，其实质是一种关于问题描述、问题建模和问题求解的科学思维能力，是从计算机科学的角度去思考问题，并与其他学科或技术思维进行融合，从而实现新的创造性思维。

算法是计算思维的核心，具有非常鲜明的计算机科学特征。它是求解问题的思维方式，研究和学习算法能锻炼我们的思维，使我们的思维变得更加清晰、更有逻辑。接下来，让我们一起走进算法的世界，感受算法之美吧。

4.1 算 法 之 美

如果说数学是皇冠上的一颗明珠，那么算法就是这颗明珠上的光芒。算法让这颗明珠更加熠熠生辉，为科技进步和社会发展照亮了前进的道路。算法是艺术，走进算法的人，才能体会它的魅力。

4.1.1 打开算法之门

1. 算法的定义

在我们的生活中，算法无处不在。我们每天早上起来，刷牙、洗脸、吃早餐，都在计算着时间，以免上班或上学迟到；去超市购物，在资金有限的情况下，考虑先买什么、后买什么，算算是否超额；在家中做饭，用什么食材、调料，做法、步骤，最后还要品尝一下咸淡；乘坐公交车的每一次刷卡；在手机上完成的每一次购物；出行时利用"高德地图"或"百度地图"进行道路导航等都建立在算法之上。所以，不要说你不懂算法，其实你每天都在用！

那么到底什么是算法呢？简单地说，算法就是解决问题的方法和步骤。

我们来看一个例子：

例 4.1 有两个装有橙汁和苹果汁的饮料瓶，现要求将两瓶饮料交换，即把原来装橙汁的饮料瓶中装入苹果汁，把原来装苹果汁的饮料瓶中装上橙汁。我们该怎么做呢？

我们很容易地想到一种方法，即找一个空瓶子倒腾一下就可以了，其操作步骤如下：

第 1 步：将橙汁倒入空瓶子。

第 2 步：将苹果汁倒入原来装橙汁的瓶子中。

第 3 步：将原来空瓶子中装入的橙汁倒入原来装苹果汁的瓶子中。

这就是生活中交换饮料的算法。如果我们用变量 a 表示橙汁，变量 b 表示苹果汁，变量 temp 表示空瓶子，用"←"表示把一个变量的值放入另一个变量中，那么上述交换饮料的算法可以表示为

第 1 步：temp←a

第 2 步：a←b

第 3 步：b←temp

其实这个过程就是两个变量交换的算法。类似的例子还有很多，生活中的算法和计算机算法最大的差异在于：前者是人在执行，后者可以交给计算机执行。下面讲的算法都是指计算机算法。

2. 算法的基本特征

算法需要描述在问题求解中计算机如何将输入转化为所要求的输出。因此算法必须具备以下基本特征：

(1)有穷性：一个算法必须总是在执行有穷步后结束，且每一步都必须在有穷时间内完成，不能出现死循环。

(2)确定性：算法的每个步骤都是确定的、明确无误的，它对每种情况下所应执行的操作都有确切的规定，不会产生二义性，从而使算法的执行者或阅读者都能明确其含义及如何执行。

(3)可行性：算法中的每一步操作都应是可执行的，或者都可以分解成计算机可以执行的基本操作。

(4)输入：一个算法有 0 个或多个输入，以刻画问题的初始情况。所谓 0 个输入是指算法本身设定了初始条件。

(5)输出：一个算法有 1 个或多个输出，以反映算法对信息加工后得到的结果。没有输出的算法是毫无意义的。

4.1.2　好的算法，妙不可言

一个问题的解决可以有多种不同的算法，不同算法解决问题的优劣是不一样的。那么什么是好的算法呢？

我们一起来看一个例子：

例 4.2　求 $(-1)^1+(-1)^2+(-1)^3+\cdots+(-1)^n=?$

当你看到这个题目时，会怎么想呢？其实你想的解决这个问题的方法，就是求这道题的算法。

算法 1：依次计算 $(-1)^1$，$(-1)^2$，$(-1)^3$，$\cdots$，$(-1)^n$ 的值，并进行累加。计算 $(-1)^i$ 需要进行 i 次($1 \leqslant i \leqslant n$)乘法，因此总共需要进行 $\dfrac{n(n+1)}{2}$ 次乘法和 n 次加法。

算法 2：我们注意到 $(-1)^i = \begin{cases} -1 & i\text{为奇数} \\ 1 & i\text{为偶数} \end{cases}$，于是

$$(-1)^1 + (-1)^2 + (-1)^3 + \cdots + (-1)^n$$
$$= \underbrace{(-1)^1 + (-1)^2}_{0} + \underbrace{(-1)^3 + (-1)^4}_{0} + \cdots + (-1)^n$$
$$= \begin{cases} 0 & n\text{为偶数} \\ -1 & n\text{为奇数} \end{cases}$$

这样的话，计算 $(-1)^1 + (-1)^2 + (-1)^3 + \cdots + (-1)^n$ 的值时，只需要判断 n 的奇偶性，就可以直接写出结果。

从求解该问题的两种算法来看，算法 2 比算法 1 的求解效率高很多。特别是随着 n 的不断增大，两种算法的效率差异会更加明显。

一般来说，一个好的算法应该达到如下的目标要求。

(1)正确性：在合理的数据输入下，算法能够在有限的运行时间内得到正确的结果。

(2)可读性：算法主要是为了人的阅读、理解和交流，其次才是机器可执行性。可读性好的算法，有助于人们对于算法的理解。

(3)健壮性：当输入的数据非法时，好的算法能适当地做出反应或进行相应处理，而不会产生莫名其妙的结果，甚至导致系统瘫痪。

(4)高效性：效率是指算法的执行时间。同一个问题的求解可能有多个算法，执行时间短的算法效率高。算法效率的度量方法一般有两种：

方法 1：依据算法编写程序，将程序在计算机上运行，从而统计算法的执行时间，执行时间短的算法效率高，反之，效率低。利用这样的方法度量算法的效率存在两个缺陷：一是必须运行依据算法编制的程序；二是程序的执行时间依赖于计算机硬件、软件等环境因素，容易掩盖算法本身的优劣。

方法 2：通过统计算法执行中需要用到的基本语句(如加法、减法、乘法、除法、判断、比较等)的执行次数(也称为语句频度)来衡量算法的效率。语句频度低的算法，效率高；而语句频度高的算法，效率低。利用这样的方法度量算法的效率有两个优势：一是无须将算法编写成程序并运行；二是语句频度的计算不依赖于计算机硬件、软件等环境因素，更能够反映算法本身的优劣。

(5)低存储性：算法的存储量是指算法执行时所需要的存储空间。低存储性是指算法执行所需要的存储空间少。

4.2　算法与程序

图灵奖获得者 N.Wirth 教授曾给出一个著名的公式：程序=算法+数据结构。算法和数据结构是计算机程序的两大核心，其中，数据结构是程序的骨架，算法是程序的灵魂。

4.2.1　算法的描述方法

算法是对问题求解方法的一种描述，它不依赖于任何语言，既可以用自然语言、流程图来描述，也可以用程序设计语言来描述。一般为了更清楚地说明算法的本质，还可以去除程序设计语言的语法规则和细节，采用伪代码来描述算法。下面我们对几种常用的算法的描述方法进行简单介绍。

1. 自然语言

自然语言就是人们日常使用的语言，容易理解，但描述比较冗长，可能存在二义性。这种方法适合于粗线条地描述算法思想。用自然语言描述算法时应该尽量精炼，避免写成大段的文字。

2. 流程图

流程图是算法的一种图形化的表示方式。它使用一组预定义的符号来描述算法。常用的流程图符号如表 4.1 所示。

表 4.1　常用的流程图符号

符号	名称	含义
⬭	开始/结束框	表示算法的开始或结束
▱	输入/输出框	表示输入或输出操作
▭	处理框	表示对框内的内容进行处理
◇	判断框	表示对框内的条件进行处理
→ ↓	流程线	表示流程的方向

流程图适合描述简单算法。对于较复杂的问题，其算法流程可以粗略一点、抽象一些，首先表达出主要轮廓，然后再细化。流程图的优点是直观、清晰，有利于人们设计与理解算法，缺点是缺乏严密性和灵活性。

3. 程序设计语言

程序设计语言是人与计算机之间交流的语言，常见的有 C、C++、Java、Python 等。C 语言诞生于 20 世纪 70 年代初，成熟于 20 世纪 80 年代，很多重量级软件都是用 C 语言编写的。另外很多流行语言，如 C++、Java 等都借鉴了它的思想和语法，因此本章采用 C 语言作为算法的实现语言，并将用 C 语言编写的程序简称为 C 程序。

我们通过一个简单的例子认识 C 程序的基本框架。

例 4.3　在屏幕上输出"hello,world!"，C 程序及说明如表 4.2 所示。

表 4.2　C 程序及说明

C 程序	说明
#include<stdio.h>	将标准输入输出头文件 stdio.h 的内容包含在本文件中
int main(){	main()为程序的主函数
printf("hello,world!");	在屏幕上输出"hello,world!"
return 0;	函数返回
}	

每个 C 程序有且仅有一个 main()函数。程序从 main()函数中的第一条语句开始执行，每个语句的结尾用分号表示。单个语句称为简单语句。若将多个语句用{}括起来则称为复合语句。程序中的{}都是成对出现的。

下面对 C 语言的基础知识进行简单介绍。

1）变量

每个程序都描述了一个计算过程。计算过程的输入数据、中间结果和最终结果都存储在程序的变量中。变量是内存中的一块区域，在程序运行过程中可以修改这块区域存储的值。变量由变量名和变量类型两个要素构成。

如下语句定义了一个变量：

int number;

这里的 number 是变量名，int 表示该变量是整数类型的变量（整型变量）。在目前流行的计算机配置下，整型变量占 4 字节的内存空间。变量名由字母、数字或下划线组成，首字符必须是字母或下划线。

定义变量时，也可以给它指定一个初始值，如：

int sum=0;　　//定义了一个整型变量 sum，初始值为 0。

需要注意的是，变量一定要先定义，再使用。

2）数据类型

除了刚才提到的 int 类型，常用的数据类型还有字符型和浮点型。

char：字符型。char 类型的变量表示一个字符，如'a'、'A'、'0'、'1'等，占 1 字节。字符型变量存储的是字符的 ASCII 码。

float：浮点型（实型）。float 类型的变量表示一个浮点数（实数），占 4 字节。

3）运算符和表达式

运算符包括算术运算符、关系运算符和逻辑运算符等。将变量、常量等用运算符、括号等连接在一起，就构成了表达式。表达式的计算结果称为表达式的值。常见的运算符如表 4.3 所示。

表 4.3　常见的运算符

类别	运算符	含义	运算优先级	表达式示例	值
算术运算符	+	加法	高：* / % 低：+ - 运算结果：数值	2.5+6-2*2	4.5
	−	减法		(9-(3+2))*3	12
	*	乘法		11.0/5	2.2
	/	除法		11/5	2
	%	求余		11%5	1
关系运算符	<	小于	高：< <= >= > 低：!= == 运算结果：0(假)，1(真)	6<9	1
	<=	小于或等于		5<=5	1
	>	大于		2>6	0
	>=	大于或等于		9>=5	1
	==	等于		7==5	0
	!=	不等于		6!=5	1
逻辑运算符	!	非	从高到低：! && || 运算结果：0(假)，1(真)	!0 !1	1 0
	&&	与		0&&0 0&&1 1&&0 1&&1	0 0 0 1
	||	或		0||0 0||1 1||0 1||1	0 1 1 1

　　对于混合运算表达式，按照从左至右的结合顺序，三类运算符的优先级别为算术运算符>关系运算符>逻辑运算符。在表达式中，可以通过加入括号体现运算优先次序。总的运算规则是先括号内，后括号外。不同优先级，从高到低；相同优先级，从左向右。

　　4) 赋值语句

　　赋值语句用于将表达式的值赋给变量，分为简单赋值、多重赋值等，格式分别为

变量=表达式；

变量 1=变量 2=…=变量 n=表达式；

　　5) 输入/输出语句

　　标准输入输出头文件 stdio.h 中包括了标准输入函数 scanf 和标准输出函数 printf。格式分别为

scanf("格式控制字符串",变量地址 1,变量地址 2,…)；

printf("格式控制字符串",输出项 1,输出项 2,…)；

　　6) 选择语句

　　一般情况下，语句的出现顺序就是其执行的顺序。但是在某些情况下，需要根据不同的情况执行不同的语句，这时需要用到选择语句。选择语句及执行流程如表 4.4 所示。

表 4.4 选择语句及执行流程

选择语句	流程图	说明
if(表达式) 语句;		如果表达式的值为真(非零)，则执行语句，否则不执行

if(表达式)
   语句 1;
else
   语句 2;
		如果表达式的值为真(或者非零)，则执行语句 1，否则执行语句 2

switch（表达式）
{
   case 值 1:语句 1;break;
   case 值 2:语句 2;break;
   …
   case 值 n:语句 n;break;
   [default:语句 n+1;break;]
}
		计算表达式的值，根据不同的值，执行相应的语句，如果和前面的值都不相等，默认执行语句 n+1

7) 循环语句

在程序中，可能需要反复执行某些语句，如果将这些语句简单地复制会使程序变得冗长，利用循环语句可以有效地解决这个问题。循环语句及执行流程如表 4.5 所示。

表 4.5 循环语句及执行流程

循环语句	流程图	说明
while(表达式) 语句;		计算表达式的值，若值为 (1)假(0)，程序转向 while 后面的语句执行； (2)真(非 0)，执行语句，控制转向 1

续表

循环语句	流程图	说明
do 　语句; while(表达式);	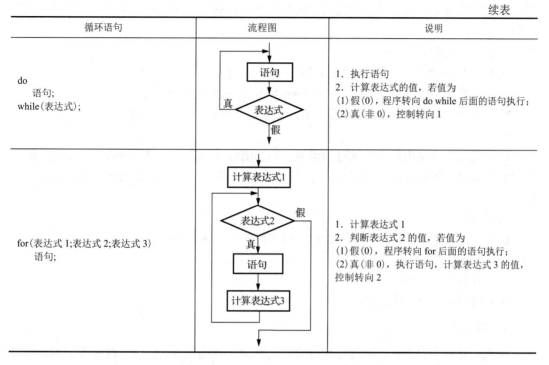	1. 执行语句 2. 计算表达式的值，若值为 (1)假(0)，程序转向 do while 后面的语句执行; (2)真(非 0)，控制转向 1
for(表达式 1;表达式 2;表达式 3) 　语句;		1. 计算表达式 1 2. 判断表达式 2 的值，若值为 (1)假(0)，程序转向 for 后面的语句执行; (2)真(非 0)，执行语句，计算表达式 3 的值，控制转向 2

循环中需要重复执行的语句也称为循环体，可以是简单语句，也可以是复合语句。

8）流程转移语句

（1）break 语句：

语法：break;

功能：结束离它最近的 while、do、for 或 switch 语句。

（2）continue 语句：

语法：continue;

功能：在 while、do 或 for 语句中，continue 语句使得之后的语句被忽略，直接回到循环的顶部，开始下一轮的循环。

9）数组

数组用来表示相同类型元素的集合。

数组的定义形式：类型名　数组名[元素的个数];

其中，元素的个数必须为常数或常数表达式，不能是变量，且其值必须为正整数。元素的个数，也称为数组的长度。

例如：int a[100];即定义了一个名字为 a 的数组，它共有 100 个元素，分别为 a[0],a[1],…,a[99]，每个元素都是一个整型变量。

10）函数

如果一个程序代码中需要多次实现同一种数据处理功能，通常将这个数据处理功能定义成一个函数，使得程序结构更加简洁。此外，当一个程序代码段实现的功能比较复杂时，也常常将其分解成相对简单的子功能，每个子功能分别作为一个函数。函数的定义，是指函数功能的确立，需要指定函数名、函数类型、形参及类型和函数体等，是完整独立的单位。

函数定义的形式为

函数类型 函数名(类型 参数 1,类型 参数 2,...) {

    函数体;   //函数体是一些语句，完成该函数的功能。

    return 表达式;   //函数返回值，如果没有的话，写成 return;

}

在一段程序中引用已经定义过的函数，称为函数的调用。在调用函数时，需要给出每个参数的取值。如果函数有返回值，可以定义一个与返回类型相同的变量，存储函数的返回值。

11) 注释

C 语言中的注释语句用来说明语句或程序段的功能等，方便人的理解和沟通，它不参与编译，分为

单行注释：   //注释语句

多行注释：   /*注释语句*/

4. 伪代码

伪代码是介于自然语言和程序设计语言之间的一种描述方式。它更符合人们的表达习惯，容易理解，但它不是严格的程序设计语言，需要转换成标准的程序设计语言才可以上机调试和运行。

4.2.2 算法和程序的关系

算法独立于任何具体的程序设计语言，一个算法可以用多种程序设计语言来实现。算法是对问题的求解方法，而程序则是算法在计算机上的特定实现。好的程序依赖于好的算法，算法是程序的灵魂。

下面我们通过几个例子的分析，进一步体会算法和程序的关系。

例 4.1 中两个变量交换的算法流程图及 C 程序如表 4.6 所示。

表 4.6   例 4.1 的算法流程图及 C 程序

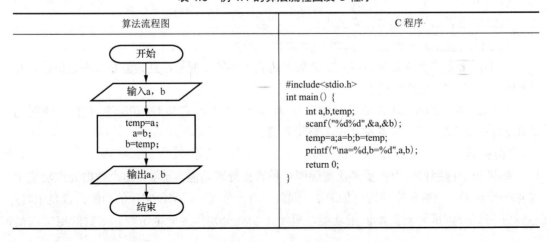

算法流程图	C 程序

开始
输入a，b
temp=a;
a=b;
b=temp;
输出a，b
结束
	`#include<stdio.h>`
	`int main () {`
	    `int a,b,temp;`
	    `scanf("%d%d",&a,&b) ;`
	    `temp=a;a=b;b=temp;`
	    `printf("\na=%d,b=%d",a,b) ;`
	    `return 0;`
	`}`

例 4.2 中计算 $(-1)^1+(-1)^2+\cdots+(-1)^n$ 的算法流程图及 C 程序如表 4.7 所示。

表 4.7 例 4.2 的算法流程图及 C 程序

算法流程图	C 程序
| | ```
#include<stdio.h>
int main () {
    int n,s;
    scanf("%d",&n) ;
    if (n%2==0) s=0;
    else s=-1;
    printf("\ns=%d",s) ;
    return 0;
}
``` |

例 4.4 求 1+2+3+⋯+n=? (n 为正整数)

这个问题可以采用以下两种算法求解。

算法 1:设置一个求和变量 s,初值为 0,然后将 1,2,3,⋯,n 依次累加到 s 中,一共需要进行 n 次加法。算法流程图及 C 程序(采用两种循环结构)如表 4.8 所示。

表 4.8 求例 4.4 的算法 1 的流程图及 C 程序

算法流程图	C 程序(while 循环)	C 程序(for 循环)
| | ```
#include<stdio.h>
int main () {
    int n,i,s;
    scanf("%d",&n) ;
    i=1;
    s=0;
    while (i<=n) {
        s=s+i;
        i++; //等同 i=i+1;
    }
    printf("\ns=%d",s) ;
    return 0;
}
``` | ```
#include<stdio.h>
int main () {
    int i,n,s;
    scanf("%d",&n) ;
    s=0;
    for (i=1;i<=n;i++)
        s=s+i;
    printf("\ns=%d",s) ;
    return 0;
}
``` |

可以看到,while 循环和 for 循环在一定条件下是可以相互转换的,特别是当循环次数已知时,用 for 循环更简洁。当然这个问题还可以用 do 循环来实现,读者可以思考完成。

算法 2:直接利用求和公式 s=1+2+⋯+n=n(n+1)/2 来计算。算法流程图及 C 程序如表 4.9 所示。
```

表 4.9　求例 4.4 的算法 2 的流程图及 C 程序

算法流程图	C 程序

开始
输入 n
s=n*(n+1)/2
输出 s
结束
	``c
	#include<stdio.h>
	int main () {
	    int n,s;
	    scanf("%d",&n);
	    s=n*(n+1)/2;
	    printf("\ns=%d",s);
	    return 0;
	}
	``

算法 2 只需要进行 1 次乘法、1 次除法和 1 次加法，执行时间与 n 无关。显然算法 2 优于算法 1。

例 4.5　从键盘上输入 n 个数(n≤100)，计算它们的最大值。

设置数组 a，将输入的数存入数组元素 a[0], a[1],…,a[n-1]中。变量 m 存放最大值，初值为 a[0]，然后依次将 a[1], a[2],…,a[n-1]分别和当前的最大值 m 进行比较，如果比 m 大，将其赋值给变量 m。算法流程图及 C 程序如表 4.10 所示。

表 4.10　例 4.5 的算法流程图及 C 程序

算法流程图	C 程序

开始
输入 n 和 a[0], a[1], …, a[n-1]
m=a[0];i=1;
i<n　假
真
a[i]>m　假
真
m=a[i];
i=i+1;
输出 m
结束
	``c
	#include<stdio.h>
	int main () {
	    int a[100],i,n,m;
	    scanf("%d",&n);
	    for (i=0;i<n;i++)
	        scanf("%d",&a[i]);
	    m=a[0];
	    for (i=1;i<n;i++)
	      if (a[i]>m) m=a[i];
	    printf("\n 最大值=%d",m);
	    return 0;
	}
	``

4.2.3　Dev-C++集成开发环境

C 语言属于编译语言，即用 C 语言编写的程序，需要先编译，再运行。通常这个操作都交给集成开发环境完成。Dev-C++是一个常见的 C/C++的集成开发环境，其中集成了 C/C++代码的编写、分析、编译、调试和运行等功能。

打开 Dev-C++，界面如图 4.1 所示。

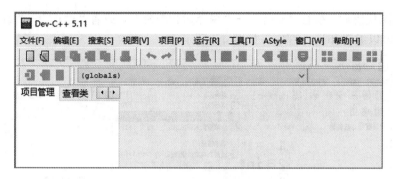

图 4.1　Dev-C++界面

1. 新建和保存源代码

执行"文件"→"新建"→"源代码"命令或者单击菜单栏的"新建"按钮，在弹出的选项中选择"源代码"命令，如图 4.2 所示。

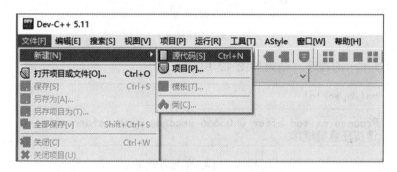

图 4.2　新建源代码

在编辑框中输入例 4.3 的源代码，如图 4.3 所示。

图 4.3　例 4.3 的源代码

执行"文件"→"保存"命令，可以将源代码保存为文件，并以.c 为文件扩展名。如果源代码中用到了 C++的语法或特性，需要以.cpp 为文件扩展名。

2. 编译运行程序

输入 C 源代码后，执行"运行"→"编译运行"命令，或者"运行"→"编译"→"运行"命令就可以编译和运行程序。如图 4.4 所示。

图 4.4　编译和运行

运行图 4.3 所示的程序，结果如图 4.5 所示。

```
hello,world!
--------------------------------
Process exited after 0.03656 seconds with return value 0
请按任意键继续. . .
```

图 4.5　例 4.3 的运行结果

4.3　经 典 算 法

设计算法时，首先应该考虑采用什么方法，方法确定了，再考虑具体的求解步骤。人们利用计算机求解的问题是千差万别的，所设计的算法也各不相同。作为入门级教材，我们选择一些最基本、最典型的算法进行讨论，带大家初步感受算法的思想和魅力。本节所有程序代码均可在 Dev-C++环境下运行。

4.3.1　生活小智慧，解题好帮手

生活中我们可能会遇到这样的情景：在旅行中忘记了行李箱的某位数字密码，在不破坏行李箱和密码锁的情况下，我们可以从 0 到 9 逐个尝试，最多尝试 10 次，就可以打开密码锁。当然，如果我们忘记了其中的两位，就可以从 00,01,02,…,99 逐一尝试，最多尝试 100 次就可以解决这个问题。其实这种对密码的每个可能值逐一尝试，从而解开密码的方法体现了我们解决问题的生活小智慧。如果用这种方法来解决计算机问题，我们则称之为枚举法。

枚举法是对问题解的所有可能情况逐一验证，从而找出符合要求的解。接下来，让我们一起步入枚举法的学习吧。

例 4.6　找密码问题。

小明同学通过网络收到一份压缩学习资料包，以及解压密码的说明。这个解压密码由 5 位十进制数字组成，前两位为 25，最后一位为 6，即 25□□6，且能被 71 整除，密码的数字和为 30。我们来帮小明找密码吧。

【解题思路】用变量 a,b 表示未知的两位数字密码，枚举 a,b 所有可能的取值，并逐一验证是否符合要求，如果符合要求，则输出密码。

【伪代码】

```
for (a=0;a<=9;a++)
    for (b=0;b<=9;b++)
        if (25ab6 能被 71 整除，且数字和为 30) 输出密码;
```

【代码实现及分析】应用枚举法求解找密码问题的 C 程序代码及运行结果如图 4.6 所示。

```
1  #include<stdio.h>
2  int main() {
3      int a,b;//密码数字
4      int password;//5位密码
5      int digitsum;//5位密码的数字和
6      for (a=0;a<=9;a++)
7          for (b=0;b<=9;b++){
8              password=2*10000+5*1000+a*100+b*10+6;
9              digitsum=2+5+a+b+6;
10             if (password%71==0 && digitsum==30)
11                 printf("\n密码为: %d",password);
12         }
13     return 0;
14 }
```

(a) C 程序代码

```
密码为: 25986
-----------------------------------
Process exited after 0.04079 seconds with return value 0
请按任意键继续. . .
```

(b) 运行结果

图 4.6　找密码问题的枚举法

本题采用枚举法求解，利用二层循环完成对所有 a,b 取值的枚举，循环体的执行次数为 10×10=100 次。

进一步分析，密码的数字和为 30，即 2+5+a+b+6=30，于是 b=30-(2+5+6)-a=17-a，因此我们可以只用一层循环来枚举变量 a 的值就可以完成问题的求解。找密码问题的优化算法的 C 程序代码及运行结果如图 4.7 所示。

优化后的程序利用一层循环枚举变量 a 的值，循环体的执行次数为 10 次，提高了算法的运行效率。

```
 1  #include<stdio.h>
 2  int main() {
 3      int a,b;//密码数字
 4      int password;//5位密码
 5      for (a=0;a<=9;a++){
 6          b=17-a;
 7          password=2*10000+5*1000+a*100+b*10+6;
 8          if (password%71==0 )
 9              printf("\n密码为: %d",password);
10      }
11      return 0;
12  }
```

(a) C 程序代码

```
密码为: 25986
----------------------------------
Process exited after 0.03454 seconds with return value 0
请按任意键继续. . .
```

(b) 运行结果

图 4.7　找密码问题的优化算法

例 4.7　寻找水仙花数。

水仙花数是指一个 3 位数，它的每位数字的 3 次幂之和等于它本身。例如，153 就是一个水仙花数，因为 $1^3+5^3+3^3=153$。请找出所有的水仙花数。

【解题思路】用变量 a,b,c 分别表示水仙花数的百位、十位和个位，百位的取值从 1 到 9，十位和个位的取值分别从 0 到 9。利用三层循环枚举 a,b,c 的所有取值组合，并判断是否符合水仙花数的条件，如果是，则输出一个水仙花数。

【伪代码】

for (a=1;a<=9;a++)
　　for (b=0;b<=9;b++)
　　　　for (c=0;c<=9;c++)
　　　　　　if (abc 符合水仙花数的要求) 输出一个水仙花数;

【代码实现及分析】寻找水仙花数的 C 程序代码及运行结果如图 4.8 所示。

```
 1  #include<stdio.h>
 2  int main() {
 3      int a,b,c;//水仙花数三位数字
 4      for (a=1;a<=9;a++)
 5          for (b=0;b<=9;b++)
 6              for (c=0;c<=9;c++)
 7                  if (a*a*a+b*b*b+c*c*c==a*100+b*10+c)
 8                      printf("\n%d",a*100+b*10+c);
 9
10      return 0;
11  }
```

(a) C 程序代码

```
153
370
371
407
----------------------------------
Process exited after 0.03257 seconds with return value 0
请按任意键继续. . .
```

(b) 运行结果

图 4.8　寻找水仙花数

本题采用枚举法求解，利用三层循环完成，循环体的执行次数为 9×10×10=900 次。

例 **4.8**　百钱买百鸡问题。

我国古代数学家张丘建在《张丘建算经》中提出了"百鸡问题"：鸡翁一，值钱五；鸡母一，值钱三；鸡雏三，值钱一。凡百钱买鸡百只。问：鸡翁、鸡母、鸡雏各几何？

【解题思路】分别用变量 x,y,z 表示鸡翁、鸡母和鸡雏的数目。按照题意，它们应该满足：

$$\begin{cases} x + y + z = 100 \\ 5x + 3y + z/3 = 100 \end{cases} \tag{4-1}$$

采用三层循环结构，枚举 x,y,z 的所有取值，x 从 0 到 20，y 从 0 到 33，z 从 0 到 100，循环执行次数为 21×34×101=72114 次。

其实我们可以看到，如果已知 x 和 y，则 z=100-x-y，即我们可以用两层循环，枚举 x 和 y 的所有取值，循环执行次数为 21×34=714 次，效率大大提升。

这个方法还可以进一步优化，把式(4-1)变形为

$$\begin{cases} y + z = 100 - x \\ 9y + z = 300 - 15x \end{cases} \tag{4-2}$$

式(4-2)还可以转化为

$$\begin{cases} y = \dfrac{100 - 7x}{4} \\ z = 100 - x - y \end{cases} \tag{4-3}$$

根据式(4-3)，只需要一层循环来枚举 x 的值，并且还可以进一步缩小 x 的范围，只需要 x 从 0 到 14，循环次数为 15 次。按照这种方法，可以快速地求出所有符合条件的解。

【代码实现及分析】求解百钱买百鸡问题的 C 程序代码及运行结果如图 4.9 所示。

```c
1  #include <stdio.h>
2  int main() {
3      int x, y, z, sum=0;
4      for (x = 0; x <= 14; x++) {
5          y=(100-7*x)/4;
6          z=100 - x - y;
7          if (100-7*x==4*y) {
8              sum++;
9              printf("\n鸡翁=%2d ,鸡母=%2d ,鸡雏=%2d",x,y,z);
10         }
11     }
12     printf("\n共有%d个符合条件的组合", sum);
13     return 0;
14 }
```

(a)C 程序代码

```
鸡翁= 0 ,鸡母=25 ,鸡雏=75
鸡翁= 4 ,鸡母=18 ,鸡雏=78
鸡翁= 8 ,鸡母=11 ,鸡雏=81
鸡翁=12 ,鸡母= 4 ,鸡雏=84
共有4个符合条件的组合
--------------------------------
Process exited after 0.03472 seconds with return value 0
请按任意键继续. . .
```

(b)运行结果

图 4.9　求解百钱买百鸡问题

从上面几个例子可以看到，枚举思想其实是一种生活的智慧，而枚举法就是将枚举思想应用于计算机问题的求解，通过枚举每一个可能的取值，并检查是否符合要求，从而找到问题的解。

枚举法比较简单，容易编程实现，通常通过循环实现，循环执行次数的多少决定了算

法的效率。为了提高枚举法的效率，可以通过建立合适的数学模型，以及选择合适的枚举方法，并尽量缩小枚举范围等途径优化算法。枚举法是计算机求解问题最常用的一种方法，也是现代科学研究和工程计算的重要手段。

4.3.2 乾坤有序，万物有律

世间万物，皆有次序和规律。排序就是将一组数据按照一定的规则进行排列。现实世界中，排序随处可见，如军训站队时，需要同学们按照身高从高到矮排列；期末考试后，会给全年级同学按成绩排名，让同学们进一步地去评价自己，总结学期得失；评选奖学金时，会根据候选人按评分高低来确立获奖名单；在网上购物时，可以按照价格、评价或综合指标等对商品排序，帮助我们选择心仪的商品等。

那么，如何在计算机中实现数据的排序呢？

为了方便讨论，我们假设待排数据为整型。设置数组 a，将待排序的 n 个数据存入数组元素 a[1],a[2],…,a[n]中，按照从小到大排序（如果要从大到小排序，道理是一样的）。

接下来，让我们一起走进排序的世界，感受几种排序算法的奥妙吧。

1. 冒泡排序

【算法思想】将相邻两个数比较，把小数往前调，大数往后放。

【算法步骤】

第 1 轮：将 a[1]和 a[2]进行比较，若 a[1]>a[2]，将 a[1]和 a[2]交换。将 a[2]和 a[3]进行比较，若 a[2]>a[3]，将 a[2]和 a[3]交换。以此类推，最后将 a[n-1]和 a[n]进行比较，若 a[n-1]>a[n]，将 a[n-1]和 a[n]交换。通过 n-1 次比较，让 n 个数的最大值存入 a[n]。

第 2 轮：将 a[1]和 a[2]进行比较，若 a[1]>a[2]，将 a[1]和 a[2]交换。将 a[2]和 a[3]进行比较，若 a[2]>a[3]，将 a[2]和 a[3]交换。以此类推，最后将 a[n-2]和 a[n-1]进行比较，若 a[n-2]>a[n-1]，将 a[n-2]和 a[n-1]交换。通过 n-2 次比较，让 n 个数的次大值存入 a[n-1]。

……

第 n-1 轮：将 a[1]和 a[2]进行比较，若 a[1]>a[2]，将 a[1]和 a[2]交换。通过 1 次比较，让 n 个数的最小值存入 a[1]，次小值存入 a[2]。

至此，完成 n 个数据从到大的排序，排序结束。

【算法示例】为了方便大家理解，我们以数字序列 6 5 3 1 8 7 2 4 为例，分析冒泡排序的过程以及每一轮排序后的结果，如表 4.11 所示。

表 4.11　冒泡排序算法示例

待排序列	6	5	3	1	8	7	2	4
第 1 轮	5	3	1	6	7	2	4	8
第 2 轮	3	1	5	6	2	4	7	
第 3 轮	1	3	5	2	4	6		
第 4 轮	1	3	2	4	5			
第 5 轮	1	2	3	4				
第 6 轮	1	2	3					
第 7 轮	1	2						

【流程图】冒泡排序算法的流程图如图 4.10 所示。

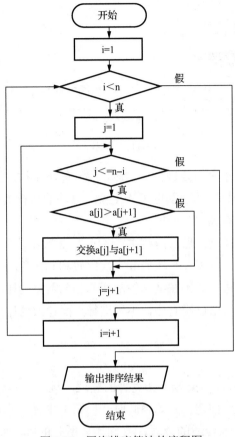

图 4.10　冒泡排序算法的流程图

【代码实现及分析】冒泡排序算法的 C 程序代码及运行结果如图 4.11 所示。

```c
#include <stdio.h>
#define N 100                   //数据的最大个数
int main(){
    int a[N+1],n,i,j,temp;
    //输入数据
    printf("\n输入待排序的数据个数:");
    scanf("%d",&n);
    printf("\n输入%d个数据\n",n);
    for (i=1;i<=n;i++)
        scanf("%d",&a[i]);
    //冒泡排序
    for(i=1;i<=n-1;i++) {       //排序的轮次
        for(j=1;j<=n-i;j++){
            if(a[j]>a[j+1]){
                temp=a[j+1];//交换a[j]和a[j+1]
                a[j+1]=a[j];
                a[j]=temp;
            }
        }
    }
    //输出排序后的结果
    printf("\n排序后的数据: \n");
    for (i=1;i<=n;i++)
        printf("%3d",a[i]);
    return 0;
}
```

(a)C 程序代码

```
输入待排序的数据个数:8

输入8个数据
6 5 3 1 8 7 2 4

排序后的数据:
  1 2 3 4 5 6 7 8
————————————————————————————————————————
Process exited after 7.991 seconds with return value 0
请按任意键继续. . .
```

(b)运行结果

图 4.11　冒泡排序

将 n 个数据进行冒泡排序需要进行 n-1 轮，每一轮将未排序的相邻数据两两比较，如果前面的数据大于后面的数据，则发生 1 次交换。算法的执行效率与待排序数据的个数 n 以及数据的初始排列状态有关。

如果初始数据是降序排列，那么需要进行 n(n-1)/2 次比较和交换操作，效率较低。但如果初始数据是升序排列，只需要一轮的 n-1 次比较和 0 次移动就可以完成排序，也就是说冒泡排序算法还可以改进，如果在某一轮的两两相邻数据的比较中，没有出现前大后小的情况，我们就可以判定数据已经有序，不用进行后面轮次的排序。关于冒泡排序的改进算法，读者可以思考完成。

2. 直接插入排序

【算法思想】直接插入排序类似于扑克牌的整理。玩扑克牌时，摸牌并在手中排序的过程就是对插入排序的生动描述。开始摸牌时，摸第 1 张牌，放到手上，以后每次摸牌，都会按照一定规则将牌插入合适的位置，直到摸完所有的牌。此时手上的牌已经按照一定规则排列。直接插入排序算法也是类似，初始时 a[1]是长度为 1 的有序表，以后每次从待排的数据集里取出一个数据，将它插入已排序数据表的某个位置，形成长度增 1 的有序表。

【算法步骤】

第 1 轮：将 a[2]插入 a[1]中，成为长度为 2 的有序表 a[1],a[2]。

第 2 轮：将 a[3]插入有序表 a[1],a[2]中，成为长度为 3 的有序表 a[1],a[2],a[3]。

……

第 n-1 轮：将 a[n]插入有序表 a[1],a[2],…,a[n-1]中，成为长度为 n 的有序表 a[1],a[2],…,a[n]。

至此，完成了 n 个数据从小到大的排序，排序结束。

【算法示例】为了方便大家理解，我们以数字序列 6 5 3 1 8 7 2 4 为例，分析直接插入排序的过程以及每一轮排序后的结果，如表 4.12 所示。

表 4.12　直接插入排序算法示例

待排序列	6	5	3	1	8	7	2	4
初始有序序列	6							
第 1 轮	5	6						
第 2 轮	3	5	6					
第 3 轮	1	3	5	6				
第 4 轮	1	3	5	6	8			
第 5 轮	1	3	5	6	7	8		
第 6 轮	1	2	3	5	6	7	8	
第 7 轮	1	2	3	4	5	6	7	8

为了方便插入位置的确定以及比较过程中对边界的检查，在每一轮排序中，先将待插入数据存入 a[0]（监视哨），然后从后向前，边比较、边移动，直到确定插入位置，完成数据的插入。

【流程图】直接插入排序算法的流程图如图 4.12 所示。

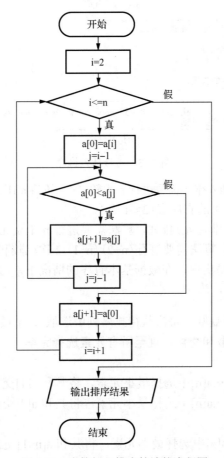

图 4.12　直接插入排序算法的流程图

【代码实现及分析】直接插入排序算法的 C 程序代码及运行结果如图 4.13 所示。

```c
#include <stdio.h>
#define N 100// 数据的最大个数
int main(){
    int a[N+1],n,i,j;
    // 输入数据
    printf("\n输入待排序的数据个数:");
    scanf("%d",&n);
    printf("\n输入%d个数据\n",n);
    for (i=1;i<=n;i++)
        scanf("%d",&a[i]);
    // 直接插入排序
    for(i=2;i<=n;i++)    {// 将a[i]插入a[1],…,a[i-1]
        a[0]=a[i];        //a[0]存放待插入数据
        for(j=i-1;a[0]<a[j];j--)
            a[j+1]=a[j];    //a[j]后移
        a[j+1]=a[0];        // 插入到正确位置
    }
    // 输出排序后的结果
    printf("\n排序后的数据: \n");
    for (i=1;i<=n;i++)
        printf("%3d",a[i]);
    return 0;
}
```

(a) C 程序代码

```
输入待排序的数据个数:8

输入8个数据
6 5 3 1 8 7 2 4

排序后的数据:
  1  2  3  4  5  6  7  8
------------------------------------------
Process exited after 8.033 seconds with return value 0
请按任意键继续. . .
```

(b) 运行结果

图 4.13　直接插入排序

将 n 个数据进行直接插入排序需要进行 n-1 轮,每一轮将 a[i]插入到有序序列 a[1],a[2],…,a[i-1]中,形成一个长度增 1 的有序表(2≤i≤n)。

如果初始数据是升序(非递减)排列,算法需要进行 n-1 次比较和 0 次移动。如果初始数据是降序(非递增)排列,算法需要进行(n+2)(n-1)/2 次比较和移动操作。总体来说,直接插入排序算法简洁、容易实现,在数据基本有序的情况下,可以获得较高的排序效率。

3. 简单选择排序

【算法思想】按照排序规则,每次从待排序列中选取 1 个最小元素,与当前待排序列的首位元素交换,重复选取和交换,直至所有元素选择完毕。

【算法步骤】

第 1 轮: 从 a[1],a[2],…,a[n]中选择最小元素,将其和 a[1]交换。

第 2 轮: 从 a[2],a[3],…,a[n]中选择最小元素,将其和 a[2]交换。

……

第 n-1 轮: 从 a[n-1],a[n]中选择最小元素,将其和 a[n-1]交换。

至此,完成 n 个数据从小到大的排序,排序结束。

【算法示例】为了方便大家理解,我们以数字序列 6 5 3 1 8 7 2 4 为例,分析简单选择排序的过程以及每一轮排序后的结果,如表 4.13 所示。

表 4.13 简单选择排序算法示例

待排序列	6	5	3	1	8	7	2	4
第 1 轮	1	5	3	6	8	7	2	4
第 2 轮		2	3	6	8	7	5	4
第 3 轮			3	6	8	7	5	4
第 4 轮				4	8	7	5	6
第 5 轮					5	7	8	6
第 6 轮						6	8	7
第 7 轮							7	8

【流程图】简单选择排序算法的流程图如图 4.14 所示。

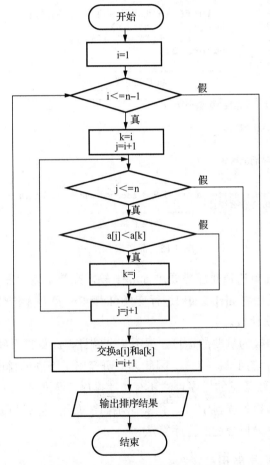

图 4.14 简单选择排序算法流程图

【代码实现及分析】简单选择排序算法的 C 程序代码及运行结果如图 4.15 所示。

```
1   #include <stdio.h>
2   #define N 100//数据的最大个数
3   int main(){
4       int a[N+1],n,i,j,k,temp;
5       //输入数据
6       printf("\n输入待排序的数据个数:");
7       scanf("%d",&n);
8       printf("\n输入%d个数据\n",n);
9       for (i=1;i<=n;i++)
10          scanf("%d",&a[i]);
11      //简单选择排序
12      for(i=1;i<=n-1;i++) {
13          k=i;
14          for(j=i+1;j<=n;j++)
15              if (a[j]<a[k]) k=j;
16          temp=a[i];a[i]=a[k];a[k]=temp;
17      }
18      //输出排序后的结果
19      printf("\n排序后的数据: \n");
20      for(i=1;i<=n;i++)
21          printf("%3d",a[i]);
22      return 0;
23  }
```

(a) C 程序代码

```
输入待排序的数据个数:8

输入8个数据
6 5 3 1 8 7 2 4

排序后的数据:
  1 2 3 4 5 6 7 8

Process exited after 5.958 seconds with return value 0
请按任意键继续. . .
```

(b) 运行结果

图 4.15　简单选择排序

将 n 个数据进行简单选择排序需要进行 n-1 轮，在第 i 轮中需要在 a[i],a[i+1],…,a[n] 中选出最小数 a[k]，然后将 a[i] 和 a[k] 进行交换（1≤i≤n-1）。无论数据的初始状态如何，都需要进行 n(n-1)/2 次比较。

排序是数据处理中极为重要的运算，据不完全统计，计算机系统耗费在排序处理的时间可以占 CPU 运行时间的 15%～75%。因此人们研究出了不同的排序算法，除了上面介绍的三种排序算法外，比较常见的排序算法还有快速排序、堆排序、归并排序和基数排序等，感兴趣的读者可以查阅相关资料学习，了解不同排序算法的特点和适用场合，在实际应用中，可以根据具体情况选择合适的排序算法。

4.3.3　大千世界，寻寻觅觅

大千世界，五彩缤纷，美好的事物有很多，我们来到这个世界，总是在追求自己的梦想，探寻世界的美好。打开网页，我们可以利用搜索引擎，查找自己感兴趣的信息；翻开词典，我们去查找单词的含义；登录 QQ，查找未读的留言信息等。那么在计算机世界中，如何从众多的数据中，找到我们想要的信息呢？

为了方便讨论，我们假设数据类型为整型，设置数组 a，将 n 个数据存入数组元素 a[1]，a[2],…,a[n]中，待查目标为 key。

接下来，我们一起步入查找算法的学习吧。

1. 顺序查找法

【算法思想】将 key 和 a[1],a[2],…,a[n]依次进行比较，如果相等，查找成功，否则继续下一次比较。如果所有数据都比较完毕，还没有查找到与 key 相等的数据，表示查找失败。比较的顺序可以从前向后，也可以从后向前。

为了避免每次判断比较位置是否超出数据范围，我们将 a[0]设为监视哨，初值为 key，然后从后向前依次比较来实现顺序查找。

【算法示例】为了方便大家理解，我们以数字序列 6 5 3 1 8 7 2 4 为例，分析顺序查找法。

(1)若查找目标 key=8，将 a[0]作为监视哨，如表 4.14 所示。

表 4.14 顺序查找法示例 1

序号	0	1	2	3	4	5	6	7	8
数组	8	6	5	3	1	8	7	2	4

第 1 次：将 a[8]和 key 比较，不相等。
第 2 次：将 a[7]和 key 比较，不相等。
第 3 次：将 a[6]和 key 比较，不相等。
第 4 次：将 a[5]和 key 比较，相等，查找成功。一共进行了 4 次比较，算法结束。

(2)若查找目标 key=15，将 a[0]作为监视哨，如表 4.15 所示。

表 4.15 顺序查找法示例 2

序号	0	1	2	3	4	5	6	7	8
数组	15	6	5	3	1	8	7	2	4

我们将 a[8],a[7],…,a[2],a[1],a[0]与 key 依次进行比较，一共进行了 9 次比较，检查到 a[0]和 key 相等，意味着查找失败，算法结束。

【伪代码】
输入数据 a[1],a[2],…,a[n]和待查目标 key
a[0]=key;
i=n;
while (a[i]!=key) i--;
if (i!=0) 查找成功;
else 查找失败;

【流程图】顺序查找法的流程图如图 4.16 所示。

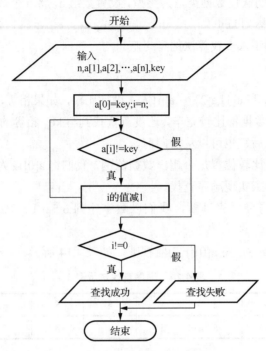

图 4.16　顺序查找法流程图

【**代码实现及分析**】顺序查找法完整的 C 程序代码及两次运行结果如图 4.17 所示。

```c
#include <stdio.h>
#define N 100// 数据的最大个数
int main(){
    int a[N+1],n,i,key;
    // 输入数据
    printf("\n输入数据个数:");
    scanf("%d",&n);
    printf("\n输入%d个数据: ",n);
    for (i=1;i<=n;i++)
        scanf("%d",&a[i]);
    printf("\n输入待查的数据: ");
    scanf("%d",&key);
    // 顺序查找法
    a[0]=key;// a[0]为监视哨
    i=n;
    while (a[i]!=key) i--;
    // 输出查找结果
    if(i!=0)
        printf("\n查找成功,%d在第%d个位置",key,i);
    else
        printf("\n查找失败,%d不在数组中",key);
    return 0;
}
```

(a) C 程序代码

```
输入数据个数:8

输入8个数据: 6 5 3 1 8 7 2 4

输入待查的数据: 8

查找成功,8在第5个位置
------------------------------------------------
Process exited after 7.556 seconds with return value 0
请按任意键继续. . .
```

(b)运行结果 1

```
输入数据个数:8

输入8个数据: 6 5 3 1 8 7 2 4

输入待查的数据: 15

查找失败,15不在数组中
------------------------------------------------
Process exited after 9.665 seconds with return value 0
请按任意键继续. . .
```

(c)运行结果 2

图 4.17　顺序查找法

2. 折半查找法

【算法思想】用 a[1],a[2],…,a[n]存放已经排好序(假设从小到大)的数据序列,将中间位置元素与查找目标 key 比较,如果相等,找到目标;如果不相等,通过判断大小可以确定目标在中间位置的左侧还是右侧。进一步,在包含目标的子序列继续查找。重复以上查找操作,直至查找到目标,或者序列为空(查找失败)为止。

【算法示例】为了方便大家理解,我们以表 4.16 所示的数字序列为例,分析折半查找法。

表 4.16　折半查找示例 1

序号	1	2	3	4	5	6	7	8	9	10	11
数组	5	13	19	21	37	56	64	75	80	88	92

1)若查找目标 key=19,查找范围为 a[1]到 a[11]

第 1 次:将 key 与中间元素 a[6]比较,key<a[6],于是缩小查找范围为 a[1]到 a[5]。

第 2 次:将 key 与中间元素 a[3]比较,key=a[3],查找成功,算法结束。

2)若查找目标 key=85,查找范围为 a[1]到 a[11]

第 1 次:将 key 与中间元素 a[6]比较,key>a[6],于是缩小查找范围为 a[7]到 a[11]。

第 2 次:将 key 与中间元素 a[9]比较,key>a[9],于是缩小查找范围为 a[10]到 a[11]。

第 3 次:将 key 与中间元素 a[10]比较,key<a[10],于是缩小查找范围为 a[10]到 a[9],查找区间为空,查找失败,算法结束。

【伪代码】

输入数据 a[1],a[2],…,a[n](从小到大)和待查目标 key

初始化查找范围 low=1,high=n

while (low<=high){

　　计算中间位置 mid=(low+high)/2(如果不能整除,自动取整)

　　　　if（key==a[mid]）查找成功，算法结束;

　　　　else if（key<a[mid]）查找区间缩小为左区间，即 high=mid-1;

　　　　　　else 查找区间缩小为右区间，即 low=mid+1;

　　}

输出查找失败，算法结束。

【流程图】折半查找法的流程图如图 4.18 所示。

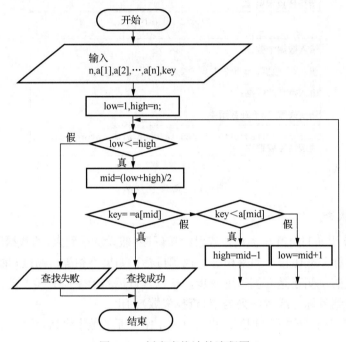

图 4.18　折半查找法的流程图

【代码实现及分析】折半查找法的 C 程序代码及两次运行结果如图 4.19 所示。

```c
1  #include <stdio.h>
2  #define N 100                      //数据的最大个数
3  int main(){
4      int a[N+1],n,i,low,high,mid,key;
5      //输入数据
6      printf("\n输入数据个数:");
7      scanf("%d",&n);
8      printf("\n输入%d个数据: ",n);
9      for (i=1;i<=n;i++)             //数据存入a[1],… ,a[n]
10         scanf("%d",&a[i]);
11     printf("\n输入待查的数据: ");
12     scanf("%d",&key);
13     //折半查找法
14     low=1;high=n;                  //设置初始查找区间[low,high]
15     while (low<=high){             //当查找区间非空时
16         mid=(low+high)/2;          //计算中间位置
17         if(key==a[mid]) {
18             printf("\n查找成功,待查数据%d在数组的第%d个位置",key,mid);
19             return 0;
20         }
21         else if (key<a[mid]) high=mid-1;//缩小查找区间为左半区间
22             else low=mid+1;        //缩小查找区间为右半区间
23     }
24     printf("\n查找失败,待查数据%d不在数组中",key);
25     return 0;
26 }
```

(a)C 程序代码

```
输入数据个数:11

输入11个数据: 5 13 19 21 37 56 64 75 80 88 92

输入待查的数据: 19

查找成功,待查数据19在数组的第3个位置
--------------------------------
Process exited after 19.88 seconds with return value 0
请按任意键继续. . .
```

(b)运行结果 1

```
输入数据个数:11

输入11个数据: 5 13 19 21 37 56 64 75 80 88 92

输入待查的数据: 85

查找失败,待查数据85不在数组中
--------------------------------
Process exited after 16.14 seconds with return value 0
请按任意键继续. . .
```

(c)运行结果 2

图 4.19　折半查找法

在长度为 n 的数据表中进行折半查找，查找成功的情况下，最少比较 1 次，最多比较 $\lfloor \log_2 n \rfloor +1$ 次。查找失败的情况下，最多也只需进行 $\lfloor \log_2 n \rfloor +1$ 次比较。这是一种非常好的查找方法，但是在应用折半查找法时，数据必须提前排好序，这也是我们在数据处理中经常要用到排序的原因。

4.3.4　凭借直觉，贪亦有道

在现实生活中，我们经常下意识地通过直觉判断来求解问题。

比如，你是一家超市的收银员，需要给客人找 63 元零钱，那么如何找给顾客零钱，使付出的零钱数量最少呢？假设你有面额为 1 元、5 元、10 元和 50 元的零钱，那么你会先选 1 张面额不超过 63 元的最大面额的零钱，即 50 元；再选出 1 张面值不超过 13 元的最大面额的零钱，即 10 元；最后选出 3 张 1 元的，总共付出 5 张零钱。每次都选择 1 张没有超过当前应付金额的最大面额的零钱来支付，直至完成找零。这种找零钱的方法，是一种下意识的直觉判断，从而分步求出问题的解。利用这种思想解决计算机问题的算法，称为贪心算法。

接下来，我们通过一个例子初步感受贪心算法的神奇吧。

例 4.9　轮船装载问题。

有一艘载重量为 c 的轮船停靠在码头，有 n 件待装集装箱，重量分别为 w[1],w[2],…,w[n]。在轮船装载体积不受限制且不超载的情况下，如何将尽可能多的集装箱装上轮船呢？

【解题思路】 要将尽可能多的集装箱装上轮船，那么考虑优先把轻的集装箱装上轮船，这样在载重量限定的情况下，装入的集装箱数目最多。因此，可以采用分步装入的方法，每次都在当前待装的集装箱中选择最轻的装入，直至不能装(或所有集装箱都装完)为止。

【伪代码】

(1)输入集装箱的个数 n 和每个集装箱的重量 w[1],w[2],…,w[n]，以及轮船的载重量 c；

(2) 将集装箱按照重量从小到大(非递减)排序，即 w[1]≤w[2]≤…≤w[n];

(3) 分步装载。

```
for( i=1; i<=n && w[i]<=c; i++){
        将第 i 个集装箱装上船，输出 w[i]
        轮船剩余的载重量 c 减少 w[i]
}
```

【代码实现及分析】贪心算法求解轮船装载问题的 C 程序代码及运行结果如图 4.20 所示。

```c
1   #include <stdio.h>
2   #define N 100                //集装箱的最大个数
3   int main(){
4       int w[N+1],c,n,i,j,k,temp;
5       //输入集装箱的个数、重量和轮船载重量
6       printf("\n集装箱的个数:");
7       scanf("%d",&n);
8       printf("\n%d个集装箱的重量: ",n);
9       for (i=1;i<=n;i++)
10          scanf("%d",&w[i]);
11      printf("\n轮船的载重量:");
12      scanf("%d",&c);
13      //简单选择排序
14      for(i=1;i<=n-1;i++) {
15          k=i;
16          for(j=i+1;j<=n;j++)
17              if (w[j]<w[k]) k=j;
18          temp=w[i];w[i]=w[k];w[k]=temp;
19      }//采用贪心算法进行集装箱的装载
20
21      printf("\n装入集装箱的重量分别为: ");
22      for(i=1;i<=n && w[i]<=c;i++){
23          printf(" %d",w[i]); //输出装入集装箱的重量
24          c=c-w[i];                //剩余的载重量
25      }
26      return 0;
27  }
```

(a) C 程序代码

```
集装箱的个数:8

8个集装箱的重量: 100 200 60 90 150 50 20 80

轮船的载重量:400

装入集装箱的重量分别为:  20 50 60 80 90 100

Process exited after 12.34 seconds with return value 0
请按任意键继续. . .
```

(b) 运行结果

图 4.20　贪心算法求解轮船装载问题

本题采用贪心算法求解，每次在当前待装集装箱中选择最轻的装上船，一步一步地装入，从而使得在轮船不超载的情况下，装入足够多的集装箱，完成问题的求解。

贪心算法是用于求解最优化问题的一种方法，它通过一系列的选择来得到问题的解，所做的每一步选择都是当前状态下的最好选择，从而希望产生的结果是最好的。

贪心算法是一种最接近人们日常思维的解题算法。由于贪心算法比较简单直观，因此在实际中有着广泛的应用，比如，最短路径问题、背包问题、会议安排问题、哈夫曼编码问题、最小生成树问题等。当然还有一些问题，虽然不能直接用贪心算法求得最优解，但是可以利用贪心算法快速地求出问题的近似最优解，从而求解一些对于精度要求不高的问题。另外，贪心算法还可以作为求解一些问题的辅助算法。由于篇幅限制，本书不再赘述，感兴趣的读者可以进一步探寻"贪心"之美。

4.3.5　能走则走，走不通掉头

如果一条路无法走下去，退回去，换条路走也不失为一种很好的办法，这就是回溯法的基本思想。下面我们通过一个例子感受回溯法的精妙吧。

例 4.10　八皇后问题。

八皇后问题是一个古老而著名的问题，是回溯算法的典型问题。该问题是指在 8×8 的国际象棋盘上摆放 8 个皇后，使其不能互相攻击，即任意两个皇后都不能处于同一行、同一列或同一斜线上。图 4.21 就是八皇后的一种摆法。试问共有多少种不同的摆法？

图 4.21　八皇后的一种摆法

【解题思路】八皇后问题可以推广为更一般的 n 皇后问题，即在 n×n 的棋盘上，如何放置 n 个皇后，使其不能互相攻击。对于 n 皇后问题，我们可以采用回溯法求解。从第 1 个皇后开始，逐一尝试每个皇后的所有可能的摆放位置。基本思想是能放则放；不能放，则换个位置放；如果没有位置可放，就退回上一步考虑。具体步骤如下：

(1)在第 1 行放置第 1 个皇后。从 1 列开始放置。

(2)在第 2 行放置第 2 个皇后。第 2 个皇后的位置不能和第 1 个皇后同列、同斜线。因为每行只放置一个皇后，所以不用再判断是否同行。

……

(i)在第 i 行放置第 i 个皇后。第 i 个皇后的位置不能和前 i-1 个皇后同列、同斜线。

……

(n)在第 n 行放置第 n 个皇后。第 n 个皇后的位置不能和前 n-1 个皇后同列、同斜线。

需要注意的是：如果在放置第 i(1<i≤n)个皇后时，没有位置能够选择，就意味着这种摆法是不可行的，我们需要回退到上一步，给第 i-1 个皇后重新选择一个位置，如果还是没有可以选择的位置，则再次回退，如果有可摆放的位置，就放该皇后，然后继续下一个皇后的摆放，重复执行下去，直至 n 个皇后放置完毕，得到一种摆放方法。算法重复进行，直到搜索完所有可能摆放的位置，得到问题的所有解。

用 x[1],x[2],…,x[n]表示 n 皇后问题的解，其中 x[i]表示第 i 个皇后放置的位置，即处于第 i 行的列号(1≤i≤n, 1≤x[i]≤n)。

对于任何两个皇后 i 和皇后 j 来说，需要满足：

$$\begin{cases} x[i] \neq x[j] & \text{皇后i和j不同列} \\ |i-j| \neq |x[i]-x[j]| & \text{皇后i和j不同斜线} \end{cases} \tag{4-4}$$

【伪代码】函数 queue(i)实现第 i 个皇后的摆放，主函数调用 queue(1)，从第 1 个皇后开始摆放。

```
void queue(int i){
    if (i>n) 意味着皇后 1,2,…,n 已经摆放好，得到 n 皇后问题的一个解
    else {    对皇后 i 的摆放位置 k 从第 1 列到第 n 列依次尝试
        x[i]=k;
        if (x[i]和前面 i-1 个皇后不同列，且不同斜线)
            继续放置第 i+1 个皇后
        else 回退，尝试下一个位置
    }
}
```

【代码实现及分析】回溯法求解 n 皇后问题的 C 程序代码及运行结果如图 4.22 所示。

```
1  #include <stdio.h>
2  #include <math.h>
3  #define N 16              //皇后的最大个数
4  int n,count=0,x[N+1];
5  bool check(int i){          //检查第i个皇后是否可行
6     int j;
7     for (j=1;j<i;j++)
8        if (x[i]==x[j] || abs(x[i]-x[j])==abs(i-j))
9        return false;
10    return true;
11 }
12 void queue(int i){          //放置第i个皇后
13    int k;
14    if (i>n) count++;          //得到一个解，计数增1
15    else
16       for (int k=1;k<=n;k++){
17          x[i]=k;              //放置第i个皇后
18          if (check(i))       //第i个皇后和前面皇后不冲突
19             queue(i+1);     //继续放置第i+1个皇后
20
21       }
22 }
23 int main(){
24    printf("\n输入皇后的个数：");
25    scanf("%d",&n);
26    queue(1);                //从第一个皇后开始摆放
27    printf("\n%d皇后问题一共有%d个摆放方法。",n,count);
28 }
```

(a) C 程序代码

```
输入皇后的个数：8

8皇后问题一共有92个摆放方法。
————————————————————————
Process exited after 2.043 seconds with return value 0
请按任意键继续. . .
```

(b) 运行结果

图 4.22　回溯法求解 n 皇后问题

至此，我们利用回溯法，找到了 n 皇后问题的所有解。希望通过对 n 皇后问题的学习，读者能够初步感受到回溯法的精妙。

回溯法是一种选优搜索法，按照选优条件进行搜索，以达到目标。当搜索到某一步，发现原先的选择并不是最优或者达不到目标时，就退回一步重新选择。回溯法有"通用的解题法"之称，它可以系统地搜索问题的解，具有广泛的应用。

本 章 小 结

算法是程序的灵魂，也是计算思维的核心。本章结合生活实例和典型应用，由浅入深地介绍了算法的基本概念，以及一些经典算法及其应用分析。本章的教学目标是理解和掌握利用计算机解决问题的基本方法和步骤，初步训练算法思维，感受算法之美。

本章主要包括：

(1)算法之美：介绍算法的定义、基本特征、好的算法应该达到的目标要求等。

(2)算法与程序：介绍算法的描述方法，包括自然语言、流程图、程序设计语言、伪代码等，着重讲解了 C 语言基础知识，并简要介绍了 Dev-C++集成开发环境。

(3)经典算法：结合生活实际和典型问题，对枚举法、排序法(冒泡排序、直接插入排序和简单选择排序)、查找法(顺序查找法和折半查找法)、贪心算法和回溯法进行了初步探讨。

本章所有例题均提供解题思路、算法描述和完整的程序代码等，并在 Dev-C++中编译运行。感兴趣的读者可以尝试编程实现，以便更好地理解算法思想，感受算法之美。

习题与思考题

4-1　什么是算法？算法具有哪些基本特征？

4-2　算法的描述方法有哪些？

4-3　从键盘上输入 n 个数(n≤100)，计算它们的最小值。

4-4　求 1~1000 中，有多少个能被 13 整除的数。

4-5　求 1~1000 中所有的素数(素数是指只能被 1 和它自己整除的数)。

4-6　输出九九乘法表。

4-7　对序列 6 2 4 10 7，分别写出冒泡排序、直接插入排序和简单选择排序的过程。

4-8　对序列 5 13 19 21 37 56 64 75 80 88 92，写出查找 80 的折半查找过程，以及需要的比较次数。

4-9　对例 4.9 的轮船装载问题，如果集装箱的数量为 5，质量分别为 100,22,30,50,210，轮船的载质量为 150，那么最多装几个集装箱到船上呢？

4-10　利用回溯法，求出 4 皇后问题的所有解。

第 5 章

数据处理的基本思维

从 20 世纪 50 年代中期开始，计算机就应用于数据处理(也称为事务处理)。现实世界的信息通过各种各样的输入设备，以二进制的数据形式存储到计算机的存储器里，然后由计算机程序对这些数据进行计算，得到我们期望的、有意义的和有用的信息，让我们据此做出正确的判断决策，或者解释数据以得到它们的确切含义。社会发展的需要渴望新的数据处理技术，促进了数据处理技术的研发，而计算机硬软件相关技术的发展让理想变成了现实。

5.1 数据处理技术的前世今生

从 1946 年计算机诞生以后，计算机主要用于科学计算，到了 20 世纪 50 年代中期，开始应用于数据处理，之后数据处理就一直是计算机的一个重要应用方向。数据处理应用领域不断扩大，包括人口统计、银行业务、仓库管理、财务管理、人事管理、图书检索、机票酒店预订和电商购物等领域。数据处理技术的发展经历了人工管理阶段、文件系统阶段、数据库阶段、数据仓库阶段和大数据阶段等几个阶段，如图 5.1 所示。下面，让我们一起回顾数据处理技术的发展历史吧！

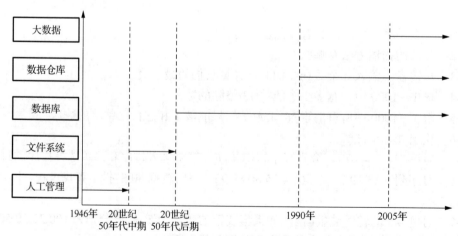

图 5.1　数据处理的发展阶段

5.1.1　人工管理阶段

1．人工管理阶段简介

在 20 世纪 50 年代中后期，计算机虽然主要还是用在科学计算方向，但也向着数据处理方向发展。美国雷明顿·兰德公司的第一台通用自动计算机（Universal Automatic Computer，UNIVAC），帮助美国人口统计局成功处理了 1950 年美国人口普查资料，受到了各界人士的好评；第二台 UNIVAC 参与了 1952 年美国总统的大选统计工作，最终 UNIVAC 计算机因为正确预测了大选结果而家喻户晓。

当时的计算机在硬件和软件方面都处于发展的初期。在计算机硬件方面：没有磁盘等直接存取的存储设备，只能用纸带、卡片和磁带来输入输出数据。在计算机软件方面：没有操作系统，没有管理数据的专门软件，每个应用程序独自处理自己的数据。

2．人工管理阶段的特点

1）应用程序自己管理数据

数据由应用程序自己设计、定义和管理，没有管理数据的专门软件。应用程序不仅要规定数据的逻辑结构，还要设计数据的物理结构，包括存储结构、存取方式等，而一旦数据的结构发生变化，程序也要做相应的修改，程序员的负担很重。

2）数据不保存

当时的计算机主要用于科学计算，一个程序对应一组数据，就像我们做计算题一样，一般没有必要长期保存数据。在计算一个题目时，输入数据，应用程序计算数据，然后通过纸带、卡片、磁带等把结果输出就行了。

3）数据面向应用，不能共享

一组数据只能对应一个程序，数据是面向应用的。当多个程序涉及一些相同的数据时，也只能各自定义，无法相互利用、相互参照，这样就存在大量的冗余数据。

人工管理阶段，应用程序与数据之间是一一对应的关系，如图 5.2 所示。

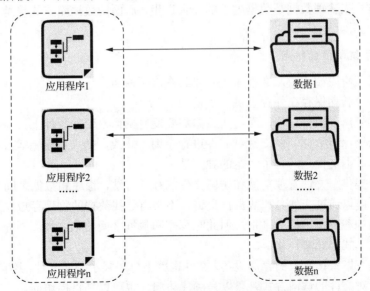

图 5.2 人工管理阶段应用程序与数据的关系

4）数据不具有独立性

数据和程序相关联，当数据的逻辑结构或者物理结构发生变化时，应用程序也必须做相应的修改，增加了程序开发的工作量。

5) 只有程序的概念，基本上没有文件的概念

数据和对应的应用程序是一体的，数据就好像是程序的一部分，密不可分。

5.1.2 文件系统阶段

从 20 世纪 50 年代后期到 60 年代中期，计算机的应用领域逐渐扩展，从单一的科学计算，扩展到了大量的数据管理。在这个时期，计算机硬件方面，计算机的外存有了磁盘、磁鼓等可用于直接存取的存储设备；计算机软件方面，有了管理计算机的操作系统，操作系统里已经有了专门管理数据的文件系统。这样，就可以把程序和数据分离开来，避免了人工管理方式的很多弊端。由此，数据处理进入文件系统阶段。

1. 文件系统阶段简介

文件系统阶段，程序和数据分离开来，数据以独立文件的形式存储在磁盘、磁鼓上面。文件的操作是由操作系统管理的，程序员不必操心数据的存储位置等细节，通过文件名就可以存取数据文件。数据组织成文件后，逻辑关系非常明确，使得数据处理真正体现为信息处理，按名存取数据文件，既形象又方便。数据还可以组织成多种形式的文件：顺序文件、随机文件和索引文件等，相应也可以有多种访问形式，这样就大大提高了数据操作的效率。

而文件系统的处理方式不仅有文件的批处理方式，还有联机实时处理方式。在文件系统里，数据的修改、增加和删除都比原来要轻松得多，更为重要的是可以复制数据，使得数据可以反复使用。相应地，程序员也可以免除一部分数据管理工作，专心从事其他更有意义的工作。

用文件方式来管理数据是数据处理的一大进步，后面的数据库方式也是从这一方式上面发展起来的。

2. 文件系统阶段的特点

与人工管理阶段相比较，文件系统阶段具有以下特点：

1) 数据可以长期保存在外存上供反复使用

计算机大量用于数据处理，而这些数据需要反复操作，硬件条件上，磁盘、磁鼓等存储设备可以长期保留数据，以支持对文件进行查询、修改、插入和删除等反复操作。

2) 程序和数据文件之间有了一定的独立性

操作系统提供了文件管理功能和访问文件的存取方法，程序和数据之间有了数据存取的接口，程序可以通过文件名和数据打交道，不必再寻找数据的物理存放位置，至此，数据有了物理结构和逻辑结构的区别，但此时程序和数据之间的独立性尚不充分。

3) 文件的形式已经多样化

由于已经有了直接存取的存储设备，文件也就不再局限于顺序文件，还有了索引文件、链表文件等，对文件的访问方式既可以是顺序访问，也可以是直接访问。

4) 文件之间相互孤立，缺乏联系

这样不能很好地反映客观世界里各个事物间错综复杂的联系。

5) 数据冗余量依然很大

在这个阶段，文件依然是面向应用的，一个文件基本上还是对应一个程序，即使多个

程序要使用部分相同的数据，仍然可能要各自建立数据文件，不能共享相同的数据项，从而造成数据冗余量大，浪费存储空间。而且数据可能有多个副本，如果修改了其中一个，而没有修改其他对应的数据，还会造成数据不一致的错误。

文件系统阶段，应用程序与数据文件的关系如图 5.3 所示。

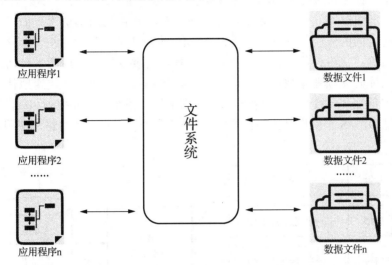

图 5.3　文件系统阶段应用程序与数据文件的关系

5.1.3　数据库系统阶段

20 世纪 60 年代末，计算机软硬件技术又有了巨大的进步：在硬件方面，开始有了数百兆字节容量、价格低廉的磁盘；在软件方面，程序设计语言的功能也更加强大，出现了操作系统，使得计算机的操作和使用更加方便。这两方面的成就为数据处理技术向数据库方向的发展提供了坚实的基础。在这期间，数据处理技术的三次巨大进步，解决了用文件系统管理数据存在的问题，标志着数据库系统的诞生：

1968 年，美国的计算机巨头 IBM 公司推出了商品化的基于层次模型的 IMS（Information Management System，信息管理系统）。IMS 是一种宿主语言系统，开发应用程序的程序设计语言，如 Basic 语言、C 语言等，可以直接调用 IMS 的数据操作语言来完成对数据库的操作。

1969 年，美国 CODASYL（Conference On Data System Language，数据系统语言协会）下属的 DBTG（Date Base Task Group,数据库任务组）发布了一系列有关数据库方法的 DBTG 研究报告,奠定了网状数据模型的基础。层次数据库和网状数据库的代表产品是 IBM 公司在 1969 年研制出的层次模型数据库管理系统。层次数据库是数据库系统的先驱，而网状数据库则是数据库概念、方法、技术的奠基者。

1970 年，IBM 公司的研究员 E.F.Codd 在题为《大型共享数据库数据的关系模型》的论文中提出了数据库的关系模型，为关系数据库技术奠定了理论基础。到了 80 年代，几乎所有新开发的数据库系统都是关系型的。而真正使得关系数据库技术实用化的关键人物是 James Gray。James Gray 在解决如何保障数据的完整性、安全性、并发性以及数据库的故障恢复能力等重大技术问题方面发挥了关键作用。关系数据库系统的出现，促进了数据库的小型化和普及化，使得在微型机上配置数据库系统成为可能。

1. 数据库系统阶段简介

数据处理到了数据库系统阶段，处理模式发生了巨大的变化。应用程序一般不直接操作数据了，而是通过数据库管理系统(Data Base Management System，DBMS)来进行的。

DBMS 是数据库系统的核心，是实际存储的数据与用户之间的一个接口，是一个通用的专门用于管理数据库的计算机系统软件，在计算机软件的结构层次里面，它是位于用户和操作系统之间的一层数据管理软件。DBMS 的职能是：科学组织、存储数据，高效获取和维护数据；负责接收并处理用户和应用程序想要操作数据库的各种请求，使得用户在使用数据库时无须考虑数据的物理存取结构等细节，从而方便快速地使用数据；负责数据库的完整性、一致性、安全性检查，实现数据库系统的并发控制和故障恢复等。应用程序是通过 DBMS 来操作具体的数据库。图 5.4 是一个学校管理数据库应用系统的构成示意图。

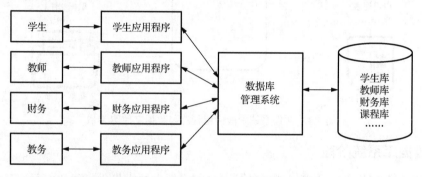

图 5.4　一个学校管理数据库应用系统示意图

2. 数据库系统阶段的特点

在数据库系统阶段，数据不再是面向某个应用或某个程序，而是面向整个企业或整个应用。相对于以前的数据处理技术，数据库系统阶段具有以下特点：

1)降低了数据冗余度，实现了数据的共享

数据库系统采用复杂的结构化的数据模型，不仅要描述数据本身，还要描述数据之间的联系，这种联系是通过存取路径来实现的。而数据库系统与文件系统之间最本质的差别就在于这种通过存取路径来表示的数据联系，这样一来，DBMS 所管理的数据不再是面向特定的应用，而是面向整个应用系统，从而大大降低了数据冗余度，实现了数据的共享。

2)具有较高的数据独立性

数据和程序彼此独立，用户可以使用简单的逻辑结构，通过 DBMS 来操作数据，而无须考虑复杂的物理结构。在数据的物理结构改变时，也会尽量不影响数据的逻辑结构和应用程序。

3)为用户提供了方便的操作和编程接口

在 DBMS 中，一方面用户能够非常方便地使用查询语言(如结构化查询语言 SQL)或者程序命令直接操作数据库里的数据；另一方面还可以在应用程序的设计里，通过嵌入查询语言来操作数据库里的数据。

4) 提供了完整的数据控制功能

数据控制功能保证了数据的完整性、可恢复性、并发性、安全性和审计性。

(1) 完整性是指数据库里始终包含正确的数据，如可以定义数据的完整性规则，来限制数据在一个指定的区域内。

(2) 可恢复性是指在数据库遭到了破坏后，DBMS 可以把数据库恢复到最近某个时间的正确状态。

(3) 并发性是指容许多个用户或者应用程序同时操作数据库，而 DBMS 保证为这些用户或者应用程序提供数据的正确性。

(4) 安全性是指只有合法用户才能操作数据库里的数据。

(5) 审计性是指系统能够自动记录所有对数据库的操作，以便跟踪和审计数据库系统的所有操作。

3. 当前数据库技术的发展趋势

1) 数据库技术与多学科技术有机结合

20 世纪 80 年代以来，计算机领域中其他新兴技术的发展对数据库技术产生了重大影响，传统的数据库技术和其他计算机技术的结合、互相渗透，使数据库中新的技术内容层出不穷。数据库的许多概念、技术内容、应用领域，甚至某些原理都有了重大的发展和变化，研究人员建立和实现了一系列新型的数据库，如分布式数据库、并行数据库、演绎数据库、知识库、多媒体库、移动数据库等，它们共同构成了数据库的大家族。

2) 数据库应用多元化

在传统数据库基础上，结合各个专门应用领域的特点，研究适合该应用领域的数据库技术，如工程数据库、统计数据库、科学数据库、空间数据库、地理数据库、Web 数据库等。

3) 数据库结构多元化

数据库结构也由主机/终端的集中式结构发展到网络环境的分布式结构，随后又发展成两层、三层或多层客户/服务器结构以及 Internet 环境下的浏览器/服务器和移动环境下的动态结构。多种数据库结构满足了不同应用的需求，适应了不同的应用环境。

5.1.4 数据仓库阶段

随着数据库技术的蓬勃发展与广泛应用，新的问题和期望又摆在了我们面前：

1) 数据太多，信息贫乏

我们建立了大量的数据库，数据积累得越来越多，而负责决策的信息却不容易得到，如何从大量的数据里得到能够辅助决策的信息成了数据库技术的研究热点。

2) 期望利用数据进行事务处理转变成利用数据进行决策

传统的数据库主要用于事务处理，在日常事务处理(如银行的储户业务、学校的教务系统等)中发挥了极大的作用，但要用于帮助我们进行决策分析甚至预测就显得力不从心了。现在人们希望可以从数据库里得到诸如分析性报告和决策支持信息等，而这需要大量的历史数据和新技术。

3) 异构环境数据的转换和共享

随着各类数据库产品的推广，异构环境的数据也随之增加，如何实现这些数据的转换和共享也成了数据库技术的研究热点。

基于数据库技术的发展，以及新的问题和期望，数据仓库阶段随之到来。

1. 数据仓库简介

1990 年，数据仓库之父比尔·恩门 (Bill Inmon) 提出了数据仓库的概念，指出数据仓库的主要功能是组织那些通过资讯系统的联机事务处理 (OLTP) 经过日积月累所累积的大量数据，透过数据仓库理论所特有的资料储存架构，做系统的分析整理，用于各种分析方法，如联机分析处理 (OLAP)、数据挖掘 (Data Mining)，并进而支持决策支持系统 (DSS)、主管资讯系统 (EIS) 等的创建，帮助决策者能快速有效地从大量数据里分析出有价值的资讯，以利于决策拟定及快速回应外在环境变动，帮助建构商业智能 (BI)。

数据仓库是为企业级别的决策制定过程提供所有类型数据支持的战略集合。它是单个数据存储，出于分析性报告和决策支持目的而创建的。它为需要商业智能的企业提供这些服务：指导业务流程改进，监视并控制时间、成本和质量。

数据仓库技术可以将企业多年积累的数据唤醒，不仅为企业管理好这些海量数据，而且还可以挖掘出这些数据潜在的价值。

广义地说，基于数据仓库的决策支持系统由三个部件组成：数据仓库技术、联机分析处理技术和数据挖掘技术，其中数据仓库技术是系统的核心。

在信息技术与数据智能化的大环境下，数据仓库在软硬件领域、Internet 和企业内网解决方案以及数据库方面提供了许多经济高效的计算资源，可以保存极大量的数据供分析使用，且允许使用多种数据访问技术。而开放系统技术使得分析大量数据的成本趋于合理，并且硬件解决方案也更为成熟。

2. 数据仓库的特点

数据仓库是要从大量的数据里，分析出有价值的资讯，它具有以下特点：

1) 数据仓库是面向主题的

操作型数据库的数据组织面向事务处理任务，各个业务系统之间各自分离，而数据仓库中的数据是按照一定的主题域进行组织的。主题是与传统数据库的面向应用相对应的，是一个抽象概念，是在较高层次上将企业信息系统中的数据进行综合、归类并分析利用的抽象。每一个主题对应一个宏观的分析领域，数据仓库排除对于决策无用的数据，提供特定主题的简明视图。

2) 数据仓库是集成的

数据仓库中的数据有一部分来自分散的操作型数据，将所需数据从原来的数据库中抽取出来，进行加工与集成，统一与综合之后才能进入数据仓库；数据仓库中的数据是在对原有分散的数据库中的数据进行抽取、清理的基础上，经过系统加工、汇总和整理而得到的，必须消除源数据中的不一致性，以保证数据仓库内的信息是关于整个企业的一致的全局信息。

数据仓库的数据主要供企业决策分析之用，所涉及的数据操作主要是数据查询，一旦某个数据进入数据仓库以后，一般情况下将被长期保留，也就是数据仓库中一般有大量的查询操作，但修改和删除操作很少，通常只需要定期地加载。

数据仓库中的数据通常包含历史信息，系统记录了企业从过去某一时点(如开始应用数据仓库的时点)到当前的各个阶段的信息，通过这些信息，可以对企业的发展历程和未来趋势做出定量分析和预测。

3)数据仓库是不可更新的

数据仓库主要是为决策分析提供数据，所涉及的操作主要是数据的查询。稳定的数据以只读格式保存，且不随时间改变。

4)数据仓库是随时间而变化的

数据仓库内的数据并不只是反映企业当前的状态，而是记录了从过去某一时点到当前各个阶段的数据。数据仓库里的数据时限一般在 5～10 年，数据的键码包含时间项，并标明数据的历史时期，以用于在决策分析时进行时间趋势分析。

5)要求效率足够高

数据仓库的分析数据一般分为日、周、月、季、年等，可以看出，以日为周期的数据要求的效率最高，要求 24 小时甚至 12 小时内，客户能看到昨天的数据分析。由于有的企业每日的数据量很大，设计得不好的数据仓库经常会出问题，延迟 1～3 日才能给出数据，而这样显然是不行的。

6)保证数据的质量

数据仓库所提供的各种数据，肯定要保证准确性，但由于数据仓库流程通常分为多个步骤，包括数据清洗、装载、查询和展现等，复杂的架构会有更多层次，那么由于数据源有脏数据或者代码不严谨，都可以导致数据失真，客户看到错误的信息就可能导致分析出错误的决策，造成损失，而不是效益。

7)具有扩展性

之所以有的大型数据仓库系统架构设计得复杂，是因为考虑到了未来 3～5 年的扩展性，这样的话，未来不用太快花钱去重建数据仓库系统，其就能很稳定地运行，而这主要体现在数据建模的合理性上。

5.1.5　大数据阶段

生活的数字化驱动、社交网络的飞速发展、数据存储成本的极大降低与存取器体积的减小以及企业思维模式的转变，催生了大数据技术。

20 世纪 90 年代至 21 世纪初，随着数据挖掘理论和数据库技术的逐步成熟，一批商业智能工具和知识管理技术开始被应用，如数据仓库、专家系统、知识管理系统等。21 世纪前 10 年，Web2.0 应用发展，非结构化数据大量产生，传统处理方法难以应对，带动了大数据技术的快速突破，大数据解决方案逐渐走向成熟，形成了并行计算与分布式系统两大核心技术，谷歌文件系统(Google File System，GFS)和 MapReduce 等大数据技术得到广泛应用，分布式计算平台 Hadoop 开始流行。

2010 年以后，大数据应用渗透到各行业，这使得数据驱动决策和信息社会智能化程度大幅度提高。大数据是正在蓬勃发展的数据处理新技术，详见 5.2 节。

5.2 大数据简介

打开淘宝、京东、拼多多，你是不是总能看到你最近想要购买的东西或同类型商品？在今日头条、抖音等 APP 上，你是不是总能看到让你感兴趣的内容？滴滴出行为什么会那么快就能帮我们找到最近的司机或乘客？而这一切的背后，就是大家既经常听到而又神秘的大数据！

下面，就让我们一起来揭开它的神秘面纱，见识它的庐山真面目吧！

5.2.1 大数据产生的时代背景

大数据的产生源于以下四个方面：

1. 社交网络和电商平台的快速发展，是大数据爆发的直接原因

以 QQ、微信、脸书(Facebook)和推特(Twitter)为代表的社交网络，以淘宝、京东、美团、拼多多为代表的电商平台等，使得众多网民都成为数据的生产者，每个人犹如一个传感器、一个信息系统，不断地制造数据，这引发了人类历史上最庞大的数据爆炸。除了数据量的激增，数据的类型也变得多元化，如微博、微信等的信息大小、格式完全不一样，有文字、图片、音频和视频等。

2. 物联网的出现使得海量数据自动生成，是大数据产生真正的原因

现在我们可以制造极其微小的带有处理功能的传感器，将它们应用在物联网里，就会自动生成海量的传感数据。比如，可穿戴设备可以记录穿戴者的位置、热能消耗、体温、心跳、步伐以及健身目标等数据。2014 年日本东京大学发明了一种比羽毛还轻的传感器，把它放在纸尿布里，纸尿布就会发出信号，看护者就会知道何时需更换纸尿布并及时更换。智能家居通过物联网将家里的各种家居设备连接，组成了住宅设备与家庭日常设备的自动管理系统。无人驾驶汽车通过激光雷达、摄像头、红外相机、全球定位系统(GPS)和其他传感器，不断地收集行车环境信息，作为正确行驶的决策依据。这些应用都会自动产生大量的数据，并需要及时处理。

3. 数据存储成本的降低和体积的减小，使得大数据成为可能

半个多世纪以来，计算机硬件的价格和性能的变化基本符合摩尔定律，也就是说，每隔 18~24 个月，一美元所能买到的计算机性能将翻 1 倍以上，现在，存储器简直就是白菜价，只需花一杯咖啡的钱，就能够把一个普通大学的图书馆复制进一个小硬盘，装进口袋里。存储器价格的大幅下降，使得我们可以廉价地保存大量的数据；存储器体积的减小，使得我们可以很方便地携带海量的数据。

4. 企业期望从海量的数据里挖掘出隐藏的规律和价值，是大数据发展的动力

大数据存在的意义在于其隐藏的大价值，企业正是意识到了它的价值，才转变了企业的商业思维，开始对企业内外部数据进行挖掘，试图从海量的数据里挖掘出隐藏的规律和价值，以便为决策提供支持。

近几十年，不断涌现出从大数据里挖掘出商业价值的成功案例。最早、最经典的当属沃尔玛的"啤酒和尿布"案例：沃尔玛通过销售数据分析发现，年轻的父亲在买尿布的同时，还喜欢买啤酒来犒劳自己，于是沃尔玛把尿布和啤酒放在一起，进行捆绑销售，极大地提高了两者的销量。后来的还有亚马逊的"预判发货"案例：2014 年，亚马逊通过分析用户的购物相关数据，预测用户的购物意向，在用户下单之前就寄出包裹，实现"先发货，后购买"。

大数据现在几乎人尽皆知，那么什么是大数据呢？

5.2.2　大数据的概念及其特征

1. 大数据的概念

目前，对大数据的定义有很多，笔者对大数据是这样理解的：大数据是指无法在合理时间内用目前的常规软件工具进行获取、存储、管理和分析的数据集，是需要新处理模式才能具有更强的决策力、洞察发现力和流程优化能力的海量、高增长率和多样化的信息资产，大数据处理数据时不采用传统的随机分析法(抽样调查)这样的捷径，而是采用对所有数据都进行分析处理的方法。

大数据技术的战略意义不在于掌握庞大的数据信息，而在于对这些含有意义的数据进行专业化处理。换而言之，如果把大数据比作一种产业，那么这种产业实现盈利的关键，就在于提高对数据的"加工能力"，通过"加工"实现数据的"增值"。

麦肯锡全球研究院所给出的定义是：一种规模大到在获取、存储、管理、分析方面大大超出了传统数据库软件工具能力范围的数据集合。

2. 大数据的特征

大数据具有 4V 特征，即规模性(Volume)、快速性(Velocity)、多样性(Variety)和价值性(Value)。

1)规模性

即海量的数据规模。目前，人们日常生活中的数据量已经从 TB(1024GB=1TB)级别一跃升到 PB(1024TB=1PB)、EB(1024PB=1EB)乃至 ZB(1024EB=1ZB)级别，数据将逐渐成为重要的生产因素，全球的数据储量仅在 2011 年就达到 1.8ZB，相当于每个美国人每分钟写 3 条 Twitter 信息，总共写 2.6976 万年[①]。2019 年全球数据量达到约 41ZB[②]。2012 年，12306 网站日点击量达 14.9 亿次，导致网络拥堵、重复排队[③]。

2)快速性

即快速的数据流转。数据也是具有时效性的，采集到的大数据如果不经过流转，最终只会过期报废。尤其是对于商业企业来说，大多数商业企业采集到的数据都是一些用户的商业行为，这些行为往往具备时效性，例如，采集到某位用户某天在服装商场的消费行为

---

① 美国市场研究公司 IDC 的研究报告，2011 年 6 月 29 日。
② 《大数据白皮书(2019 年)》。
③ 新华网北京 2012 年 9 月 20 日。

轨迹，如果不能做到这些数据的快速流转、及时分析，那么本次所采集到的数据可能便失去了价值，因为这位用户不会每一天都在买衣服。快速流转的数据就像是不断流动的水，只有不断流转才能保证大数据的新鲜和价值。

3) 多样性

多样性主要体现在数据来源多、数据类型多和数据之间关联多这三方面。

(1) 数据来源多。传统数据主要是资料和交易数据；而互联网和物联网的发展，带来了包括网络日志、社交媒体、手机通话记录、互联网搜索及传感器数据等多种数据源。

(2) 数据类型多。传统数据大都是表格形式；大数据里有 70%～85%的数据是图片、音频、视频、网络日志和链接信息等非结构化和半结构化的数据。

(3) 数据之间关联多。例如，我们在旅途中发的朋友圈，就与我们的位置和行程相关。

4) 价值性

大数据中有价值的数据占比低，大量的不相关信息没有经过处理，属于价值密度低的数据。以视频为例，连续不间断监控过程中，可能有用的数据仅仅有一两秒。其真正的价值体现在从大量看似不相关的数据中，挖掘出隐藏的规律或者预测模型等。

5.2.3　大数据常见技术及工具

大数据是一个宽泛的概念，它不仅包含和应用了众多复杂而先进的技术，还需要一系列的处理流程，如图 5.5 所示。

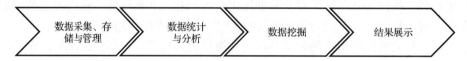

数据采集、存储与管理　数据统计与分析　数据挖掘　结果展示

图 5.5　大数据的处理流程

下面对大数据的处理流程进行简要介绍。

1. 数据采集、存储与管理

大数据的采集是指利用多个数据库来接收发自客户端(Web、APP 或者传感器等)的数据，并且用户可以通过这些数据库来进行简单的查询和处理工作。比如，电商会使用传统的关系型数据库 MySQL 和 Oracle 等来存储每一笔事务数据。在大数据的采集过程中，其主要特点和挑战是并发数高，因为同时有可能会有成千上万的用户来进行访问和操作，如火车票售票网站和淘宝，它们并发的访问量在峰值时达到上百万人次，所以需要在采集端部署大量数据库才能支撑。并且如何在这些数据库之间进行负载均衡和分片的确是需要深入思考和设计的。目前较常用的数据采集平台有八爪鱼采集器、Apache Flume、Fluentd、Logstash、Chukwa、Scribe 和 Splunk Forwarder 等。

虽然采集端本身会有很多数据库，但是如果要对这些海量数据进行有效的分析，还是应该将这些来自前端的数据导入一个集中的大型分布式数据库，或者分布式存储集群。利用 ETL(Extract-Transform-Load 的缩写，即数据抽取、转换、装载)工具将分布的、异构数据源中的数据，如关系数据、平面数据文件等，抽取到临时中间层后进行清洗、转换、集成，最后加载到数据仓库或数据集市中，成为联机分析处理、数据挖掘的基础；也可以利用日志采集工具(如 Flume，Kafka 等)把实时采集的数据作为流计算系统的输入，进行实时分析处理。导入与预处理过程的特点和挑战主要是导入的数据量大，每秒的导入量经常会达到百兆字节，甚至千兆字节级别。目前主流 ETL 工具有 DataPipeline、Kettle、Talend、Informatica、DataX 和 Oracle Goldengate 等。

2. 数据统计与分析

大数据本身拥有海量的信息，这种信息从采集到变现需要一个重要的分析过程。只有通过分析才能实现大数据从数据到价值的转变，但是众所周知，大数据虽然拥有海量的信息，但是真正可用的数据可能只有很小一部分，从海量的数据中挑出一小部分相关数据本身就需要巨大的工作量，所以大数据的分析也常和云计算联系到一起。只有集数十、数百或甚至数千台计算机分析能力于一身的云计算才能完成对海量数据的分析。

统计与分析主要利用分布式数据库，或者分布式计算集群来对存储于其内的海量数据进行普通的统计分析等，以满足大多数常见的分析需求。统计与分析这部分的主要特点和挑战是分析涉及的数据量大，其对系统资源，特别是 I/O 会有极大的占用。SAS、R 语言、SPSS(Statistical Product and Service Solutions)、Python、Tableau、QlikView、Cognos 和 FineBI 是被提到频率最高的数据分析工具。

3. 数据挖掘

与前面统计与分析过程不同的是，数据挖掘就是从大量的、不完全的、有噪声的、模糊的、随机的实际应用数据中，提取隐含在其中的、人们事先不知道的，但又是潜在有用的信息和知识的过程。数据挖掘一般没有什么预先设定好的主题，主要是在现有数据上面进行基于各种算法的计算，期望得到一些预测(Predict)，满足一些高级别数据分析的需求。数据挖掘通常用这些软件：RapidMiner、R 语言和 WEKA 等。

4. 结果展示

BI 工具基本都拥有数据可视化功能，FineBI(达孜帆软软件有限公司与华为云联合提供的数据分析解决方案)、Smartbi 数据分析软件等算是其中的佼佼者。

整个大数据处理的普遍流程应该满足以上这四个方面的步骤，才能算得上是一个比较完整的大数据处理。

5.2.4　大数据平台简介

在大数据的发展过程中，很快便出现了很多功能涵盖大数据整个处理流程的平台，用户可以在这些专业的平台上面进行专属于自己的大数据应用开发，这也是大多数企业的选择，毕竟要从底层开发完整的大数据处理软件，需要雄厚的人力财力资本、深厚的技术储备、杰出的技术创新能力。下面是中国的部分大数据平台，一般企业可以选择这些平台做自己的大数据分析：

1. 阿里云

阿里巴巴的大数据布局应该是国内最为完整的了，从数据的获取处理到分析、挖掘和可视化，从生态到平台，一条龙服务，不愧是大数据行业领导者。

2. 华为云

华为云整合了高性能的计算和存储能力，为大数据的挖掘和分析提供专业稳定的信息技术基础设施平台。尤其是近来华为大数据存储还实现了统一管理 40PB 的文件系统。

3. 百度

百度作为国内综合搜索的巨头，拥有海量的数据，同时在自然语言处理能力和机器深度学习领域拥有丰富的经验。

4. 大快搜索

大快搜索是一个开放的搜索和大数据技术平台，提供开放的搜索、大数据和人工智能服务。

5. 腾讯

在大数据领域，腾讯也是不可忽略的一支重要力量，尤其是社交领域，如 QQ 和微信的用户量就巨大。

5.2.5　大数据的应用领域

如今，大数据已经广泛应用于各个行业，包括金融、汽车、餐饮、电信、能源、娱乐等在内的社会各行各业都已经融入了大数据的痕迹。

1. 制造业

利用工业大数据提升制造业水平，包括产品故障诊断与预测、分析工艺流程、改进生产工艺，优化生产过程能耗、工业供应链分析与优化、生产计划与排程。

2. 金融业

大数据在高频交易、社交情绪分析和信贷风险分析三大金融创新领域发挥了重大作用。

3. 汽车行业

利用大数据和物联网技术的无人驾驶汽车，在不远的未来将走入我们的日常生活。

4. 互联网行业

借助于大数据技术分析用户行为，进行商品推荐和有针对性的广告投放。

5. 餐饮行业

利用大数据实现餐饮线下商务与互联网结合的 O2O (Online To Offline) 模式，彻底改变传统餐饮经营方式。

6. 电信行业

利用大数据技术实现客户离网分析，及时掌握客户离网倾向，出台客户挽留措施。

7. 能源行业

随着智能电网的发展，电力公司可以掌握海量的用户用电信息，利用大数据技术分析用户用电模式，可以改进电网运行方式，合理设计电力需求响应系统，确保电网运行安全。

8. 物流行业

利用大数据优化物流网络，提高物流效率，降低物流成本。

9. 城市管理

利用大数据实现智能交通、环保监测、城市规划和智能安防。

10. 生物医学

大数据可以帮助我们实现流行病预测、智慧医疗、健康管理，同时还可以帮助我们解读 DNA，了解更多的生命奥秘。

11. 公共安全领域

政府利用大数据技术构建强大的国家安全保障体系，包括公共安全领域的大数据分析应用，反恐维稳与各类案件分析的信息化手段，借助大数据预防犯罪等。

12. 个人生活

大数据还可以应用于个人生活，利用与每个人相关联的"个人大数据"，分析个人生活行为轨迹，为其提供更加周到的个性化服务。

5.2.6 大数据应用的典型案例

大数据发展到今天，在实际的应用里，已经取得了不错的成绩，下面我们就一起来看看 13 个大数据应用的典型案例。[①]

1. 大数据竞选

2012 年，参与竞选的奥巴马团队确定了三个最根本的目标：让更多的人掏更多的钱，让更多的选民投票给奥巴马，让更多的人参与进来！这需要"微观"层面的认知：每个选民最有可能被什么因素说服？每个选民在什么情况下最有可能掏腰包？什么样的广告投放渠道能够最高效地获取目标选民？如竞选总指挥吉姆·梅西纳所说，在整个竞选活动中，没有数据做支撑的假设不能存在。

为了筹到 10 亿美元的竞选款，奥巴马的数据挖掘团队在 2012 年的前两年搜集、存储和分析了大量数据。他们注意到，影星乔治·克鲁尼对美国西海岸 40～49 岁的女性具有非常大的吸引力：她们无疑是最有可能为了在好莱坞与克鲁尼和奥巴马共进晚餐而不惜自掏腰包的一个群体。于是，克鲁尼在自家豪宅举办的筹款宴会上，为奥巴马筹集到数百万美元的竞选资金。此后，当奥巴马团队决定在东海岸物色一位对于这个女性群体具有相同号召力的影星时，数据团队发现萨拉·杰西卡·帕克的粉丝也同样喜欢竞赛、小型宴会和名人，于是，"克鲁尼效应"被成功地复制到了东海岸。

在整个竞选中，奥巴马团队的广告费用花了不到 3 亿美元，而罗姆尼团队则花了近 4 亿美元却落败，其中一个重要的原因就在于，奥巴马的数据团队对于广告购买的决策，是经过缜密的数据分析之后才制定的。一项民调显示，80%的美国选民认为奥巴马比罗姆尼让他们感觉更加重视自己。结果是，奥巴马团队筹得的第一个 1 亿美元中，98%来自小于 250 美元的小额捐款，而罗姆尼团队在筹得相同数额捐款的情况下，这一比例仅为 31%。

---

① 《大数据公司挖掘数据价值的 49 个典型应用案例》，http://www.lianmenhu.com。

2. 榨菜指数

负责起草《全国促进城镇化健康发展规划(2011—2020年)》的国家发展改革委规划司工作人员需要精确地知道人口的流动，怎么统计出这些流动人口成为难题。

榨菜，属于低值易耗品，收入增长对于榨菜的消费几乎没有影响。一般情况下，城市常住人口对于方便面和榨菜等方便食品的消费量基本上是恒定的。销量的变化，主要由流动人口造成。据国家发展改革委工作人员的说法，涪陵榨菜这几年在全国各地区的销售份额变化，能够反映人口流动趋势，一个被称为"榨菜指数"的宏观经济指标就诞生了。

据2013年08月09日经济观察报报道，国家发展改革委规划司根据涪陵榨菜在华南地区销售份额由2007年的49%、2008年的48%、2009年的47.58%、2010年的38.50%下滑到2011年的29.99%等数据，发现华南地区人口的流出速度非常快，并且依据"榨菜指数"，将全国分为人口流入区和人口流出区两部分，然后针对两个区的不同人口结构，制定不同的政策。

3. 阿里小贷和聚石塔挖掘大数据价值

2010年，阿里巴巴建立了"淘宝小贷"，通过对贷款客户下游订单、上游供应商、经营信用等全方位的评估，就可以在没有见面情况下，给客户放款，这当然是基于对阿里巴巴平台上大数据的挖掘。数据来源于聚石塔——一个大型的数据分享平台，它通过共享阿里巴巴旗下各个子公司的数据资源来创造商业价值。这款产品就是大数据团队把淘宝交易流程各个环节的数据整合互联，然后基于商业理解对信息进行分类存储和分析加工，并与决策行为连接起来所产生的效果。

4. Entelo的"前猎头"

真正的技术人才永远是各大公司的抢手货，绝对不要坐等他们向你投简历，因为在他们还没有机会写简历之前很可能已经被其他公司抢走了。Entelo公司能替企业家推荐那些才刚刚萌发跳槽动机的高级技术人才，以便先下手为强，这就是Entelo的"前猎头"。

Entelo的数据库里目前有3亿份简历。而如何判断高级人才的跳槽倾向，Entelo有一套正在申请专利的算法。这套算法有70多个指标用于判定跳槽倾向，如某公司的股价下跌、高层大换血、刚被另一个大公司收购，这些都会被Entelo看作导致该公司人才跳槽的可能性因素。于是Entelo就会立刻把该公司里的高级人才的信息推送给订阅了自己服务的企业家，企业家收到的简历跟一般的简历还不一样。Entelo抓取了这些人才在各大社交网络的信息，这样企业家可以了解该人提交过哪些代码，在网上都回答了些什么样的问题，在Twitter上发表的都是些什么样的信息。总之，这些准备"挖墙脚"的企业家能够看到一个活生生的目标人才站在面前。

5. 客户流失分析

美国运通公司以前只能实现事后诸葛亮式的报告和滞后的预测，传统的BI已经无法满足其业务发展的需要。于是，他们开始构建真正能够预测客户忠诚度的模型，基于历史交易数据，用115个变量来进行分析预测。该公司表示，对于澳大利亚将于之后4个月中流失的客户，已经能够识别出其中的24%，这样的客户流失分析，当然可以用于挽留客户。酒店业可以为消费者定制独特的个性房间，甚至可以在墙纸上放上表达消费者旅游心情的微博等。旅游业可以根据大数据为消费者提供其可能会喜欢的本地特色产品、活动、小而美的小众景点等来挽回游客的心。

6. 百合网的婚恋匹配

电商行业的现金收入源自数据，而婚恋网站的商业模型更是根植于对数据的研究。比如，作为一家婚恋网站，百合网需要经常做一些研究报告，分析注册用户的年龄、地域、学历、经济收入等数据，即便是每名注册用户小小的头像照片，这背后也大有挖掘的价值。百合网研究规划部李琦曾经对百合网上海量注册用户的头像信息进行分析，发现那些受欢迎的头像照片不仅与照片主人的长相有关，同时照片上人物的表情、脸部比例、清晰度等因素也在很大程度上决定了照片主人受欢迎的程度。例如，对于女性会员，微笑的表情、直视前方的眼神和淡淡的妆容能增加自己受欢迎的概率，而那些脸部比例占照片 1/2、穿着正式、眼神直视和没有多余姿势的男性则更可能成为婚恋网站上的宠儿。

7. 塔吉特的"数据关联挖掘"

利用先进的统计方法，商家可以通过用户的购买历史记录分析来建立模型，预测未来的购买行为，进而设计促销活动和个性服务来避免用户流失到其他竞争对手那边。美国第三大零售商塔吉特，通过分析所有女性客户的购买记录，可以"猜出"哪些是孕妇。其发现女性客户会在怀孕四个月左右，大量购买无香味乳液，由此挖掘出 25 项与怀孕高度相关的商品，制作"怀孕预测"指数。推算出预产期后，就能抢先一步，将孕妇装和婴儿床等折扣券寄给客户。塔吉特还创建了一套女性购买行为在怀孕期间产生变化的模型，不仅如此，如果用户从它们的店铺中购买了婴儿用品，它们在接下来的几年中会根据婴儿的生长周期定期给这些顾客推送相关产品，使这些客户形成长期的忠诚度。

8.《纸牌屋》与电影业的大数据价值挖掘

《纸牌屋》最大的特点在于，其与以往电视剧的制作流程不同，这是一部网络剧。简而言之，这部剧不仅传播渠道是互联网观看，而且从诞生之初就是一部根据"大数据"，即互联网观众欣赏口味来设计的产品。Netflix 的成功之处在于其强大的推荐系统 CineMatch，该系统将用户视频点播的基础数据，如评分、播放、快进、时间、地点、终端等，存储在数据库后通过数据分析，计算出用户可能喜爱的影片，并为他提供定制化的推荐。为此他们开设了年度 Netflix 大奖赛，用百万美元悬赏，奖励能够将其电影推荐算法准确性提高至少 10%的人。

9. 特易购的精准定向

聪明的商家通过用户的购买历史记录分析来建立模型，为他们量身预测未来的购物清单，进而设计促销活动和个性服务，让他们源源不断地为之买单。特易购是全球利润第二大的零售商，这家英国超级市场巨人从用户行为分析中获得了巨大的利益。从其会员卡的用户购买记录中，特易购可以了解一个用户是什么"类别"的客人，如速食者、单身、有上学孩子的家庭等。这样的分类可以为其提供很大的市场回报，比如，通过邮件或信件寄给用户的促销可以变得十分个性化，店内的促销也可以根据周围人群的喜好和消费的时段来设计，更加具有针对性，从而提高货品的流通性。这样的做法为特易购带来了丰厚的回报，仅在市场宣传一项，就能帮助特易购每年节省 3.5 亿英镑的费用。

特易购每季会为顾客量身定做 6 张优惠券，其中 4 张是客户经常购买的货品，而另外 2 张则是根据该客户以往的消费行为数据分析得到的其极有可能在未来会购买的产品。仅在 1999 年，特易购就送出了 14.5 万份面向不同的细分客户群的购物指南杂志和优惠券组合。更妙的是，这样的低价无损公司整体的盈利水平。通过追踪这些短期优惠券的回笼率，了解到客户在所有门店的消费情况，特易购还可以精确地计算出投资回报。发放优惠券吸引顾客其实已经是很老套的做法了，而且许多的促销活动实际只是来掠夺公司未来的销售额。然而，依赖于扎实的数据分析来定向发放优惠券的特易购，却可以维持每年超过 1 亿英镑的销售额增长。

特易购同样有会员数据库，通过已有的数据，就能找到那些对价格敏感的客户，然后在公司可以接受的最低成本水平上，为这类顾客倾向购买的商品确定一个最低价。这样的好处一是吸引了这部分顾客，二是不必在其他商品上浪费钱降价促销。

10. Takadu 的数字驯水

水，向来是个不好管理的东西：自来水公司发现某个水压计出现问题时，可能需要花上很长的时间去排查共用一个水压计的若干水管，等找到的时候，大量的水已经被浪费了。以色列一家名为 Takadu 的水系统预警服务公司解决了这个问题，Takadu 公司把埋在地下的自来水管道水压计、用水量和天气等检测数据搜集起来，通过亚马逊的云服务传回 Takadu 公司的计算机进行算法分析，如果发现城市某处地下自来水管道出现爆水管、渗水以及水压不足等异常状况，就会用大约 10min 来分析生成一份报告，发回给这片自来水管道的维修部门。报告中，除了提供异常状况类型以及水管的损坏状况——每秒漏出多少立方米的水，还能相对精确地标出问题水管具体在哪里。

11. Nike+传感鞋

耐克凭借一种名为 Nike+的新产品变身为大数据营销的创新公司。所谓 Nike+，是一种以 Nike 跑鞋或腕带+传感器的产品，只要运动者穿着 Nike+的跑鞋运动，iPod 就可以存储并显示运动日期、时间、距离和热量消耗值等数据，用户上传数据到耐克社区，就能和同好分享讨论。耐克和 Facebook 达成协议，用户上传的跑步状态会实时更新到账户里，朋友可以评论并单击一个"鼓掌"按钮——神奇的是，这样你在跑步的时候便能够在音乐中听到朋友们的鼓掌声。随着跑步者不断上传自己的跑步路线，耐克由此掌握了主要城市里最佳跑步路线的数据库。有了 Nike+，耐克组织的城市跑步活动效果更好，参赛者在规定时间内将自己的跑步数据上传，看哪个城市累积的距离长。凭借运动者上传的数据，耐克公司已经成功建立了全球最大的运动网上社区，超过 500 万名活跃的用户，每天不停地上传数据，耐克借此与消费者建立前所未有的牢固关系。海量的数据对于耐克了解用户习惯、改进产品、精准投放和精准营销又起到了不可替代的作用。

12. 快餐业的视频分析

快餐业的公司可以通过视频分析等候队列的长度，然后自动变化电子菜单显示的内容。如果队列较长，则显示可以快速供给的食物；如果队列较短，则显示那些利润较高但准备时间相对长的食品。

13. PredPol 的犯罪预测

PredPol 公司通过与洛杉矶和圣克鲁斯的警方以及一群研究人员合作，基于地震预测算法的变体和犯罪数据来预测犯罪发生的概率，可以精确到 500 平方英尺[①]的范围内。在洛杉矶运用该算法的地区，盗窃罪和暴力犯罪分别下降了 33%和 21%。

5.2.7　大数据的发展趋势

如今，在全球范围内，研究发展大数据技术、运用大数据推动经济发展、完善社会治理、提升政府服务和监管能力正成为趋势。

(1)已有众多成功的大数据应用，但就其效果和深度而言，当前大数据应用尚处于初级阶段，根据大数据分析预测未来、指导实践的深层次应用将成为发展重点。

(2)大数据治理体系远未形成，特别是隐私保护、数据安全与数据共享利用效率之间尚存在明显的矛盾，成为大数据发展的重要短板，各界已经意识到构建大数据治理体系的重要意义，相关的研究与实践将持续加强。

(3)数据规模高速增长，现有技术体系难以满足大数据应用的需求，大数据理论与技术远未成熟，未来信息技术体系将需要颠覆式创新和变革。

5.3　常用的数据处理软件

数据处理技术发展到现在，应用领域和应用层面已经非常广泛，已经出现了很多针对不同领域、不同层次的数据处理软件。本节先介绍简单易学的、大众型的表格数据处理软件 Excel，因为在与本书配套的实验课程里还会重点练习它，故在此只是简单介绍；然后通过可视化操作和少量编程就可以开发出功能强大的数据库管理系统 Access，以及社会科学最常用的统计软件 SPSS；最后，简要介绍理工科专业经常使用的数据处理工具 MATLAB和现在应用最广泛的、"无所不能"的专业程序开发平台 Python。众多数据处理软件，总有一款适合你！

5.3.1　Excel 表格处理软件

Excel 称得上是大众型的软件，是办公软件里的表格数据处理软件，顾名思义，可以应对一般日常工作里的表格数据处理，简单易学，是大多数人的首选。

Excel 有基本的数据录入、编辑功能，可以运用公式和函数等对数据进行计算、统计和分析，内置了 400 多个函数，包括数学函数、财务函数和统计函数等 11 类函数。还可以根据数据做出图形和报表。Excel 自身的功能不仅能够满足绝大部分用户的需求，对一些高要求的数据计算和分析需求，还提供了内置的 VBA(Visual Basic for Applications) 编程语言，用户可以开发出适合自己的自动化解决方案。

Excel 里有很多简单而又实用的函数，可以很轻松地完成一些日常的数据处理任务。来看看下面的例子吧，感觉是不是特轻松？

---

① 1 平方英尺=0.09290304 平方米。

例 5.1 原始数据如图 5.6 所示，数据表里面有每个学院的毕业生每个去向的人数。要求将整个毕业生各个去向的总人数分别汇总，并填写在 G8:G11 区域的对应单元中。

在 Excel 里，有一个 SUMIF 函数，可以对符合条件的对应单元格数值求和，正好可以完成上面的任务。SUMIF 函数的格式是 SUMIF(range,criteria,sum_range)，其参数说明如下：

range：条件区域，指用于条件判断的单元格区域。

criteria：求和条件，由数字、字符和逻辑表达式等组成的判定条件。

sum_range：实际求和区域，是需要求和的单元格、区域或引用。

操作步骤如下：

第 1 步：在 G8 单元格里求"出国"总人数。

单击 G8 单元格，然后在 fx 函数输入栏中，输入公式"=SUMIF(C$3:C$22,F8, D$3:D$22)"。说明如下：

range：条件区域是"去向"列，填入"C$3:C$22"。

criteria：求和条件是"出国"，故填入"F8"。

sum_range：实际求和区域是"人数"列，填入"D$3:D$22"。

这样就可以统计出"出国"的总人数。

第 2 步：利用自动填充柄进行公式的复制，可统计其他去向的人数，结果如图 5.7 所示。

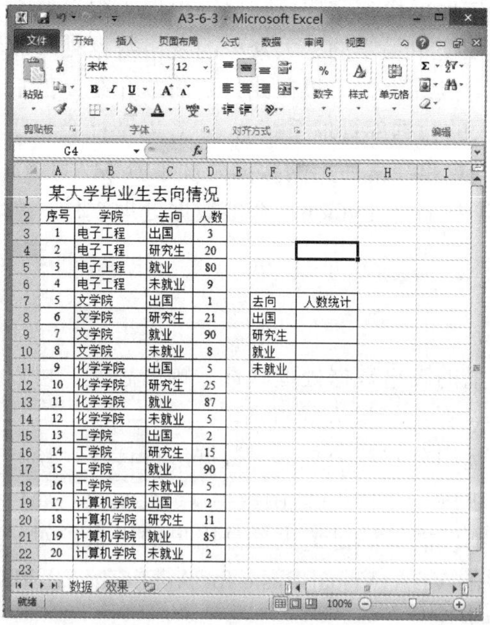

图 5.6 原始数据

图 5.7 统计结果

例 5.2 原始数据如图 5.8 所示，数据表里有每个学生的计算机成绩，现在要统计各个分数段的人数。

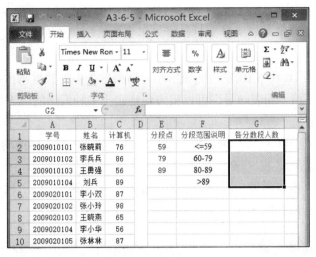

图 5.8　原始数据

在 Excel 里，有一个 FREQUENCY 函数，能够计算在指定单元格区域里，对应分段区间的单元格数目，正好可以计算各个分数段的人数。FREQUENCY 函数的格式是 FREQUENCY(data_array,bins_array)，参数说明如下：

data_array：数组或对一组数值的引用，用来计算频率。

bins_array：间隔的数组或对间隔的引用，该间隔用于对 data_array 中的数值进行分组。

操作步骤如下：

第 1 步：选择"G2:G5"区域，用于存放结果数组。

第 2 步：在 fx 函数输入栏中，输入公式"=FREQUENCY(C2:C10,E2:E5)"。

data_array：要统计的单元格区域，填入"C2:C10"。

bins_array：分段点的单元格区域，填入"E2:E5"，其分段范围说明见图 5.9 里 F 列的说明。

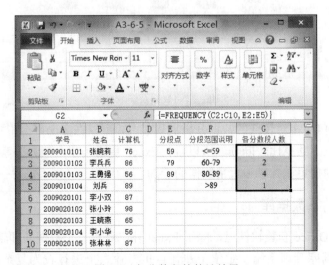

图 5.9　各分数段的统计结果

第 3 步：同时按 Ctrl+Shift+Enter 键，这样，上面的公式就自动变成"{=FREQUENCY (C2:C10,E2:E5)}"，多了一对大括号{}，表示结果为数组，各分数段的统计结果如图 5.9 所示。

例 5.3　原始数据如图 5.10 左边区域所示，请根据表中的数据画出每年招生人数的对比图。在 Excel 里，用"图表向导"可以很方便地画出多种常用的图表。

操作步骤如下：

第 1 步：选定画图的数据区域。按下鼠标左键，从 A2 单元格拖动到 B6 单元格，选定 A2:B6 区域为画图的数据区域。

第 2 步：使用"图表向导"画图。单击"插入"→"图表"→"柱形图"→"簇状圆柱图"按钮，即可画出如图 5.10 右边区域所示的图表结果。

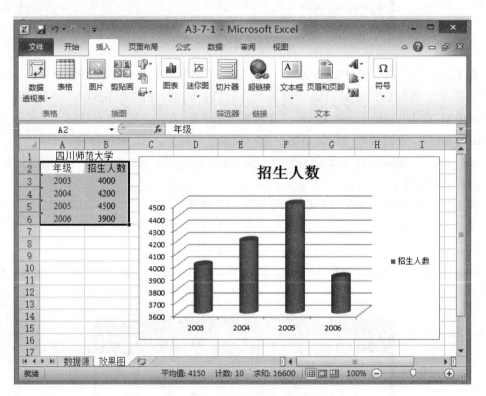

图 5.10　原始数据及图表结果

Excel 是一款门槛相对较低的数据分析展现工具，可以在多个平台中打开并进行编辑，不过表格之间孤立，共享比较麻烦。所以说，Excel 更适用于一般办公事务数据的处理，而不适用于数据的搜集、共享和大量数据的管理。

5.3.2　Access 关系数据库

在 Microsoft Office 套装软件里，除了 Excel 外，还有一个数据处理软件——Access，它是一个关系数据库管理系统，定位于非计算机专业人士进行较为复杂和自动的数据管理，并开发数据库管理软件，其功能和对操作者的要求介于 Excel 和专业的数据库开发软件之间，适用于小型商务活动，用以存储和管理商务活动所需要的数据。

Access 结合查询设计或者 SQL 能够进行大量数据的存储，并可以在各个对象之间建立关联，方便用户快速查询和调用数据。Access 可以用于企业的档案、库存等资料库的共享管理，可以由多人共同进行创建、修改和查询。

1. Access 的功能

1) 大量数据的管理和分析

Access 有强大的数据处理和统计分析能力，利用其查询功能，可以方便地进行各种统计操作，并可灵活设置统计的条件。在统计分析上万条记录、十几万条记录及以上的数据时速度快且操作方便，这一点是 Excel 无法与之相比的。

2) 管理存储数据

在开发一些小型网站 Web 应用程序时，如 ASP+Access 模式，可以用 Access 来负责数据库方面的工作，操作很方便，减少了编程的麻烦。

3) 用于开发小型数据库管理软件，实现非专业人士的数据库编程梦

例如，用于学生管理、教务管理、生产管理、销售管理、库存管理等各类企业管理软件的开发，其最大的优点是：易学！非计算机专业的人员也能学会。用 Access 开发系统时，大部分的工作是通过可视化操作来完成的，甚至简单的系统都不需要编程，只有功能复杂些的系统，才会需要编写少量的代码。Access 以低成本满足了那些从事企业管理工作的人员的管理需要，通过软件来规范同事、下属的行为，推行其管理思想(VB、.net、C、Python语言等开发工具对于非计算机专业人员来说太难了，而 Access 则相对容易些)。Access 实现了管理人员(非计算机专业毕业)开发出软件的"梦想"，从而转型为"懂管理+会编程"的复合型人才。

2. Access 数据库系统的构成

Access 数据库系统由六种对象组成，包括表、查询、窗体、报表、宏和模块，用这些对象可以方便地构造数据库应用系统。

(1) 表(Table)：又称数据表，是数据库的基本对象，存储的是最原始的数据，是创建其他五种对象的基础。表由记录组成，记录由字段组成，与 Excel 的表非常相似。

(2) 查询(Query)：利用查询可以快速查找到需要的记录，可以按要求筛选记录并能连接若干个表的字段组成新表。

(3) 窗体(Form)：窗体是用户与数据库交互的界面，在输入窗体里，用户能快捷、轻松和准确地输入数据，方便地进行操作；而通过窗体的显示则更加直观、更具有结构化的特点。

(4) 报表(Report)：报表的功能是将结果以用户期望的形式打印出来，以便分析。

(5) 宏(Macro)：宏是一个或者若干操作的组合，用来自动完成某些任务。Access 提供了一些常用的操作供用户选择，避免了编程，使用起来十分方便。一些简单的应用系统通过宏就可以自动运行起来，而不用编程。

(6)模块(Module)：模块是用 Access 提供的 VBA 语言编写的程序段，模块的功能与宏类似，但它定义的操作比宏更精细和复杂，用户可以根据自己的需要编写程序。

3. 一个简单的数据库应用系统开发实例

下面我们来看一个用 Access 开发的学生成绩查询数据库，这个数据库不需要编写程序，适合一般的办公室人员，功能还可以扩展，这里限于篇幅，尽量简单介绍。

学生成绩查询数据库，包含三个数据表。学生表：包含学号和姓名两个字段。成绩表：包含学号、课程号和成绩三个字段。课程表：包含课程号、课程名和授课老师三个字段。数据库的功能是在文本框里输入学生的学号，查找到该学生的成绩相关信息，这些信息来源于三个数据表。

这个应用系统的开发步骤如下。

1)建立数据库和表

(1)打开 Access，单击"文件"→"新建"命令，选择"空数据库"选项，在"文件名"文本框输入"成绩查询"，如图 5.11 所示。

图 5.11　创建数据库

(2)单击"创建"按钮,就创建了一个数据库,并进入了数据库设计窗口,如图 5.12 所示。

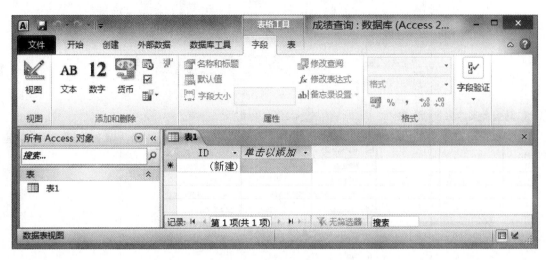

图 5.12　数据库设计界面

(3)单击"创建"→"表设计"命令,就新建了一个空数据表,在表设计器里依次输入每个字段的名称、选择数据类型、选择主键等,如图 5.13 所示,完成后保存。

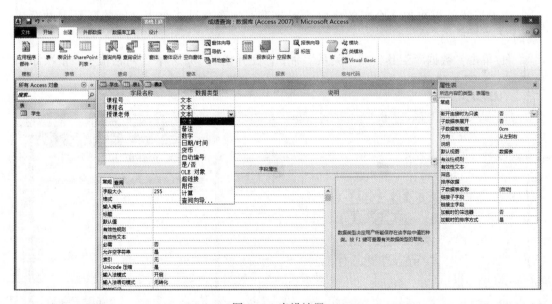

图 5.13　表设计器

2)输入数据

右击数据表,在弹出的菜单中可以选择导入其他数据源,也可以双击数据表,手动录入数据,如图 5.14 所示。

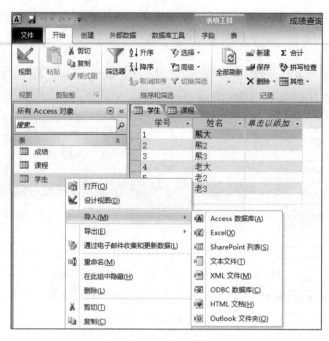

图 5.14　输入数据

3) 建立关联

由于查找结果来自 3 个表的字段，因此需要先建立这 3 个表之间的联系，再设计查询。

(1) 单击"数据库工具"→"关系"命令，在弹出的"显示表"对话框里，依次添加 3 个表，如图 5.15 所示。

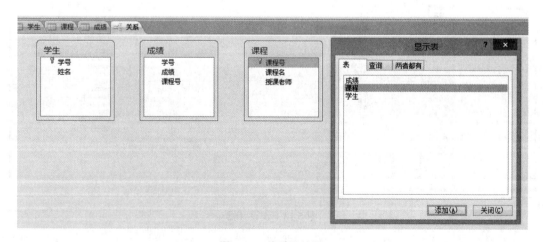

图 5.15　关系设计器

(2) 在关系设计器里，拖动"学生"表的"学号"字段到"成绩"表的"学号"字段，拖动"课程"表的"课程号"字段到"成绩"表的"课程号"字段，这样就建立了 3 个表的关联。

4) 建立查询

单击"创建"→"查询设计"命令，在弹出的"显示表"对话框里，依次添加 3 个表，并选择需要显示的字段，如图 5.16 所示，然后保存查询为"学生成绩"。

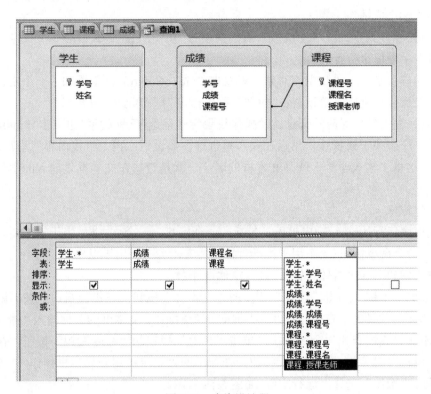

图 5.16　查询设计器

5) 创建宏

单击"创建"→"宏"命令，进入宏设计器，如图 5.17 所示。

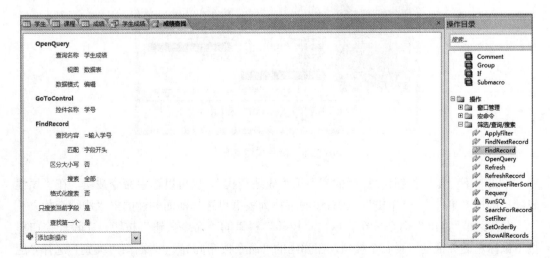

图 5.17　宏设计器

在宏设计器里，进行如下操作：

(1)打开查询"学生成绩"。在"操作目录"→"筛选/查询/搜索"里双击"OpenQuery"，就添加了一个打开查询操作，然后在操作里进行参数设置：在"查询名称"里输入前面创建的查询"学生成绩"。

(2)将焦点移到查询"学生成绩"表的"学号"字段上。那么后面的查找操作就是针对"学号"字段值来进行的。

在"操作目录"→"数据库对象"里双击"GoToControl"，就添加了一个定位控件操作，然后在操作里进行参数设置："控件名称"指定为"学号"字段。

(3)查找输入学号对应的记录。在"操作目录"→"筛选/查询/搜索"里双击"FindRecord"，就添加了一个查找记录操作，然后在操作里进行参数设置：在"查找内容"里输入"=输入学号"。这里"输入学号"就是文本框的名字，就是查找在文本框里输入的学号对应的学生记录。

6)创建窗体

创建程序运行的输入/输出界面，包括：一个标签、一个文本框(用于输入要查找学生的学号)、两个命令按钮(一个用于执行查找功能宏，另一个用于退出应用)。

单击"创建"→"窗体设计"，进入窗体设计器。

(1)添加文本框。单击"控件"栏里的"文本框"按钮，在设计窗口里按下鼠标左键并拖动，画一个文本框，在弹出的"文本框向导"里操作，文本框的名称输入"输入学号"。

(2)添加"成绩查找"命令按钮。单击"控件"栏里的"命令按钮"按钮，在设计窗口里按下鼠标左键并拖动，画一个按钮，在弹出的"命令按钮向导"里操作："类别"选择"杂项"；"操作"选择"运行宏"，如图5.18所示。

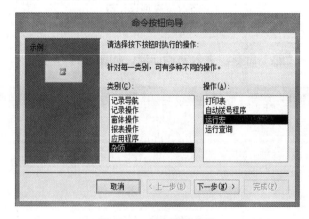

图5.18 命令按钮向导

单击"下一步"按钮，"运行的宏"选"成绩查找"。也可以选中命令按钮，在"属性表"里选择"事件"→"单击"，在右边的下拉列表框里选择前面创建的宏"成绩查找"。

(3)添加"退出"命令按钮。单击"控件"栏里的"命令按钮"按钮，在设计窗口里按下鼠标左键并拖动，画一个按钮，在弹出的"命令按钮向导"里操作："类别"选择"应用程序"；"操作"选择"退出应用程序"。

（4）保存为"学生成绩查找"。到这里一个简单的查找小程序就建立完成了，在"窗体"里双击"学生成绩查找"就可以运行程序，如图 5.19 所示。

图 5.19　运行界面

输入学号"4"，就可以查找到学号为"4"的学生成绩信息，如图 5.20 所示。

学号	姓名	成绩	课程名	授课老师
1	熊大	89	计算机基础	李老师
1	熊大	67	计算机软件	刘老师
2	熊2	78	数学	王老师
2	熊2	90	计算机基础	李老师
3	熊3	67	计算机软件	刘老师
4	老大	78	计算机基础	李老师
4	老大	67	计算机软件	刘老师
4	老大	78	数学	王老师
5	老2	78	数学	王老师
5	老2	67	计算机软件	刘老师
6	老3	60	计算机基础	李老师

图 5.20　查找结果

5.3.3　SPSS 统计分析软件

1. SPSS 的简介

SPSS 是"统计产品与服务解决方案"软件，是用于统计学分析运算、数据挖掘、预测分析和决策支持任务的软件产品及相关服务。SPSS 是世界上最早的统计分析软件，由美国斯坦福大学的三位研究生 Norman H.Nie、C. Hadlai(Tex)Hull 和 Dale H.Bent 于 1968 年研究开发成功，他们同时成立了 SPSS 公司，并于 1975 年成立法人组织，在芝加哥组建了 SPSS 总部。

2009 年，IBM 公司用大约 12 亿美元收购了统计分析软件提供商 SPSS 公司，而且更名为 IBM SPSS Statistics，至 2021 年，SPSS 的最新版本为 SPSS26。

SPSS 是社会学方面使用最广泛的统计学软件，它集数据录入、资料编辑、数据管理、统计分析、报表制作、图形绘制为一体。从理论上说，只要计算机硬盘和内存足够大，SPSS 就可以处理任意大小的数据文件，无论文件中包含多少个变量，也不管数据中包含多少个案例。

SPSS 的统计功能囊括了《教育统计学》中所有的项目，包括常规的集中量数和差异量数、相关分析、回归分析、方差分析、卡方检验、t 检验和非参数检验，也包括了近期发展的多元统计技术，如多元回归分析、聚类分析、判别分析、主成分分析和因子分析等方法，并能在屏幕(或打印机)上显示(打印)如正态分布图、直方图、散点图等各种统计图表。

从某种意义上讲，SPSS 软件还可以帮助数学功底不够的使用者学习运用现代统计技术。使用者仅需要关心某个问题应该采用何种统计方法，并初步掌握对计算结果的解释，而不需要了解其具体运算过程，就能在使用手册的帮助下进行定量分析。

2. SPSS 的特点

1) 操作简便

界面非常友好，除了数据录入及部分命令程序等少数输入工作需要键盘输入外，大多数操作可通过鼠标拖曳，单击"菜单"、"按钮"和"对话框"来完成。

2) 编程方便

SPSS 具有第四代语言的特点，告诉系统要做什么即可，无须告诉怎样做。只要了解统计分析的原理，无须通晓统计方法的各种算法，即可得到需要的统计分析结果。对于常见的统计方法，SPSS 的命令语句、子命令及选择项的选择绝大部分由"对话框"的操作完成。

3) 功能强大

SPSS 具有完整的数据输入、编辑、统计分析、报表、图形制作等功能。比如，SPSS17 自带 18 种类型 180 多个函数。SPSS 提供了从简单的统计描述到复杂的多因素统计分析方法：数据的探索性分析、统计描述、列联表分析、二维相关、秩相关、偏相关、方差分析、非参数检验、多元回归、生存分析、协方差分析、判别分析、因子分析、聚类分析、非线性回归、Logistic 回归等。

3. 用 SPSS 进行数据统计的操作步骤

SPSS 提供了流水线式的一系列操作，使得用户很简单轻松地就完成了从数据录入到数据处理直至最后的结果输出。一般的操作步骤如下：

1) 输入数据

SPSS 可以在数据编辑器的"数据视图"窗口输入定量数据，并在"变量视图"窗口定义变量属性，最后保存为.sav 文件。

SPSS 具有非常好的兼容性，可以直接读取很多其他格式的数据文件，如.xls 文件、.txt 文件和.dat 文件等。

2) 选取数据统计功能，进行数据统计，获取统计结果

打开相应的数据文件，根据数据统计的目的，在菜单栏里选择相应的功能，在弹出的对话框里进行相应的参数设定。单击“确定”按钮，SPSS 程序会自动运行，最后输出统计结果到 SPSS 的“数据查看器”窗口。

3) 解读并输出统计结论

针对统计分析的目的和具体变量的属性，对“数据查看器”窗口里的分析结果进行科学的统计学解释说明，最后获得数据统计分析的结论。结论可另存为所需文件格式，也可以直接打印。

4. 一个 SPSS 应用举例

已知某调查问卷的得分数据文件，如图 5.21 所示。

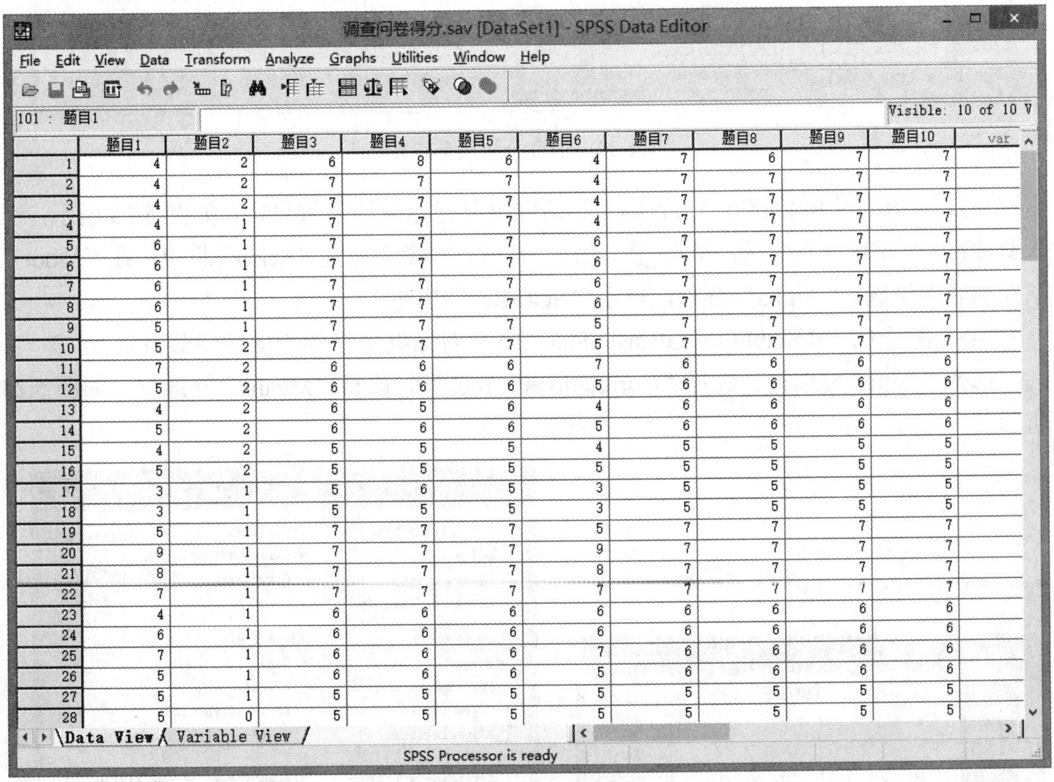

	题目1	题目2	题目3	题目4	题目5	题目6	题目7	题目8	题目9	题目10	var
1	4	2	6	8	6	4	7	6	7	7	
2	4	2	7	7	7	4	7	7	7	7	
3	4	2	7	7	7	4	7	7	7	7	
4	4	1	7	7	7	4	7	7	7	7	
5	6	1	7	7	7	6	7	7	7	7	
6	6	1	7	7	7	6	7	7	7	7	
7	6	1	7	7	7	6	7	7	7	7	
8	6	1	7	7	7	6	7	7	7	7	
9	5	1	7	7	7	5	7	7	7	7	
10	5	2	7	7	7	5	7	7	7	7	
11	7	2	6	6	6	7	6	6	6	6	
12	5	2	6	6	6	5	6	6	6	6	
13	4	2	6	5	6	4	6	6	6	6	
14	5	2	6	6	6	5	6	6	6	6	
15	4	2	5	5	5	4	5	5	5	5	
16	5	2	5	5	5	5	5	5	5	5	
17	3	1	5	6	5	3	5	5	5	5	
18	3	1	5	5	5	3	5	5	5	5	
19	5	1	7	7	7	5	7	7	7	7	
20	9	1	7	7	7	9	7	7	7	7	
21	8	1	7	7	7	8	7	7	7	7	
22	7	1	7	7	7	7	7	7	7	7	
23	4	1	6	6	6	6	6	6	6	6	
24	6	1	6	6	6	6	6	6	6	6	
25	7	1	6	6	6	7	6	6	6	6	
26	5	1	6	6	6	5	6	6	6	6	
27	5	1	5	5	5	5	5	5	5	5	
28	5	0	5	5	5	5	5	5	5	5	

图 5.21　问卷数据

该问卷有 10 项，都是 10 分量表，高分代表同意题目所代表的观点，共调查了 100 人。下面用信度分析法来分析这个问卷的信度，操作如下：

(1) 打开数据文件调查问卷得分.sav。

(2) 在菜单栏里依次选择“Analyze”→“Scal”→“Reliablity Analyze”命令，如图 5.22 所示。

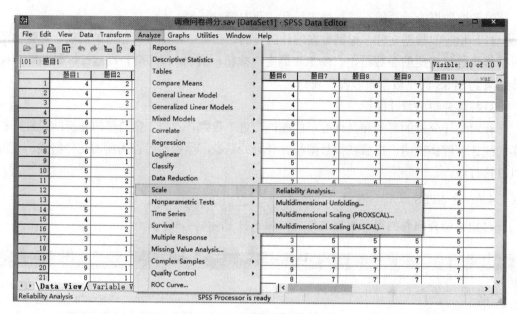

图 5.22　信度分析菜单选项

（3）在弹出的"Reliablity Analysis"对话框里进行相应的参数设定，如图 5.23 所示，在源变量列表里选中所有变量，单击 按钮，把所有变量添加到"Items"框里；在"Model"下拉列表框里选"Alpha"选项，单击"Statistics"按钮。

（4）在弹出的"Reliablity Analysis：Statistics"对话框里进行相应的参数设定。

选择"Item"复选框，选择"Correlations"复选框，选择"Means"复选框，如图 5.24 所示。

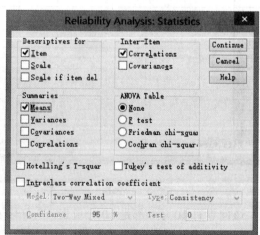

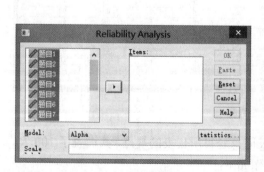

图 5.23　参数设定 1　　　　　　　　　　　图 5.24　参数设定 2

（5）单击"Continue"按钮，单击"OK"按钮。SPSS 程序会自动运行，最后输出统计分析结果到 SPSS 的数据查看器"SPSS Viewer"窗口，结果如图 5.25 和图 5.26 所示。

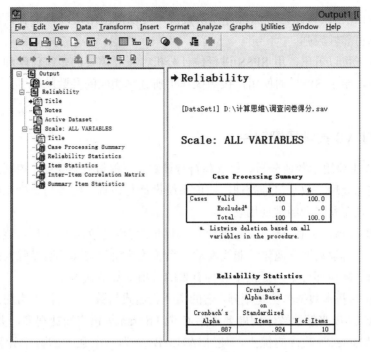

图 5.25 统计分析结果 1

Item Statistics

	Mean	Std. Deviation	N
题目1	5.35	1.702	100
题目2	1.18	.609	100
题目3	6.31	.961	100
题目4	6.34	.966	100
题目5	6.31	.961	100
题目6	5.57	1.635	100
题目7	6.32	.963	100
题目8	6.31	.961	100
题目9	6.32	.963	100
题目10	6.29	.988	100

Inter-Item Correlation Matrix

	题目1	题目2	题目3	题目4	题目5	题目6	题目7	题目8	题目9	题目10
题目1	1.000	-.169	.168	.154	.168	.904	.159	.168	.159	.137
题目2	-.169	1.000	.318	.341	.318	-.327	.331	.318	.331	.332
题目3	.168	.318	1.000	.952	1.000	.034	.995	1.000	.995	.979
题目4	.154	.341	.952	1.000	.952	.017	.968	.952	.968	.965
题目5	.168	.318	1.000	.952	1.000	.034	.995	1.000	.995	.979
题目6	.904	-.327	.034	.017	.034	1.000	.024	.034	.024	.009
题目7	.159	.331	.995	.968	.995	.024	1.000	.995	1.000	.985
题目8	.168	.318	1.000	.952	1.000	.034	.995	1.000	.995	.979
题目9	.159	.331	.995	.968	.995	.024	1.000	.995	1.000	.985
题目10	.137	.332	.979	.965	.979	.009	.985	.979	.985	1.000

Summary Item Statistics

	Mean	Minimum	Maximum	Range	Maximum / Minimum	Variance	N of Items
Item Means	5.630	1.180	6.340	5.160	5.373	2.574	10

图 5.26 统计分析结果 2

(6)解读并输出统计结论。综合各项系数值，可以得出结论：该量表具有很高的内在一致性，所以可靠性较强。

从这个例子可以看出，用 SPSS 进行统计分析，主要需要的是统计学和所学专业方面的知识和理论，至于 SPSS 的使用，按照操作手册选择相应的参数就行了，其操作是很方便的。

5.3.4　MATLAB 数学建模软件

MATLAB 主要用于数值分析、数值和符号计算、工程与科学绘图、控制系统的设计与仿真、数字图像处理、数字信号处理、通信系统设计与仿真、财务与金融工程，是一款商业数学软件，理工科专业经常使用它。

MATLAB 是 matrix 和 laboratory 两个词的词根组合，意为矩阵工厂。该软件将数值分析、矩阵计算、科学数据可视化、非线性动态系统的建模和仿真等诸多强大的功能集成在一个易于使用的视窗环境中，提供了一种有效的数值计算解决方案。

MATLAB 的基本数据单位是矩阵，它的指令表达式与数学、工程中常用的形式十分相似，故用 MATLAB 来解决数学问题要比用 C 或 Fortran 等语言简捷得多，并且 MATLAB 也吸收了像 Maple 等软件的优点，使 MATLAB 成为一个强大的数学计算相关软件。MATLAB 的功能非常强大，其最重要的功能是数值计算，但引进 Maple 的内核后，其符号计算功能也相应强大起来，其次是其强大的图形可视化功能。

5.3.5　Python 程序设计语言

1. Python 简介

1989 年圣诞节期间，在阿姆斯特丹，荷兰数学和计算机科学研究学会的 Guido van Rossum 为了打发圣诞节的无趣，决心开发一个新的脚本解释程序，作为 ABC 语言的一种继承。之所以选中 Python（大蟒蛇的意思）作为程序的名字，是因为他是一个叫 Monty Python 的喜剧团体的爱好者。

Python 是一种面向对象、直译式的计算机程序设计语言。Python 的语法简洁而清晰；其丰富的标准库，提供了适用于各个主要系统平台的源码或机器码，足以支持绝大多数日常应用；它常被昵称为胶水语言，能够把用其他语言制作的各种模块（尤其是 C/C++）轻松地联结在一起。

Python 是一种功能强大而完善的通用型脚本语言，已经具有三十多年的发展历史，成熟且稳定。Python 简单易学，功能强大，用途广泛，发展到今天，已经成为最受欢迎的程序设计语言，尤其在大数据和人工智能方向，是程序员的必备利器。

Python 广泛应用于数据分析、人工智能、科学计算、Linux 运维、Python Web 网站、Python 自动化测试和游戏开发。一项专业调查显示，75%的受访者将 Python 视为他们的主要开发语言，其他 25%的受访者则将其视为辅助开发语言。2020 年，Google、Reddit、Facebook、PayPal、Instagram、Netflix 和 Dropbox 等技术巨头选择了 Python 语言。

2. Python 的优点

相对于其他具有 60 多年历史的老牌编程语言，Python 如何后来居上的呢？那是因为 Python 具有这些优点：

(1)语法简单漂亮。我们可以说 Python 是简约的语言，非常易于读写。在遇到问题时，我们可以把更多的注意力放在问题本身上，而不用花费太多精力在程序语言、语法上。

(2)开源。Python 是免费开源的。这意味着我们不用花钱，就可以共享、复制和交换它，这也帮助 Python 形成了丰富的社区资源，使其更加完善，技术发展更快。

(3)丰富而免费的库。Python 社区创造了各种各样的 Python 库。在他们的帮助下，你可以很方便地解决很多领域的问题，如数据分析、人工智能、科学计算、Linux 运维、Python Web 网站、Python 自动化测试和游戏开发等。

(4)Python 既支持面向过程编程，也支持面向对象编程。在面向过程编程中，程序员复用代码，在面向对象编程中，使用基于数据和函数的对象。尽管面向对象的程序语言通常十分复杂，Python 却设法保持简洁。

(5)Python 兼容众多平台。所以开发者不会遇到使用其他语言时常会遇到的困扰。

3. Python 在大数据里的应用

有人夸张地说 Python 是万能的，什么都能做，那就让我们看看在数据处理领域 Python 能做什么。

(1)数据采集：以 Python 的 Scrapy 库为代表的各类方式的爬虫。

(2)数据链接：Python 有大量各类数据库的第三方包，可以方便快速地实现增删改查。

(3)数据清洗：Python 的 Numpy、Pandas 库，是结构化和非结构化的数据清洗及数据规整化的利器。

(4)数据分析：Python 的 Scikit-Learn、Scipy 库，适用于统计分析、科学计算、建模等。

(5)数据可视化：Python 有 Matplotlib、Seaborn 库等大量各类可视化的库。

一句话，Python 为数据处理，尤其是大数据提供了一条龙服务。

那么，为什么数据科学选的是 Python？最重要的就是两个原因：语法简单漂亮、大量丰富免费的第三方库。

本 章 小 结

数据处理一直是计算机应用的一个重要方向，普通大众使用计算机最多的也是对数据的处理。

本章先介绍了数据处理技术的发展历程，便于读者由浅入深地了解数据处理的基础知识、原理和技术；然后着重介绍了当前热门的大数据技术，特别展示了一些大数据应用的成功案例，希望读者今后在需要使用大数据技术的时候能够明白：大数据能够帮我们做什么、自己能够做什么、该怎么样入手，最后介绍了几款现在常用的、适用于不同层次人群的数据处理工具软件。希望读者在需要对数据进行处理时，能够选择适合自己的工具软件，以便更好地完成工作。

习题与思考题

5-1　对比陈述数据处理 5 个阶段的技术在当时都有什么进步的地方。

5-2　通过自己查资料，说说大数据都能够帮助我们做些什么样的工作。

5-3　说说目前市场上都有哪些数据处理方面的工具软件，都适合完成什么样的工作。

5-4　结合你自己的专业，简要说明你需要使用哪些数据处理工具软件，要使用哪些功能。

第6章

计算机网络的基本思维

计算机网络是科技进步的产物,其产生、发展到网络体系结构的形成,再到网络协议和标准的制定,都受到计算思维的潜在影响。计算机网络中的很多思想都体现了计算思维的一些基本方法,如网络分层思想体现了计算思维中约简的方法;网络的数据分组和同步传输方法体现了计算思维中的并行思想;网络的冗余机制体现了计算思维中的预防、保护思维等。计算机网络和计算思维密不可分、相互影响、共同发展。

6.1 无处不在的网络

当今的信息化时代是一个由计算机硬件、智能设备、通信设备、软件、有线网络和无线网络共同交织在一起的全球化的大型网络系统,这种无处不在的网络社会是时代的全新特征。这个网络将人与人、人与物、物与物连接在一个网络或互相能够访问的多个不同网络里,相互关联、一触即发、一呼百应。它能够提供最自由的生活和无处不在的便利。

6.1.1 网络概述

我们每天都在和各种网络打交道。不想做饭怎么办?到外卖平台点餐吧。想出门旅游吗?到在线售票系统购买机票、车票、订酒店,享受一条龙服务。深夜聚餐,错过了最后的公交地铁怎么办?打车软件、专车平台随时随地提供服务。网络信息化时代,足不出户就可以轻松应付生活中的一切事务,网络已经融入我们生活的方方面面。

1. 与网络相关的概念

1)计算机网络

计算机网络(简称网络),是指利用通信设备(如有线网卡、无线网卡、交换机、路由器等)和信息传输介质(如双绞线、光纤、微波、卫星等),将地理位置不同、具有独立功能的多个计算机连接起来,在计算机软件和网络协议的支持下,实现计算机系统间的信息交换、资源共享和分布式处理的计算机系统。

2)互联网

互联网,即 Internet,也称因特网。它是一个全球性的网络,是由不同网络所串联而成的。这些网络以一组通用的网络协议相连,形成逻辑上的单一大型国际网络。本质上,互联网是一个使世界上不同类型的网络和计算机能相互交换数据的通信媒介。

3）万维网

万维网是 World Wide Web（简称 WWW）的中文名称。有了万维网，分布在网络空间的各种信息才能有机整合，并通过超文本传输协议（HTTP）从网页服务器下发到网页浏览器。我们只需通过浏览器就能看到网络上的各种信息，如文字、图片、音频和视频等，还能进行交互操作。

万维网是英国科学家蒂姆·伯纳斯·李（Tim Berners Lee）于 1990 年发明的，他还开发了世界上第一个网站和浏览器。2017 年，蒂姆·伯纳斯·李因"发明万维网、第一个浏览器和使万维网得以扩展的基本协议和算法"而获得 2016 年度图灵奖。

4）以太网

以太网（Ethernet）是一种局域网组网技术。现在的绝大多数局域网均为以太网，因此提及局域网一般都默认是以太网。由于以太网十分普遍，厂商一般直接把以太网卡集成进了计算机主板，直接插入网线就可以连接互联网。部分超轻超薄的笔记本电脑由于空间有限没有集成网卡（无网络接口），需要购买 USB 网卡转换器才能连接有线网络。

5）网络协议

正如人与人通过相互都能听懂的语言进行信息交流一样，计算机与计算机之间的通信也需要双方都能明白的语言，计算机之间认可的语言就是网络协议。网络协议有很多种，目前全世界范围内最广泛使用的网络协议是 TCP/IP（传输控制协议/因特网互联协议）。

6）IP 地址

现实生活中，网络购物已经非常普遍。在购物过程中，准确的收货地址十分重要。只有填写了正确的地址，购买的商品才能被准确及时地送达。计算机之间的通信也一样，只有知道对方的精确地址，网络才能准确地送达消息。IP 地址（Internet Protocol Address）是计算机或其他网络设备在互联网上的地址，这个地址是全球唯一的，消息发送方根据这个地址就可以准确地将信息送到指定的目标主机上。

IP 地址包括 IPv4 和 IPv6 两个版本，分别表示 IP 的第 4 版和第 6 版，它们的地址长度分别是 32 位和 128 位二进制。目前使用的 IP 地址以 IPv4 为主，正在逐步向 IPv6 过渡，以下所说的 IP 地址均为 IPv4 版本的地址。为方便记忆，通常将 IP 地址以 8 位（1 字节）为一组，每组再分别计算对应的十进制数，中间以点隔开。例如，原始 IP 地址是 11001010011100111100001111111110，其分组计算过程如表 6.1 所示。

表 6.1　IP 地址分组计算示例

原始 IP 地址	11001010011100111100001111111110			
分组	第 1 组	第 2 组	第 3 组	第 4 组
	11001010	01110011	11000011	11111110
十进制 IP 地址	202.	115.	195.	254.

IP 地址每一组能够表示的范围是 0～255，因此整个 IPv4 地址能够表示的范围是 0.0.0.0～255.255.255.255。

和 IP 地址相关的还有"端口"的概念。端口是计算机与外部网络通信的大门，不同端口对应运行着不同的网络服务，常见网络服务及对应端口如表 6.2 所示。

表 6.2　常见的网络服务与对应端口

服务	作用	端口
WWW	浏览网页	80
FTP	文件传输协议	21
DNS	域名解析服务	53
HTTP	超文本传输协议	80
HTTPS	安全超文本传输协议	443

　　计算机对外开放的端口有 $2^{16}=65536$ 个，网络中传递过来的信息通常还需要注明交给哪一个"大门"来接收。计算机上大部分端口是关闭的，只有一些常用的端口开启着，它们往往是网络攻击的入口。

　　在 Internet 上有数不清的主机(服务器)为大众提供网络服务，为区分它们，每台主机都分配了全球唯一的 IP 地址，通过这些 IP 地址可以访问到每一台主机。但是，IP 地址有十多位数字，普通用户显然不可能记住这么多位的地址。为方便大众记忆，域名系统(DNS)应运而生。

　　7) 域名

　　域名由两个或两个以上有意义的单词构成，中间以点号隔开：

格式：　　　　主机名　　　　.机构名称　　　　.顶级域名

示例：　　　　www　　　　.sicnu　　　　.edu.cn

　　　　　　　fanyi　　　　.baidu　　　　.com

　　其中，最左边为提供网络服务的主机名，中间是机构名称，最右边为顶级域名。部分常见顶级域名及其含义如表 6.3 所示。

表 6.3　部分顶级域名及其含义

类别	名称	含义	类别	名称	含义
国家	cn	中国	行业	org	非营利性组织
	jp	日本		gov	政府部门
	uk	英国		net	网络服务机构
行业	edu	教育机构	分类组合	edu.cn	中国的教育机构
	com	工、商、金融等企业		com.cn	中国的企业

　　域名是 IP 地址的"外包装"，和 IP 地址一样全球唯一。一个简单、好记、有一定含义的域名往往令人印象深刻，拥有很好的传播效应，因此价格不菲，许多人专门做域名投资并获利丰厚。

　　2.　网络的基本功能

　　计算机网络的功能主要体现在四个方面：数据通信、资源共享、分布式处理和负载均衡。

　　(1)数据通信。数据通信是计算机网络的主要功能之一。它是依照一定的网络通信协议，利用数据传输技术在两个终端之间传递数据信息的一种通信方式。

（2）资源共享。资源共享即多个用户共用计算机系统中的硬件和软件资源，它是计算机网络实现的主要目标之一。

（3）分布式处理。分布式处理系统是将不同地点，或具有不同功能，或拥有不同数据的多台计算机用通信网络连接起来，在中央控制系统的统一管理下，共同完成大规模信息处理任务的计算机系统。

（4）负载均衡。通常一个网站只需要部署到一台服务器上，但有些网站访问量非常大，例如，铁路售票系统12306网站，其高峰日的网页浏览量超过1500亿次，如此大的流量，如果只使用一台服务器瞬间就会发生网络拥塞甚至宕机。负载均衡技术则可以解决这一问题，由大量的服务器共同提供网页浏览和查询服务，控制中心负责将用户请求和流量合理地分配到这些服务器上。负载均衡技术将海量并发访问转发给后端多个服务器节点处理，降低了访问延迟，提高了网站接入和响应速度，改善了用户体验。

3. 网络的发展历史

计算机网络的发展历史大致包括以下四个阶段。

1）第一代计算机网络

从20世纪50年代中期开始，以单台大型计算机为中心的远程联机系统，构成面向终端的计算机网络，称为第一代计算机网络，如图6.1所示。

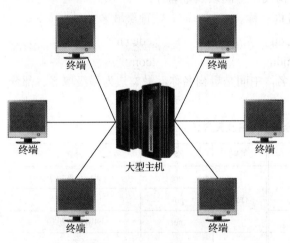

图6.1　第一代计算机网络

第一代计算机网络的终端节点只有显示器和键盘，没有中央处理器和内存，因此没有计算与存储能力，需要连接到大型主机才能实现相关功能。大型主机只存在于军方和大型科研机构里，它们体积庞大，输入和输出都很笨拙、费用昂贵，只用作特别研究，无法大量生产。

2）第二代计算机网络

20世纪60年代，处于冷战时期的美国军方提出了一个计划，目标是实现计算机网络在受到袭击（如核武器攻击）时，即使部分网络被摧毁，其余部分仍能保持通信。美国国防部高级研究计划局（Defense Advanced Research Projects Agency，DARPA）的前身美国高级研究计划署（Advanced Research Projects Agency，ARPA）据此建设了一个军用网，称为ARPANET（Advanced Research Project Agency Network）。ARPANET于1969年正式启用，当时仅连接了4台中心计算机，供科学家进行计算机联网实验用，这就是互联网的前身。

ARPANET是计算机网络发展的里程碑，它标志着以资源共享为目的的计算机网络的诞生，它是第二代计算机网络的典型代表。第二代计算机网络是以多台中心计算机通过通信线路互相连接，为不同地域的用户提供服务，如图6.2所示。

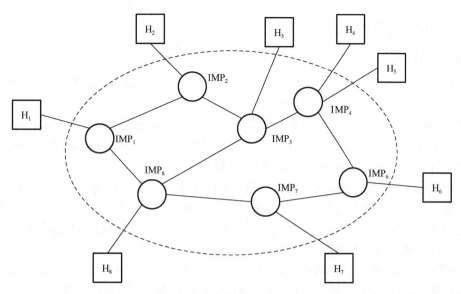

图 6.2　第二代计算机网络

到了 20 世纪 70 年代，ARPANET 已有好几十个计算机网络，但是每个网络只能在网络内部的计算机之间互联通信，不同计算机网络之间仍然不能互通。为此，ARPA 又设立了新的研究项目，支持学术界和工业界进行有关研究，研究的主要内容是用一种新的方法将不同的计算机局域网互联，形成"互联网"。研究人员称之为"Internet Work"，简称"Internet"，这个名词一直沿用到现在。为解决不同 ARPANET 之间的通信问题，互联网便顺应而生。

ARPANET 的出现推动了计算机网络的快速发展，各大计算机公司陆续推出了自己的网络架构和相应的软硬件产品。由于各自为政、标准不一，不同厂商的产品很难互联，形成了一个个的"网络孤岛"。为解决这一问题，国际标准化组织(International Standards Organization，ISO)于 1984 年发布了"开放系统互连参考模型(Open System Interconnect，OSI)"的正式文件，即著名的国际标准 ISO7498。伴随着这一国际标准产生了两种国际通用的最重要的体系结构，即 TCP/IP 体系结构和 OSI 体系结构，它们保证了不同网络设备之间的兼容性和互联性。

3)第三代计算机网络

20 世纪 70 年代至 90 年代的计算机网络是具有统一的网络体系结构并遵守国际标准化协议的开放式和标准化的网络，这一阶段的网络称为第三代计算机网络。

在研究实现互联的过程中，计算机软件起到了主要作用。1974 年，出现了很多连接分组网络的协议，其中就有著名的 TCP/IP。

4)第四代计算机网络

第四代计算机网络是指 20 世纪 90 年代发展至今的以千兆位传输速率为主的综合化、高速化、智能化的计算机网络，其特点是互联、高速、智能和更为广泛的应用。

6.1.2　网络组成与分类

1.网络的组成

计算机网络是由多台计算机通过软件、硬件、传输介质连接在一起组成的。总体来说，计算机网络有以下几个基本组成部分。

(1)计算机：能够进行数值计算和逻辑计算，具有存储记忆功能，能够按照程序运行的智能电子设备，如笔记本电脑、台式机、智能手机、平板电脑、服务器和其他带操作系统的智能终端(如智能家居终端、智能汽车终端等)。

(2)网络操作系统：能够向计算机提供各种网络服务的软件系统，是网络的核心组成部分，常见的网络操作系统有 Windows Server、Linux、UNIX 等。

(3)传输介质：分为有线介质和无线介质两类。有线介质主要有双绞线和光纤，无线介质有无线电波、微波和红外线等。

(4)应用软件：利用各种程序设计语言开发的应用软件包和用户程序，如计算机端的浏览器、office 办公软件、游戏平台等，手机端的 APP(微信、钉钉、今日头条等)。

2.　网络的分类

1)根据网络覆盖范围分类

(1)局域网(Local Area Network，LAN)。所谓局域网，就是在局部地区范围内的网络，如图 6.3 所示。

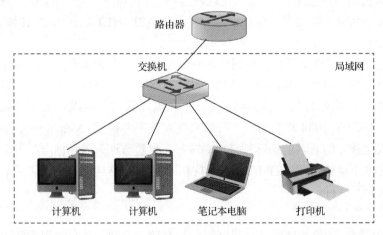

图 6.3　局域网

局域网覆盖的范围较小，通常从几米到几千米，计算机数量也没有太多限制，少的一两台，多的可达几百台，如家庭网络、校园网络、小型企业网络等。局域网是最常见、应用最广泛的一种网络，几乎每个单位和家庭都有自己的局域网。

局域网的拓扑结构包括星型、树型、环型和总线型，局域网是四者的统称。局域网中最常用的以太网多采用总线型和星型拓扑。

(2)城域网(Metropolitan Area Network，MAN)。城域网是在一个城市范围内建立的计算机通信网络，通常范围从几千米到几十千米，连接的计算机数量更多，地理范围上基本是 LAN 的延伸，如图 6.4 所示。在一个大型城市或都市地区，一个 MAN 通常连接着多个 LAN。

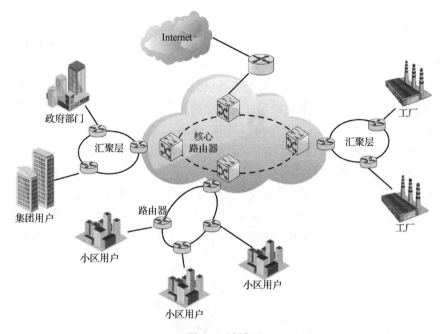

图 6.4　城域网

（3）广域网（Wide Area Network，WAN）。广域网也称为远程网，通常覆盖若干城市甚至多个国家，地理范围从几百千米至整个地球，如图 6.5 所示。

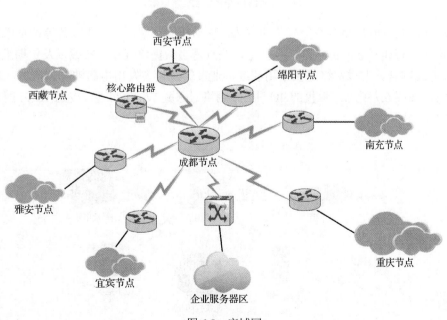

图 6.5　广域网

2) 根据使用范围分类

(1) 公用网。公用网对所有人提供服务，符合网络拥有者的要求的任何部门和个人都可以使用这个网络，如中国教育和科研计算机网 CERNET、中国公共计算机互联网 CHINANET 等。

(2) 专用网。专用网是由某个部门组建经营的网络，不允许其他用户和部门使用，只为拥有者服务。

一种比较特殊的专用网是虚拟专用网络(Virtual Private Network，VPN)，它是在公用网络上建立的专用网络。VPN 中的消息经过加密再在公用网传输，到目的地后再解密，因此可以实现端到端的安全通信。VPN 使用简单、应用广泛，通过 VPN 客户端，用户在家里就可以访问学校的校园网或者单位的内部网，不受任何地域的限制。

3) 根据通信传输媒介分类

(1) 有线网络。有线网络是指通过线缆进行连接的网络。现在的家庭网络基本都是光纤入户，入户光纤经过光猫(Optical Modem)接入家庭网络，再通过家用路由器的 LAN 口使用网线连接到台式计算机或电视机等终端设备上，有线网络的连线如图 6.6 所示。

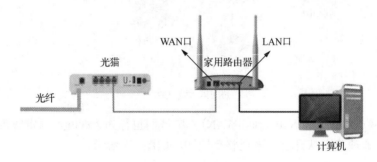

图 6.6　有线网络的连线(家庭版)

有线网络是目前最稳定的信号传输方式，移动通信基站、路由器设备等都是通过有线网络来连接。有线网络的优点是信号稳定，缺点是必须提前规划、布线以及定期维护。

(2) 无线网络。无线网络是指不用线缆，通过无线设备发出电磁波传输数据、相互连接的网络，如图 6.7 所示。手机的 4G 和 5G 网络、家庭 Wi-Fi 网络、校园 Wi-Fi 网络等都是典型的无线网络。

图 6.7　无线网络(家庭版)

无线网络最大的优点是移动性高、成本低、灵活性高、易安装等，最大的缺点则是带宽、信号稳定性和安全性不如有线网络。

无线网络的质量取决于信号源的强度以及周围是否有干扰、是否有遮挡物。越靠近信号发射源，网络质量就越好。

6.1.3　互联网技术发展

随着互联网技术的发展，地球村已经不再是一个遥不可及的梦想。当前，互联网正以独特的方式改变着人们的生活。可以说，世界因互联网而更多彩，生活因互联网而更丰富。下面介绍几个互联网的最新技术，它们在未来可能会影响到我们的生活。

1. 区块链技术

区块链技术（Block Chain）是相对"中心化"机制提出的。"中心化"机制下有一个中心机构，由它负责系统中一切资源的管理与分配，如我们使用的货币由中央人民银行统一设计、印刷和发行。"中心化"机制的优点是效率高、资源整合度高、秩序好，但缺陷也明显，"中心化"即意味着个体权利受到限制，个人隐私无法保障，容易造成不平等、不公平、不透明。区块链技术的目的就是"去中心化"，实现网络用户之间的直接互联。区块链的本质是"去中心化"场景下解决信任问题、降低信任成本的技术方案。

区块链技术如何保证交易的公平、公开和公正呢？其做法是记录已经发生的数据信息，并且使用数字签名技术保证其安全，然后将这份数据记录全网广播。所有收到消息的用户都把这个数据保存到本地，并用数字签名技术进行有效性验证，全网超过三分之二的节点同意即数据有效。即使有用户想篡改数据，他也不可能修改全网三分之二数量用户机器上的数据，这样就有效地解决了信任危机的问题。

比特币（Bitcoin）是区块链技术的首个成功应用。比特币是一位化名为中本聪（Satoshi Nakamoto）的人（或组织）于 2009 年初发明的，是一种基于区块链技术的"去中心化"的数字货币。与其他传统货币不同，比特币不依靠特定货币机构发行，而是依据特定算法，通过大量的计算才能产生。计算出的比特币在加密后会保存到网络上的众多节点中，因此无法随意篡改。任何人都可以挖掘、购买、出售或收取比特币，所有交易均匿名进行。

比特币由于总量有限（约 2100 万个），今后要计算出比特币将越来越难，其价值也水涨船高。计算比特币的过程通常称为"挖矿"，用于计算比特币的专用计算机也称为"矿机"。由于显卡更适合比特币的计算特性，一个"矿机"常常由多个显卡组成以增强算力，如图 6.8 所示。

2. 自动驾驶技术

自动驾驶技术是一种无须人工干预，能够动态感知周边环境，自动导航前进和处理各种突发状况的驾驶技术。自动驾驶

图 6.8　比特币多显卡"矿机"

技术融合了多种技术，如雷达、激光、超声波、GPS、计算机视觉等来动态感知车辆周边环境，通过中央控制系统来识别各类障碍物、行人、交通标识，合理规划车辆行进路线。由于深度学习和人工智能技术逐步成熟，自动驾驶已成为整个汽车产业最新的发展方向。自动驾驶的未来是与人工智能相结合，实现真正的全路况无人驾驶。

3. 大数据和云计算技术

大数据，顾名思义是指海量的数据及其处理。随着互联网的发展，人们在网络中的任何行为，如搜索、点击新闻视频、发送信息、购物等，都会在网络中留下记录，这样的数据每时每刻都在产生，对这些数据的存储、处理和分析带动了大数据技术的发展。如何存储海量数据，如何从这些海量数据中挖掘有用的信息，如何进行数据的相关性分析等，这就是大数据和数据挖掘的任务。

大数据涉及处理海量数据，需要大量的计算资源，而云计算技术可以为大数据处理提供充足的计算资源平台，是对大数据进行处理和分析的前提条件，也是技术上目前唯一可行的大数据处理方式，二者具有优势互补的关系。

4. 人工智能与互联网融合

人工智能（Artificial Intelligence，AI）是计算机科学的一个分支，其研究目的是了解智能的实质，并生产出一种新的能以与人类智能相似的方式做出反应的智能机器。该领域的研究包括机器人、语言识别、图像识别、自然语言处理和专家系统等。

6.2　计算机网络体系

不同的网络及设备之间差异极大，无法直接通信，如同不同国家的人一样，如果语言不通只能是鸡同鸭讲。计算机网络体系结构标准的制定使得两台计算机能够像两个知心朋友那样互相准确理解对方的意思并做出优雅的回应。通过一个标准化的网络体系结构，所有的网络设备使用同一个标准产生和读取网络数据，这就实现了不同计算机网络间的互通，形成了当今全球化的互联网。

6.2.1　网络层次结构

计算思维中约简、嵌入、转化等方法，将复杂的结构简化成多个小的、单一的问题，便于各种处理，计算机网络的体系结构设计也借鉴了这个思想，把复杂的计算机网络划分成多个层次，各层只关注自身的事务，通过上一层的服务和数据来完成自己的任务，同时提供接口给下一层使用。

1. 分层思想在生活中的应用

分层思想的应用十分广泛，无论是国家还是企业，都有高层领导、中层干部和基层员工等若干层次，其最重要的特点是每一层都是相对独立的。每一层的人或者物，要考虑的仅限于这一层的事务。本层与其他层的关系主要体现在标准化的数据或服务交互上。每一层的任务就是取出上一层提供的数据或服务，再进行本层的工作，然后产出数据或服务，交给下一层。

日常生活中也有很多分层思想的应用，如生产流水线、快递系统等。下面以快递系统的组织结构为例进行说明。

用户在网上购物时，通常的流程是选择心仪的商品、支付，然后等待商家把商品寄过来。商家和用户处在第一层，只需要关注本层的事情：购买商品、发送商品。虽然商家和用户的购物流程都会依赖下层的快递服务，但他们并不关心快递员如何收发件、分拣员如何根据地址分发包裹、商品如何运输等。

快递系统分层图如图 6.9 所示。

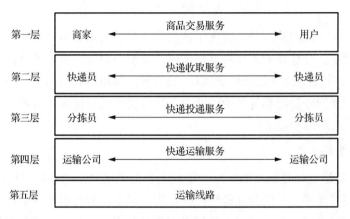

图 6.9　快递系统分层图

（1）商家到快递员：只需关心用户买了什么东西，交没交钱，以及给下一层的数据或服务（商品包裹）。

（2）快递员到分拣员：只需关心为包裹贴好收发货信息，并将快递快速送达分拣中心，以及给下一层的数据或服务（贴好收发货信息的包裹）。

（3）分拣员到运输公司：只需关心如何快速将包裹按收发货地址分拣，以及给下一层的数据或服务（按地址分拣好的包裹）。

（4）运输公司网点：只需关心如何选择经济、快速的线路将货物送达指定地址，以及给上一层的数据或服务（按地址分拣好的包裹）。

到达目的地后，目的地的分拣员和快递员再按相反的顺序传递包裹，最后将其送达到用户手中。

快递系统的业务交互流程图如图 6.10 所示。

虽然每一层的人都在关注包裹，但是考虑的层次完全不同。商家和用户关注的是包裹有没有正确发送和接收；快递员关注的是快递如何安全抵达快递点；分拣员关注的是包裹是否按地址正确地分拣投送；运输公司则关注的是大量包裹如何通过不同的运输线路快速运到目的地。

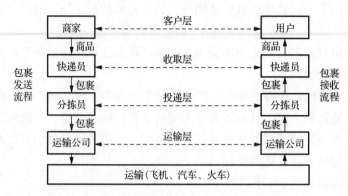

图 6.10　快递系统的业务交互流程图

这种分层运营,最大的好处是实现了各层的相对独立以及多样化服务。买家和卖家可以有很多,快递员、分拣员的工作标准而规范,运输公司也有很多选择,如邮政、四通一达(申通、圆通、中通、百世汇通和韵达)、顺丰等,运输方式也可以有很多,如飞机、汽车、火车等。这样的分层交易与原始的面对面交易相比效率提高了很多,商家只需要做好在线商店的运营管理就可以了。

2.　分层思想的优点

(1)独立:各层之间是独立的,每一层向上和向下通过层间接口提供服务,无须暴露内部实现。上层只需通过下层为其提供的接口来使用下层的数据或服务,不需要关心下层的具体实现。也就是说,每一层对其他层而言都是具有一定独立功能的黑箱。

(2)灵活性好:只要各层提供的服务和接口不变,其内部实现细节可以灵活多变。

(3)结构上可分割:整个系统结构上分层,每层都需要上一层提供的数据和服务,无法单独完成任务。

(4)易于实现和维护:把复杂的系统分解成若干个功能简单的子单元,实现和维护都比较简单。

(5)能促进标准化工作:每层工作单一、规范,方便制定标准化的流程,提高工作效率。

3.　网络分层结构

计算机网络体系结构也采用了分层思想,主要内容包括网络分层结构和每层的功能、服务与层间接口,以及层间协议。

为使全世界不同体系结构的计算机能够互联,国际化标准组织提出 OSI 作为国际化的网络体系结构标准,即所谓的七层协议体系结构。OSI 七层模型大而全,比较复杂,是一个理论模型,没有考虑实际应用中的各种问题,现实中应用最广泛的是从实际应用中发展出来的 TCP/IP 体系结构。换句话说,OSI 七层模型只是理论上的、官方制定的国际标准,而 TCP/IP 体系结构常常被称为事实上的国际标准。OSI 体系结构与 TCP/IP 体系结构的层次对应图如图 6.11 所示。

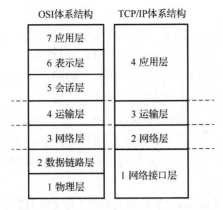

图 6.11　OSI 体系结构与 TCP/IP 体系结构的层次对应图

　　TCP/IP 体系结构是互联网通信的基本结构，主要包含了应用层、运输层、网络层和网络接口层。其中上面三层有具体描述，最下面一层没有规定具体内容，很多计算机网络书籍将最下面一层划分为数据链路层和物理层，与 OSI 七层模型的最后两层对应。基于 TCP/IP 体系结构的 TCP/IP 是一系列网络协议的统称，这些协议的目的是使计算机之间可以进行信息交换，它们涵盖了网络服务的各种功能。TCP/IP 的通信过程如图 6.12 所示。

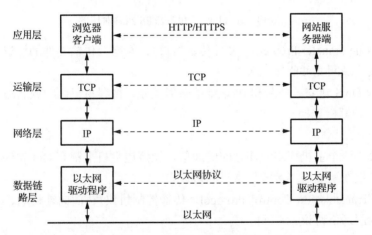

图 6.12　TCP/IP 的通信过程

TCP/IP 体系结构的分层及常见协议如图 6.13 所示。

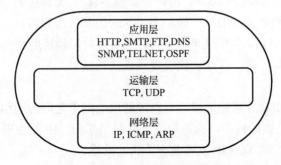

图 6.13　TCP/IP 体系结构的分层及常见协议

1) 应用层

应用层是 TCP/IP 体系结构的最上层，是离用户最近的一层，它直接为应用程序提供服务。应用层常见的协议有 HTTP、HTTPS、FTP 和 DNS。

（1）HTTP：HTTP 是互联网上应用最广泛的一种网络协议。所有的网页都必须遵守这个标准。HTTP 传输的内容都是未加密的，安全性较低。

（2）HTTPS（Hyper Text Transfer Protocol over Secure Socket Layer，基于 SSL 的安全超文本传输协议）：是以安全为目标的 HTTP，在 HTTP 的基础上对传输的数据进行加密和认证，对网站以及访问网站的用户都有很好的保护，可以有效避免窃听、篡改等网络攻击，保护网站系统和用户的数据安全。

网页浏览器（如 Edge、Chrome、360 浏览器等）上使用 HTTP 的网站会显示感叹号以及文字"不安全"，而使用 HTTPS 的网站则显示一把锁，表示我们和该网站所有交互的信息都是安全的，两种不同协议的网站对比图如图 6.14 所示。

图 6.14　HTTP 网站和 HTTPS 网站对比图

（3）FTP（File Transfer Protocol，文件传输协议）：网络上传输文件的协议，可以用它来实现局域网或广域网文件的传输服务。

（4）DNS：DNS 建立了域名和 IP 地址的映射关系，将容易记忆的域名与不容易记忆的 IP 地址进行自动解析转换。

2) 运输层

运输层负责两个主机应用程序之间的通信，如两边主机上都有 QQ 软件，这两个软件间的通信就发生在运输层。运输层常见的协议有：

（1）TCP（Transmission Control Protocol，传输控制协议）：面向连接的、可靠的、基于字节流的传输层通信协议。

TCP 提供一对一的可靠数据传输服务，通过 TCP 连接传送的数据无差错、不丢失、不重复，且按序到达。

（2）UDP（User Datagram Protocol，用户数据报协议）：无连接的传输层协议，提供一对一、一对多、多对一和多对多的简单的、不可靠的信息传送服务。

UDP 尽最大努力交付，不保证可靠交付，适用于对传输速度和实时性有较高要求的通信或广播通信，如屏幕广播、在线会议、视频点播等场景。

3) 网络层

网络层负责两台主机之间的通信，可以理解成是网卡之间的通信，主要运行的是 IP。IP 是整个 TCP/IP 协议族的核心，也是构成互联网的基础。IP 的出现是为了解决异构网络之间的互联互通问题，让 TCP/IP 能够兼容不同的网络。

6.2.2　网络硬件介绍

计算机网络是由各种网络硬件设备所构成的，它们外形各异、功能不一，共同组成了计算机网络的硬件系统。

1. 网络连接设备

1) 双绞线

双绞线俗称网线，是在综合布线工程中最常用的传输介质，由 8 根颜色各异的具有绝缘保护层的铜导线组成，如图 6.15 所示。

8 根铜导线每两根为一对，按一定密度互相绞在一起，每根导线在传输中辐射出来的电波会被另一根线上发出的电波抵消，能够有效降低信号干扰。双绞线不能直接连接网络设备，两端都需要按一定线序与 RJ-45 接头(俗称水晶头)组合成永久接头，再去连接其他设备。

2) 光纤

光纤是光导纤维的简写，是一种由玻璃或塑料制成的纤维，可作为光传导工具，其传输原理是"光的全反射"。由于光信号传输的单向性，光纤一般需要成对出现，一条用于发出信号，另一条用于接收信号。常见的光纤接头有三种：FC 型接头(圆头)、SC 型接头(方头)和 LC 型接头。几种不同接头类型的光纤如图 6.16 所示。

水晶头 →

图 6.15　双绞线

图 6.16　不同接头类型的光纤

香港中文大学前校长高锟和 George A. Hockham 首先提出光纤可以用于通信传输的设想，高锟因此获得 2009 年诺贝尔物理学奖。

3) 网卡

网卡是局域网中连接计算机和交换机的网络设备，能实现计算机与交换机之间的物理连接和数据互传功能。USB 无线网卡可以插在没有无线设备的计算机上，方便其通过 Wi-Fi 信号联网。两种天线类型的 USB 无线网卡如图 6.17 所示。

2. 网络分层硬件

1) 交换机

交换机是一种用于电(光)信号转发的

图 6.17　两种天线类型的 USB 无线网卡

网络设备,有多种规格和型号。常用的交换机有5口交换机和24口交换机,分别如图6.18(a)和图6.18(b)所示。

(a)5口交换机   (b)24口交换机

图6.18　常用的交换机

最常见的交换机是以太网交换机,通常由交换机构成局域网。

2) 路由器

路由器是连接两个或多个不同网络的硬件设备,是局域网和广域网之间的大门(网关),是整个互联网的核心,路由器通常工作在网络层。工作在主干网的核心路由器如图6.19所示。

6.2.3　网络故障诊断

互联网已经成为办公、娱乐的重要工具。联网过程中难免遇到各种问题,发生故障后需要快速定位问题并排除故障,维护网络的正常运行。以下列出常见的网络故障和可能的原因,以及相应的解决方案。

图6.19　主干网核心路由器

1. 浏览器无法联网

浏览器无法联网是一种常见的网络故障,该故障有多种原因,需要逐个排查。

1) 原因1:网址错误

检查浏览器地址栏输入的域名或 IP 地址是否正确,协议是否正确,任何一个字符输入错误都无法访问目标网站。注意 HTTPS 网站是不能通过 HTTP 访问的,反之亦然。

2) 原因2:无线网卡驱动未正确安装

计算机重新安装操作系统后,有时需要重新安装无线网卡驱动程序才能连接网络。驱动程序没有安装或驱动程序安装错误(型号不匹配)时都不能进行网络通信。

检查无线网卡驱动程序是否正确安装的方法:

方法1:任务栏检查法。

(1)查看任务栏右下角的网络图标,并单击 ⊕ 。

(2)如果出现的是图6.20(a)的情况,说明无线网卡驱动未正确安装。

(3)如果出现的是图6.20(b)的情况,说明网卡工作正常,能够找到周围的 Wi-Fi 信号,选择一个信号直接连接就可以了。

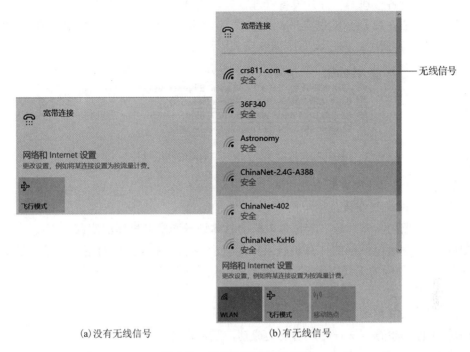

(a) 没有无线信号　　　　　　　　　　　(b) 有无线信号

图 6.20　无线信号查询示例图

方法 2：设备管理器检查法。

(1) 同时按 Win+X 键启动超级用户菜单，如图 6.21 所示。

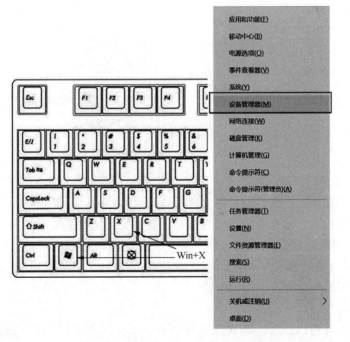

图 6.21　Win+X 键启动超级用户菜单

(2)选择"设备管理器"打开设备管理窗口，找到"网络适配器"。

(3)若有如图 6.22 所示的包含"Wireless"单词的网络设备，说明系统自动识别出了无线网卡，可以正常使用；如果没有则需要安装驱动程序。

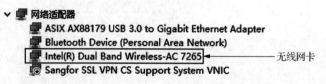

图 6.22　包含"Wireless"单词的网络设备

安装无线网卡驱动程序的方法：

方法 1：官网下载安装。

(1)查看机器的具体型号，笔记本电脑的具体型号通常在机器的底部。

(2)使用其他可以联网的计算机登录厂商售后网站，输入具体的型号、操作系统等信息，下载对应该型号的无线网卡驱动，也可以下载其他需要的驱动，如触摸板、指纹识别、摄像头、热键等。

(3)复制并安装驱动，然后重新启动操作系统。

(4)按上面的检查方法查看是否安装成功，能否找到无线信号。

方法 2：第三方工具安装。

(1)使用其他可以联网的计算机下载第三方驱动安装工具，如驱动精灵。

(2)复制并安装驱动精灵。

(3)使用有线网络联网，如果计算机没有网络接口可以使用 USB 外置网卡转接器，如图 6.23 所示。

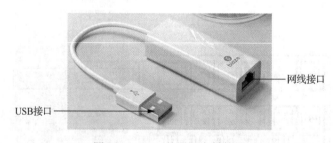

图 6.23　USB 外置网卡转接器

(4)启动驱动精灵，使用自动检测功能检查缺少哪些驱动，下载并安装这些驱动。

(5)按前面的检查方法查看是否安装成功，能否找到无线信号。

3)原因 3：网络信号中断

如果计算机身处局域网内，由于局域网中路由器默认会自动分配 IP 地址，因此通过查询 IP 地址就可以确定故障出现的位置。

检查的步骤是：

(1)打开命令行窗口。先使用 Win+R 键打开"运行"窗口，再输入 cmd 打开命令行窗口，如图 6.24 所示。

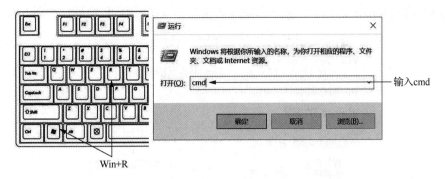

图 6.24　运行窗口中输入 cmd 命令

（2）输入 ipconfig（Windows 系统查询 IP 地址的命令）查询本机是否有 IP 地址。如果使用无线网络则查看无线网卡的 IP 地址；使用有线网络则查询有线网卡的 IP 地址。

查询结果如果如图 6.25 所示，则表明有 IPv4 地址，接着测试网络的连通性。

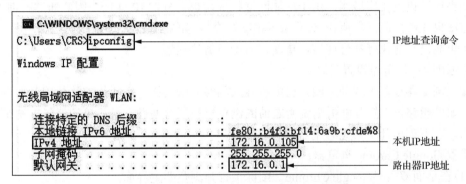

图 6.25　无线网卡 IP 地址查询结果（有地址）

测试计算机到无线路由器的网络连通性需要输入命令："ping 路由器的 IP 地址"（如 ping 172.16.0.1）。如果线路通畅，则返回的结果如图 6.26（a）所示。如果线路不通畅，则返回的结果如图 6.26（b）所示，说明计算机到网关（即路由器）的链路出现了问题。

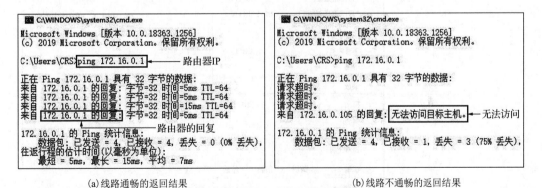

（a）线路通畅的返回结果　　　　　　　　　　（b）线路不通畅的返回结果

图 6.26　ping 命令测试结果

有线链路需要检查网线和计算机、路由器的接口是否出现问题，无线链路则要检查周围环境是否存在阻碍物、强电磁干扰或者是否湿度太高等。

IP 地址的查询结果若显示"媒体已断开连接"则说明没有 IP 地址，如图 6.27 所示。

图 6.27　IP 地址查询结果(无地址)

这种情况通常是由于路由器出故障了，无法给计算机分配 IP 地址。可以将路由器断电 1min 再重启一下，如果还不能解决问题可以换一个路由器测试。

如果计算机处在广域网，由于广域网连接成功也会分配 IP 地址，因此通过查询 IP 地址的方法也能够判断问题所在(使用 ipconfig 命令)。如果没有 IP 地址则说明网络断开了，原因有可能是没有执行拨号连接，重新拨号即可解决问题。

4)原因 4：浏览器设置问题

如果浏览器设置了代理上网，也可能导致网络无法连接。判断的方法是用其他浏览器测试，如果能够正常打开网页则说明之前的浏览器设置有问题。最简单的修复方法是重置浏览器。以下列出几个常见浏览器的重置步骤。

重置 Google Chrome 浏览器：

(1)在桌面双击"Google Chrome"图标，打开浏览器主界面。

(2)单击右侧三个点选项，然后单击"设置"选项，如图 6.28 所示。

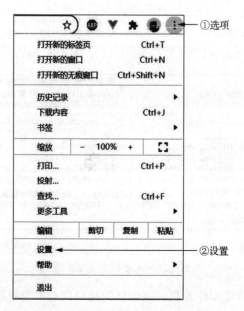

图 6.28　Google Chrome 选项及设置

(3)进入设置页面，在左侧菜单找到并单击"高级"选项。

(4)在左侧展开的列表中，单击"将设置还原为原始默认设置"选项。

(5)弹出"重置设置"确认对话框，单击"重置设置"按钮即可。

重置 IE 浏览器(以 IE11 为例)：

(1)在桌面双击"Internet Explorer"图标打开 IE 浏览器。

(2)单击右上角的"工具"按钮，选择"Internet 选项"→"高级"命令，如图 6.29 所示。

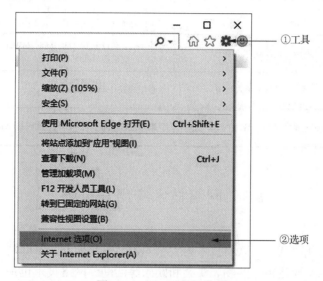

图 6.29 IE11 工具及选项

(3)单击"还原高级设置"按钮，然后再单击"重置"按钮。这时浏览器会出现重置选项，根据自己的需要选择即可。

(4)重启 IE 浏览器，进入 IE 浏览器后会出现浏览器的重新设置，根据要求设置即可。重启之后大部分问题都会解决了。

重置 360 安全浏览器：

(1)在桌面单击"360 安全浏览器"图标，打开浏览器的页面。

(2)单击右上角的"菜单"按钮，选择"帮助"→"修复浏览器"选项。

(3)在弹出页面的地方，单击"修复"标签页。

(4)单击出现在界面右下角的"重置浏览器"按钮，在弹出窗口单击"关闭并且继续使用"按钮。

(5)然后浏览器会自动关闭，等它修复好之后，重新启动浏览器即可。

2. 通过网络图标诊断网络

任务栏右下角通常会显示网络图标，以 Windows 10 为例，不同状态的网络图标的含义以及相应的解决办法如表 6.4 所示。

表 6.4 网络图标、含义及解决办法

网络图标	含义	解决方法
	有线网络正常	网络正常，无须处理
	无线网络正常	网络正常，无须处理
无图标	说明系统没有识别网卡	需要安装网卡驱动程序
	有无线网卡 有无线网络连接	单击图标选择一个无线信号连接 单击图标如果没有无线信号列表则需要重新安装网卡驱动
	有有线网卡，但没有 IP 地址	方法 1：手动设置 IP 地址(同时按 Win+X 键→网络连接) 方法 2：宽带拨号获取 IP 地址
	有有线网卡，有线网络未接通	检查网线或检查交换机接口
	说明有无线网卡，且 Wi-Fi 被禁用	到网络连接界面打开 Wi-Fi，同时按 Win+X 键→网络连接

6.3 网络技术应用与风险

我们身处信息化时代，互联网技术为大家的生活带来便利，家庭网络技术的应用让人们足不出户就可以实现逛街、购物、买菜和娱乐等活动。网络技术也是一把双刃刀，不法分子也在利用网络进行犯罪活动，如窃取敏感信息、网络盗窃、电信诈骗、非法入侵等。我们要合理地利用网络技术，发挥互联网技术的优势，规避网络安全风险。

6.3.1 家庭网络应用

无线网络是我们生活中所不可或缺的，"出门靠流量、在家靠 Wi-Fi"已经成为大部分人群的网络日常。

家庭网络中，除了使用有线连接的计算机外，还有很多无线终端(如智能电视、手机、摄像头、音箱、扫地机器人等)需要通过无线网络接入互联网，它们最容易遇到的问题就是无线网络的信号覆盖问题。无线信号在家庭环境中很容易受到家用电器的干扰、钢筋混凝土墙壁的阻挡和金属物体的阻碍。如何有效解决无线信号覆盖不足的问题是家庭网络技术的一大挑战。以下提供几个无线网络的架设方案。

1. 双频大功率无线路由器

无线路由器按接口连接速率分为百兆(100Mbit/s)和千兆(1000Mbit/s)路由器，信号频段有 2.4GHz 和 5GHz 信道两种。一般价格较低的无线路由器只有 2.4GHz 信道，Wi-Fi 信号较差，速率较低；价格较高的双频无线路由器则包含两种信道，受干扰少，网速稳定，支持更高的无线速率。

家用无线路由器最好购买支持 2.4GHz 和 5GHz 双信道和 Wi-Fi6 标准的大功率千兆无线路由器(WAN 口和 LAN 口都是千兆)。如果对网络稳定性、带宽有较高要求，还可以选择电竞路由器。电竞路由器的硬件更强大，散热性更好，一般都会采用高主频多核心 CPU、大容量内存，确保连接的稳定性。

2. 电力猫

电力猫即"电力线通信调制解调器"，是指利用电力线传输数据信号的一种通信方式。如果家庭面积较大，或者户型不规整，有可能大功率无线路由器的信号还是无法做到全部覆盖，这种情况下可以考虑使用电力猫技术。

电力猫通常是子母机的形式，一个主电力猫可以连接若干个子电子猫节点，它们之间通过家里已布设好的电线连接，实现数据信号的传递。所有电力猫都支持以有线或者无线的形式连接终端设备。

电力猫的优点是部署方便，主电力猫和所有子电力猫都只需要插在电源插座上就可以相互通信，实现家庭无线信号的全覆盖；缺点是家庭环境的其他电器设备有可能会引入噪声或者导致电力猫信号衰减严重，高频电子电器尤为严重，因此市面上的电力猫的实际传输速率基本上是低于标称速率的。

和电力猫类似的还有无线中继方案，无线中继依靠无线信号连接主路由器和子路由器，其优缺点也和电力猫类似，随着距离增加信号迅速衰减。

3. 无线 Mesh 网络

电力猫或传统无线中继这种子母路由的连接方式其实还是"路由器+扩展器"的模式。这种模式扩大了无线网络的覆盖范围，但是最大的缺点是实际网速有很大的衰减，导致连上子节点的手机 Wi-Fi 速度不尽如人意，甚至不如移动网络。

那么市面上有没有可以实现全面覆盖，同时网络又不会衰减的路由器产品呢？这就是无线 Mesh 路由器(也称为分布式路由器)。

无线 Mesh 网络即"无线网格网络"，是解决"网络传输最后一公里"问题的关键技术之一。无线 Mesh 网络与其他网络协同通信，是一个动态的可以不断扩展的网络架构。与传统子母路由单向连接不同，任意的两个无线 Mesh 设备均可以无线互联，自由组网，形成一个没有死角的无线网络。无线 Mesh 网络示例如图 6.30 所示。

无线 Mesh 路由器的子节点可以通过有线(网络或无线网络连回主节点)，有的还支持电力线连接回去，方法多样，使用灵活。无线 Mesh 路由器的缺点是价格较高，有专用无线连接通道的产品价格都上千元。无线 Mesh 常见的国际品牌有 NETGEAR(网件)、LINKSYS(领势)，国内品牌有小米、腾达、华为、TP-LINK 等。

总体来说，能用单个大功率无线路由器解决信号覆盖问题的，尽量用单个路由器；遇上单个无线路由器无法完全覆盖的户型，首选使用两个路由器的无线 Mesh 套装，尽量考虑有专用通信通道的产品，组网的路由器最好不要超过三个；面积大且户型比较复杂的，可以考虑支持有线回程的无线 Mesh 套装。

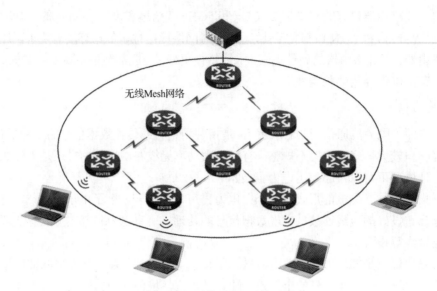

图 6.30　无线 Mesh 网络示例

6.3.2　网络风险无处不在

网络时代，人们在享受信息化带来便利的同时，个人信息也常常在不经意间落入他人之手，大量的网络安全事故表明网络空间并不太平，在网络中随时随地都有可能遇到安全风险。

1. 网络钓鱼

网络钓鱼是通过伪装成银行、电子商务等网站窃取用户账号密码等隐私的骗局。不法分子通过群发伪装成银行或知名网站、机构的欺骗性邮件、短信等，引诱受害者点击，从而获取受害者的个人隐私信息，再利用这些信息获得不正当经济利益。

2. 木马

木马是隐藏在正常程序中的一段具有特殊功能的恶意代码，是一种具备破坏文件、发送密码、记录键盘等特殊功能的后门程序，是黑客用于远程控制计算机的程序。木马通常会伪装成正常的应用程序、压缩文件、图片、视频等形式，通过网页、邮件等渠道引诱用户下载点击。一旦用户打开了此类文件，计算机就会被植入木马，黑客就可以在用户毫不知情的情况下对被控计算机实施监控、信息窃取等非法操作。木马通常隐藏较深，不易发现。

3. 伪基站

伪基站是一种利用移动通信系统(GSM)单向认证缺陷的非法无线电通信设备，能够搜取以其为中心、一定半径范围内的移动电话信息，并通过短信群发器、短信发信机等相关设备冒用公共服务号码向用户手机发送诈骗、推销等短信，诱骗用户点击。

4. 信息泄露

信息泄露事件也时有发生。2011 年，IT 社区 CSDN(Chinese Software Developer Network)网站用户信息、密码遭到泄露，导致 600 万名用户受到影响，如果用户的其他账户设置了相同账号与密码，极易发生盗用。同年，美国大数据公司 Exactis 由于服务器没有设置防火墙加密功能，因为 2TB 隐私信息泄露，涉及全球 2.3 亿人。

6.3.3　安全畅游网络空间

在畅游网络的同时，我们也要善于利用合适的工具和技术方法来保护自己的隐私数据和信息安全。

1. 善用工具保安全

联网的计算机随时面临恶意软件的威胁，因此，我们需要一些实用的安全工具来清理系统，保障数据安全。

1)主动防御工具

(1)进程清理工具 Process Explorer。Process Explorer 是一款页面简洁、功能强大、操作简单的专业任务管理器，可以监视或重启、终止任何程序，还能以进程树的方式显示应用程序及其附属子程序，让用户了解 Windows 系统到底运行了哪些应用程序，可以视为 Windows 任务管理器的加强版。Process Explorer 的主界面如图 6.31 所示。

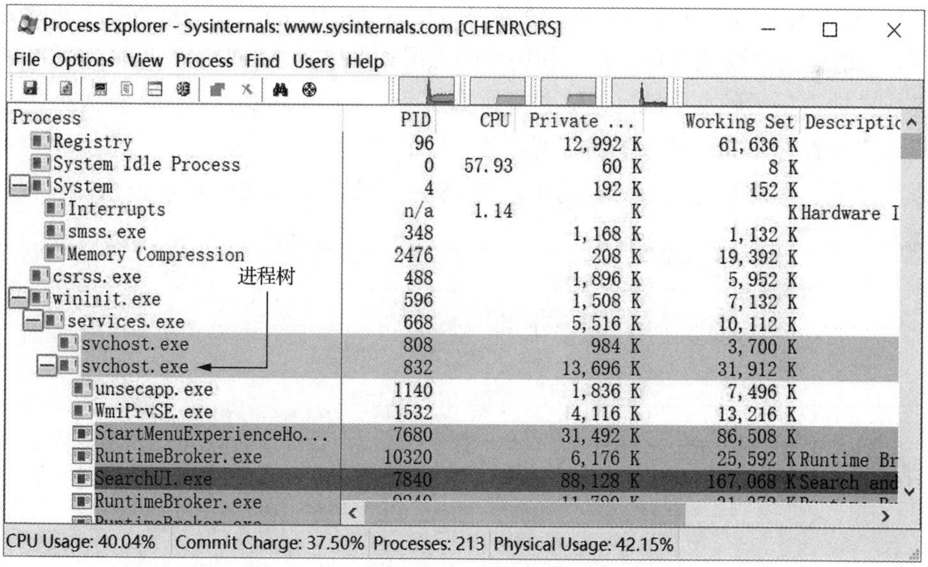

图 6.31　Process Explorer 主界面

(2)系统清理工具 CCleaner。CCleaner 是一款出色的文件清理工具，用于清除 Windows 系统中的各种垃圾文件。CCleaner 的主界面如图 6.32 所示。

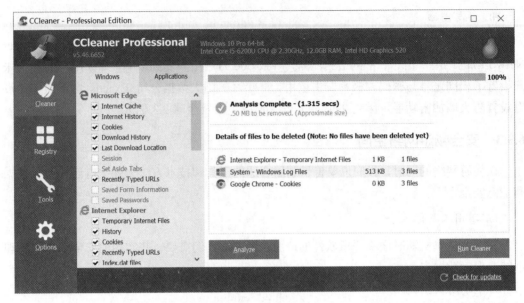

图 6.32　CCleaner 主界面

CCleaner 支持 IE、Edge、Google Chrome、Firefox 等主流浏览器的清理，可以迅速清除访问历史记录、Cookies、自动表单等记录；还可对注册表进行垃圾项扫描、清理，清除软件卸载后在注册表中的残余。

(3) 空间占用查询工具 TreeSize。使用 Windows 系统过程中，用户会发现硬盘空间越来越少，有时候还会变成红色警报。使用空间占用查询工具 TreeSize 可以查询到底是哪些文件夹或文件占据了硬盘空间，能够方便地看到每个文件夹占据的空间容量大小，占比多少。目录树的查看方式让操作更加方便高效。

以某台笔记本电脑的 E 盘分区为例，TreeSize 的查询结果如图 6.33 所示。

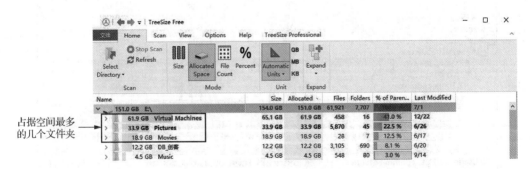

图 6.33　TreeSize 的查询结果

查询结果显示有 3 个文件夹占据了大量空间，分别达到 40.1%、22.5% 和 12.5%，若想为硬盘释放空间，我们需要删除或转移里面的数据到其他地方(如移动硬盘或 U 盘)。

（4）文件搜索工具 Everything。Everything 是一款免费的专业文件搜索软件，有极快的搜索速度，可以全盘查找任意文件。利用 Everything 大家可以快速找出需要查询或整理的文件，保证系统安全和整洁。Everything 搜索主界面和搜索示例如图 6.34 所示。

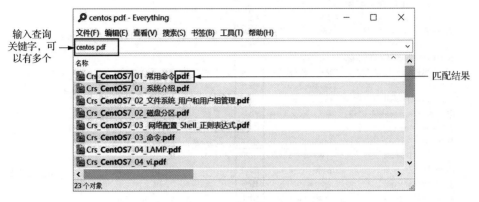

图 6.34　Everything 搜索主界面和搜索示例

2）被动防御工具

（1）防火墙和杀毒软件。Windows10 系统集成了微软的安全中心 Defender（防火墙和杀毒软件）。一般情况下，Defender 足够应对木马、病毒和一些恶意软件。只要开启了 Defender 中的安全防护，计算机遭到入侵的概率就比较小了。

（2）安全类软件。除了木马、病毒外，我们还要应付应用软件的自动启动、垃圾文件、强制安装、强制弹窗、强制推送广告等"流氓"行为，这些行为会严重影响计算机的性能。Defender 对这种问题无可奈何，而第三方安全软件则能很好地应对这些问题，如金山、腾讯、360 等公司的电脑管家软件，需要注意的是安装这类软件的时候不能再安装其推荐的防病毒软件，否则会和 Defender 冲突。

Windows 系统自带的防护工具和第三方安全工具配合起来使用，能够全方位地守护计算机的安全。

3）手动系统清理

Windows 系统使用时间长了，运行速度越来越慢，原因主要是有部分应用程序安装之后就会在后台自动开机运行，占据有限的内存和 CPU 资源。下面介绍几种清理后台自启动程序的方法。

（1）资源管理器里关闭自启动程序。在资源管理器中可以查看部分开机自启动的应用程序。在 Windows 状态栏上右击，在弹出菜单中选择"任务管理器"选项，打开后单击"启动"标签页就可以看到开机自启动的应用程序列表，如图 6.35 所示。

状态列中"已启用"说明程序会开机自动启动，"已禁用"说明程序不会自动启动。在应用程序上右击可以设置为开机时"启动"或开机时"禁用"。

资源管理器的开机启动项里，除了 Windows Defender 需要自动启动外，其他都可以设置为"禁用"。

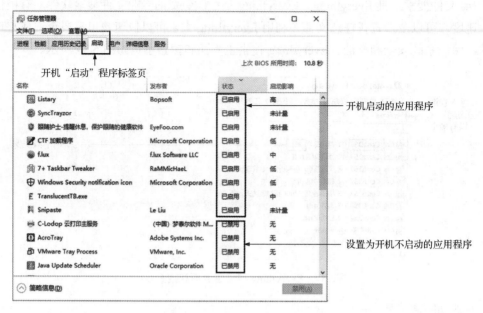

图 6.35　资源管理器里开机自启动的应用程序列表

(2)任务计划里关闭定时自启动程序。某些应用程序会在任务计划中开启定时自动运行(如设置为开机自启动或每隔多长时间运行一次),我们需要到任务计划中清理它们。

同时按 Win+X 键启动超级用户菜单,选择"计算机管理(本地)"→"任务计划程序"→"任务计划程序库"命令,右侧会显示所有的计划任务。

状态"禁用"表示程序不会自动运行,"准备就绪"表示程序会按触发器的设置定时自动运行。任务计划程序库的主界面如图 6.36 所示,由图可见,部分应用程序,如 Adobe、Google 和 Edge 都有定时更新的计划任务,可以根据需要开启或关闭它们。

图 6.36　任务计划程序库主界面

（3）系统服务里关闭自启动程序。Windows 系统中有很多应用程序会在后台自动开启服务，消耗系统资源，因此需要定时清理系统服务。

同时按 Win+X 键启动超级用户菜单，选择"计算机管理（本地）"→"服务和应用程序"→"服务"，右侧显示所有的系统服务列表，如图 6.37 所示。

图 6.37　系统服务列表

状态列显示"正在运行"说明该服务（应用程序）正在后台运行，服务的启动类型有三种："自动"表示会开机自启动；"手动（触发器启动）"表示需要用户自己启动；"禁用"表示该服务不能以任何形式启动。

需要设置为开机自启动的服务主要是系统自身的各种服务，包括网络服务（如 DNS、动态主机配置协议（DHCP）、WLAN 等）、安全服务（如 Security Center、Firewall 等）、硬件服务（如音频、显卡、蓝牙、电源、打印、指纹等）。其他的服务都可以设置为手动启动或者禁用，节约系统资源。

（4）卸载不需要的应用程序。安装软件时，有时候一不小心就会安装一堆"全家桶"软件。它们还会在后台运行，占用系统资源。如何进入系统软件管理功能卸载掉这些垃圾软件呢？

方法 1：右击"此电脑"，选择"属性"选项，单击左上角"控制面板主页"→"程序和功能"命令。

方法 2：按 Win+R 键打开运行，输入命令"control"进入"控制面板主页"→"程序和功能"命令。

进入"程序和功能"后，就可以卸载不用的软件了。卸载软件界面如图 6.38 所示。

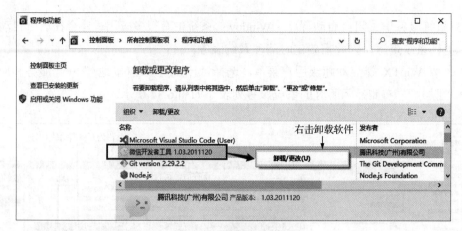

图 6.38　卸载软件界面

2. 安全防范小妙招

1）网银支付用流量

现在是移动互联网时代，计算机端能做的事情手机端基本都能完成。使用智能手机购物、支付、转账十分普遍，如何保障网银操作和在线支付的安全呢？如何防范恶意 Wi-Fi 带来的危害呢？一个有效的方法就是合理使用手机流量。

Wi-Fi 网络适用于安全性要求不高的事务，如新闻浏览、听音乐、刷视频等。手机的移动网络来源是运营商的 4G、5G 网络，是由运营商的基站来提供网络连接服务，可以保证网络的安全性。对于涉及金融的事务，如购物的支付环节，网银、微信或支付宝的查询与转账等，使用运营商的移动网络流量可以大大提高交易的安全性。

2）正规网站下载软件

在 Windows 系统里的下载软件和 macOS、Linux 不一样，后两者都有官方软件源，可以保证软件的安全性，Windows 的软件来源五花八门，稍不留神就容易下载到带木马的恶意软件或广告软件。因此，Windows 系统里下载软件需要擦亮眼睛，要到软件的官网或者知名的下载站点（如中关村在线、太平洋电脑网、华军软件园等）去下载，通过网络搜索的软件也要注意搜索结果的域名，如果是完全不熟悉的网站，最好不要在该站点下载软件。查询结果的域名位置示例如图 6.39 所示。

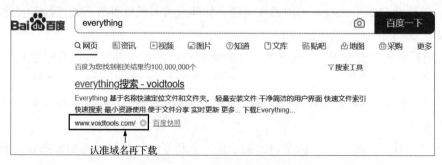

图 6.39　查询结果的域名位置示例

3）陌生邮件不点击

木马传播的最常用方法是邮件，因此对于陌生账号的邮件要特别留意，尤其不要打开邮件中携带的附件。对于可疑邮件，最好的处理办法是直接删除。如果是认识的人发来的，也要留意附件，不要随意打开后缀是 exe、vbs、js、bat、com 的文件。

4) 简单密码容易猜

简单的密码很容易被猜测或者穷举，不能有效阻挡不法分子的入侵，同时每一年都有不少网站因为各种漏洞导致大量用户的账号密码泄露。因此，我们设置密码时既要复杂也不能重复。以下列出几个密码的设置要点：

(1) 不要将生日、电话号码、身份证号码等容易猜测的信息作为重要网站的密码；

(2) 重要网站的密码至少 8 位，要同时包含字母、数字和特殊符号等；

(3) 不同重要站点的密码要各不相同，防止网站数据泄露带来的风险；

(4) 妥善保管密码，不要告诉他人。

如果所有网站都按上面的方法来设置密码，那么如何生成密码和记住密码又是一个大问题，有没有好的解决办法呢？当前很多浏览器支持密码生成和保管，我们可以利用浏览器来帮助解决这一难题。

接下来以微软的 Edge 浏览器为例说明操作流程，其他浏览器，如 Google Chrome、360 等的操作方法类似。

(1) 在微软的官网注册一个账号(hotmail 或 outlook 邮箱)方便记录密码和不同设备之间数据同步。

(2) 使用注册的账号登录浏览器。

(3) 当在某一网站注册新用户时，Edge 默认会自动识别密码框并弹出提示"推荐强密码"，单击后会显示 Edge 随机生成的一个包含多种符号类型的复杂密码。浏览器推荐的强密码如图 6.40 所示。用户可以直接使用这个随机密码继续注册，密码会自动保存到 Edge 中；如果没有推荐密码，我们也可以自行组装一个强安全性的密码，交由浏览器来保存。

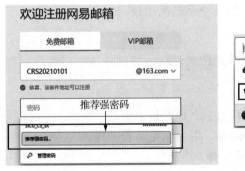

图 6.40　浏览器推荐的强密码

(4) 以后进入该网站时，Edge 会自动识别并填充用户名和密码，不需要用户每次输入。

利用微软的账号系统，Edge 保存的密码还可以自动同步到多台设备上，如台式机、笔记本电脑、手机、智能平板电脑等都可以通过 Edge 共享书签、历史记录、密码等数据，使用起来十分方便。

5) 安全软件保安全

Windows 10 系统已经集成了 Defender，因此，只需要将 Windows 安全中心的各种防护打开就可以防御常见的病毒、木马和恶意软件了。如果发现防火墙或杀毒软件被非法关闭就要留意机器是否已经被控制或中病毒，需要迅速断开网络，然后将机器带到厂商的售后点检测处理。

6) 重要数据勤备份

对于绝大多数人而言，计算机中的资料类文件(如各种文档、数字表格、照片、视频等)非常重要，一旦损坏或丢失，损失将会难以估量。因此，定期备份数据显得尤为重要。

备份数据最简单的方法是购买容量较大的移动硬盘，定期将计算机中的重要资料复制到移动硬盘中。

本 章 小 结

计算机网络和因特网的出现，使信息化、网络化的浪潮席卷全球。人类社会迅速进入了互联网时代，信息技术成为社会发展的基本动力，一切领域都被信息技术所覆盖。本章结合大量图片和文字，从多个角度介绍了计算网络的基本概念、发展历史、体系结构、网络技术应用和网络风险等内容。本章的教学目标是了解计算思维在计算机网络实现中的作用，理解计算机网络的基本知识，理解网络维护的简单方法和流程，掌握安全上网的工具和方法。本章的内容包括：

(1) 无处不在的网络：介绍网络的一些基本概念、网络的组成和分类，以及最新的互联网技术等。

(2) 计算机网络体系：介绍了计算机网络的层次结构、常见的网络硬件设备和常见网络故障的排查流程与解决方法。

(3) 网络技术应用与风险：介绍了家庭网络技术的应用、常见的网络安全风险，推荐了几个安全清理工具，最后提出了几条网络安全防范的建议。

习题与思考题

6-1　尝试查询一下自己所使用的计算机的 IP 地址是多少。

6-2　尝试分别用 IP 地址和域名访问网站，看看结果是否一样。

6-3　阐述几个生活中分层思想的应用实例。

6-4　尝试访问 HTTP 和 HTTPS 网站，观察地址栏显示的区别和浏览器提示的区别。

6-5　你认为文件下载用的是 TCP 还是 UDP？为什么？

6-6　你在上网过程中遇到过哪些故障？是怎么解决的？

6-7　你家里的无线网络是以怎样的方式覆盖的？效果怎么样？可以用哪种方式改进？

6-8　你在上网过程中遇到过网络风险吗？一般是怎么应对的？

6-9　你在注册不同网站时账号和密码是一样的吗？密码的复杂度如何？你是怎么记住这么多密码的呢？

第7章

充满智慧与挑战的计算思维应用技术

计算思维应用技术发展到现在，已经成为人类社会不可缺少的技术工具。人们的生活起居、工作学习、交友旅游、投资理财、购物和就医等都离不开计算思维应用技术。随着计算机软硬件技术的发展以及互联网和大数据的发展，出现了很多计算思维应用技术。让我们一起走进这些应用技术吧！

7.1 云 计 算

随着计算机技术和互联网技术的飞速发展，人类进入了前所未有的信息爆炸时代，摩尔定律也束手无策，无论是技术上还是经济上都没办法依靠硬件解决信息无限增长的趋势问题。Google 是世界上访问量最大的网站之一，2008 年，Google 每天处理的数据就已达平均 20PB，相当于 20000TB，传统的计算机技术根本满足不了其业务发展的需求。全世界这个规模的公司还有很多，面对如何低成本地、高效快速地解决无限增长的信息的存储和计算这一问题，从几十年前开始人们就迫切地需要一项新的技术来从事数据计算，因此，云计算便应运而生了。

云计算(Cloud Computing)概念起源于戴尔的数据中心解决方案、亚马逊 EC2(Elastic Compute Cloud)产品和 Google-IBM 分布式计算项目。2006 年 8 月 9 日，Google 首席执行官埃里克·施密特在搜索引擎大会上提出"云计算"的概念。

7.1.1 云计算概述

1. 我们身边的云计算

云计算通俗地讲是通过互联网提供的硬件和软件服务的统称，它的服务范围可以从远程服务器提供的云存储空间到云中的基础设施以及云中的计算机软件服务等。

实际上，云计算已经在不知不觉地影响着人们的生活，尤其是近几年一些典型的案例迅速出现在人们的生活中，甚至已经开始改变人们的生活。

1)阿里云

云计算助力天猫"双十一"，这个过程既磨炼了阿里巴巴的云计算技术，也让阿里巴巴的云计算平台阿里云成为全世界领先的云计算服务商。在"双十一"这样一个庞大的消费过程中，电商平台的服务器所承受的压力是平时的两倍还多，但近年来电商平台的服务器都没有崩溃。这说明各大电商的购物平台都提前做足了准备，升级了服务器配置，除此之外，云计算也是功不可没的，各大电商的云计算系统为整个销售过程提供了强有力的支持。一年一度忙碌的"双十一"，忙的不仅是商家，也不仅仅是消费者，更重要的还有服务器和云计算。作为企业网站，只有拥有功能强大的云计算平台才能顺应互联网产业的蓬勃发展。阿里云分担了12306网站流量压力，中国人口众多，乘火车一直是人们出行的一种主要方式。12306网站的推出极大地方便了人们居家或旅行中通过互联网或移动互联网购买火车票，人们可以不用去火车站排长队买火车票了。然而，由于技术原因，12306网站推出之初，遇到节假日、春运等出行高峰期，网站承受着巨大的压力，频频出现网站卡死甚至瘫痪的现象。从2015年起，春运火车票售卖量连年创下新高，而12306网站却并没有出现明显的卡滞，这得益于与阿里云的合作。12306网站和阿里云合作，把使用频次高、资源消耗高、转化率低的余票查询功能从系统自身的后台分离出来，在"云"上独立部署了一套余票查询系统，而将下订单、支付票款这种"小而轻"的核心业务仍然保留在12306网站自己的后台系统上，这样的设计思路为12306网站减轻了负担，保证了网站的正常运行。

2）百度网盘

百度网盘（原百度云）是百度推出的一项云存储服务，用户首次注册即有机会获得2TB的空间。百度网盘是一款优秀的云服务存储产品。百度网盘支持便捷地查看、上传、下载百度云端各类数据。通过百度网盘存入的文件，不会占用本地的存储空间。百度网盘上传、下载文件过程更稳定，也不会因为网络问题、浏览器问题中断，大文件传输更稳定。

3）有道云笔记

有道云笔记（原有道笔记）是网易旗下的有道推出的云笔记软件，有道云笔记拥有2GB容量的初始免费存储空间，能够实时增量式同步，支持多种附件格式。有道云笔记操作简单，用户下载安装后就可以打开进行使用，非常便捷。有道云笔记是以云存储技术帮助用户建立一个可以轻松访问、安全存储的云笔记空间，解决了个人资料和信息跨平台、跨地点的管理问题。

2. 云计算的概念

云计算具有很强的扩展性和需要性，可以为用户提供一种全新的体验，云计算的核心是可以将很多的计算机资源协调在一起，使用户通过网络就可以获取到无限的资源，同时获取的资源不受时间和空间的限制。

所谓"云"，只是网络和互联网上的一种比喻说法。在过去，往往用云来表示电信网，到后来也用云来表示互联网和底层基础设施的抽象。随着云计算的飞速发展，狭义的云计算是指IT基础设施的交付和使用模式，指用户通过网络以按需、易扩展的方式获得自己所需的资源；而广义的云计算是指服务的交付和使用模式，指通过网络以按需、易扩展的方式获得所需服务，这种服务可以是信息技术和软件平台、互联网应用服务，也可以是其他服务，这就意味着计算能力现在也可作为一种商品通过互联网进行流通。因此，云计算就是基于互联网的一种按使用量付费的模式，这种模式提供可用的、便捷的、按需的网络访问，其访问的通常是互联网的动态易扩展，并且是虚拟化的资源。

狭义上讲，"云"实质上就是一个网络，云计算就是一种提供资源的网络，使用者可以随时获取"云"上的资源，按需求量使用，并且可以看成是无限扩展的，只要按使用量付费就可以。"云"就像自来水厂一样，我们可以随时接水，并且不限量，按照自己家的用水量，付费给自来水厂就可以。

广义上说，云计算是与信息技术、软件、互联网相关的一种服务，这种计算资源共享池称为"云"，云计算把许多计算资源集合起来，通过软件实现自动化管理，只需要很少的人参与，就能让资源被快速提供。也就是说，计算能力作为一种商品，可以在互联网上流通，就像水、电、煤气一样，可以方便地取用，且价格较为低廉。

总之，云计算不是一种全新的网络技术，而是一种全新的网络应用概念，云计算的核心概念就是以互联网为中心，在网站上提供快速且安全的云计算服务与数据存储，让每一个使用互联网的人都可以使用网络上的庞大计算资源与数据中心。

3. 云计算的产生背景

互联网自 1960 年开始兴起，主要用于军方、大型企业等之间的纯文字电子邮件或新闻集群组服务，直到 1990 年才开始进入普通家庭，随着 Web 网站与电子商务的发展，网络已经成为目前人们离不开的生活必需品之一。云计算这个概念首次在 2006 年 8 月的搜索引擎大会上提出，成为互联网的第三次革命。

近几年来，云计算也正在成为信息技术产业发展的战略重点，全球的信息技术企业都在纷纷向云计算转型。对于规模比较大的企业来说，一台服务器的运算能力显然还是不够的，那就需要企业购置多台服务器，甚至演变成一个具有多台服务器的数据中心，而且服务器的数量会直接影响这个数据中心的业务处理能力。除了高额的初期建设成本之外，计算机的运营支出中花费在电费上的金钱要比投资成本高得多，再加上计算机和网络的维护支出，这些总的费用是中小型企业难以承担的，于是云计算的概念便应运而生了。

4. 云计算的发展历程

云计算从提出到今天，已开始从培育期走向普及期，越来越多的企业和政府部门等开始拥抱云计算。从以降低成本、提升体验、实现敏捷创新等为特征转向以企业上云为主要特征，这是云计算发展的一大飞跃。

追溯云计算的根源，它的产生和发展与之前所提及的并行计算、分布式计算等计算技术密切相关，它们都促进着云计算的成长。但云计算的历史，可以追溯到 1956 年，Christopher Strachey 发表了一篇有关虚拟化的论文，正式提出了虚拟化的概念。虚拟化是今天云计算基础架构的核心，是云计算发展的基础。而后网络技术的发展，逐渐孕育了云计算的萌芽。

云计算的发展历程可概括为三个阶段，如图 7.1 所示。

2006 年 8 月 9 日，Google 首席执行官埃里克·施密特在搜索引擎大会上首次提出"云计算"的概念。这是云计算发展史上第一次正式地提出这一概念，有着巨大的历史意义。

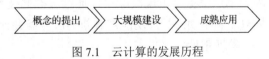

图 7.1　云计算的发展历程

2007 年以来，"云计算"成为计算机领域最令人关注的话题之一。因为云计算的提出，互联网技术和 IT 服务出现了新的模式，引发了一场变革。

2008 年，微软发布其公共云计算平台(Windows Azure Platform)，由此拉开了微软的云计算大幕。同样，云计算在国内也掀起一场风波，许多大型网络公司纷纷加入云计算的阵列。

2009 年 1 月，阿里软件(上海)有限公司在江苏南京建立了首个"电子商务云计算中心"。同年 11 月，中国移动云计算平台"大云"计划启动。到现在，云计算已经发展到较为成熟的阶段。

5. 云计算的特点

现阶段的应用系统多是按照传统的项目方式建设的，即每建设一套业务应用系统基本上都要购买一整套新的硬件设备和平台系统软件，由此带来了大量的硬件资源的浪费以及大量的空间占用、电力的浪费、运维成本的提高等。

云计算中的计算是通过分布在不同地理位置的大量的分布式计算机进行的，而非本地计算机或远程服务器中，企业数据中心的运行与互联网更相似。这使得企业能够将资源切换到需要的应用上，根据需求访问计算机和存储系统。云计算的应用就好比是从古老的单台发电机模式转向了电厂集中供电的模式一样，它意味着计算能力也可以作为一种商品进行流通。云计算突出的特点是通过互联网进行传输，一切都是虚拟化的。云计算的可贵之处在于高灵活性、可扩展性和高性价比等。与传统的网络应用模式相比，云计算具有以下特点。

1)超大规模

云计算具有相当大的规模，Google 云计算服务器 2010 年增加到了 100 万台，而据报道近期已经达到上千万台，Amazon、IBM、微软、Yahoo 等云平台均拥有几十万台服务器。企业私有云一般拥有成百上千台服务器，"云"能赋予用户前所未有的计算能力。

2)虚拟化

云计算支持用户在任意位置、使用各种终端获取应用服务。所请求的资源来自"云"，而不是固定的有形的实体。应用在"云"中某处运行，但实际上用户无须了解、也不用担心应用运行的具体位置，只需要一台笔记本电脑或者一个手机，就可以通过网络服务来实现需要的一切，甚至包括超级计算这样的任务。虚拟化突破了时间、空间的界限，是云计算最为显著的特点，虚拟化技术包括应用虚拟和资源虚拟两种。

3)高可靠性

云计算使用了数据多副本容错、计算节点同构可互换等措施来保障服务的高可靠性，使用云计算比使用本地计算机更可靠。即使服务器故障也不影响计算与应用的正常运行。因为单点服务器出现故障可以通过虚拟化技术将分布在不同物理服务器上面的应用进行恢复或利用动态扩展功能部署新的服务器进行计算。

4)通用性

云计算不针对特定的应用，在"云"的支撑下可以构造出千变万化的应用，同一个"云"可以同时支撑多个不同的应用运行。目前市场上大多数 IT 资源、软硬件都支持虚拟化，如存储网络、操作系统和开发软硬件等。虚拟化要素统一放在云系统资源虚拟池当中进行管理，可见云计算的兼容性非常强，不仅可以兼容低配置机器、不同厂商的硬件产品，还能够通过各种外设来获得更高性能的计算。

5)高可扩展性

云计算的规模可以动态伸缩，满足应用和用户规模增长的需要。云计算具有高效的运算能力，在原有服务器基础上增加云计算功能能够使计算速度迅速提高，最终实现动态扩展虚拟化的层次，达到对应用进行扩展的目的。

6)按需服务

云计算平台是一个庞大的资源池，可以按需购买，如同购买自来水、电和煤气那样计费。计算机包含了许多应用、程序软件等，不同的应用对应的数据资源库不同，所以用户运行不同的应用需要较强的计算能力对资源进行部署，而云计算平台能够根据用户的需求快速配备计算能力及资源。

7)价格低廉

由于云计算的特殊容错措施，可以采用极其廉价的节点来构成云，"云"的自动化集中式管理使大量企业无须负担日益高昂的数据中心管理成本，"云"的通用性使资源的利用率较之传统系统大幅提升，因此用户可以充分享受"云"的低成本优势，通常只要花费几百美元、几天时间就能完成以前需要数万美元、数月时间才能完成的任务。

8)潜在的危险性

云计算服务除了提供计算服务外，还必然提供了存储服务。但是云计算服务当前垄断在私人机构(企业)手中，而这些机构仅仅能够提供商业信用。政府机构、商业机构(特别像银行这样持有敏感数据的商业机构)在选择云计算服务时应保持足够的警惕。一旦商业用户大规模使用私人机构(企业)提供的云计算服务，无论其技术优势有多强，都不可避免地让这些私人机构(企业)拥有云服务使用企业的重要"数据(信息)"。

6. 云计算的分类

1)按服务模式分类

基于云计算的服务模式，云计算架构自底向上分为基础设施即服务(Infrastructure as a Service，IaaS)、平台即服务(Platform as a Service，PaaS)和软件即服务(Software as a Service，SaaS)三种，如图 7.2 所示。

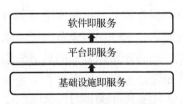

图 7.2 云计算的服务模式

(1)基础设施即服务。将硬件设备等基础资源封装成服务供用户使用。在 IaaS 环境中，用户相当于在使用裸机和磁盘。IaaS 的最大优势在于它允许用户动态申请或释放节点，按使用量计费。IaaS 位于云计算的底层，云服务提供商把 IT 系统的基础设施层作为服务出租出去，由消费者自己安装操作系统、中间件、数据库和应用程序等。

(2)平台即服务。提供用户应用程序的运行环境，用户应用程序不必过多考虑节点间的配合问题。但与此同时，用户的自主权降低，必须使用特定的编程环境并遵照特定的编程模型，只适用于解决某些特定的计算问题。PaaS 是云计算服务的第二层，云服务提供商把系统中软件研发的平台软件层作为服务出租出去，消费者自己开发或者安装程序，并运行程序。

(3)软件即服务。将某些特定应用软件功能封装成服务。SaaS 既不像 PaaS 一样提供计算或存储资源类型的服务，也不像 IaaS 一样提供运行用户自定义应用程序的环境，它只提供某些专门用途的服务供用户调用。SaaS 是云计算服务的第三层，云服务提供商把系统中的应用软件层作为服务出租出去，消费者不用自己安装应用软件，直接使用即可，降低了云服务消费者的技术门槛。

IaaS、PaaS 与 SaaS 有一个共同的特点，不管是基于设备、平台还是软件，都是提供服务。所以说云计算就是提供服务。

2)按部署模式分类

以云计算提供者与使用者的所属关系为划分标准，云计算又分为三类，即公有云、私有云和混合云，有时也称为云计算的 3 种部署模型。

(1)公有云。公有云也称外部云。由外部或者第三方提供商采用细粒度、自服务的方式在 Internet 上通过网络应用程序或者 Web 服务动态提供资源，而这些外部或者第三方提供商基于细粒度和效用计算方式分享资源和费用。公有云的云端资源开放给社会公众使用，是由若干企业和用户共享使用的云环境。

(2)私有云。私有云的云端资源只给一个单位组织内的用户使用，这是私有云的核心特征。而云端的所有权、日常管理和操作的主体到底属于谁并没有严格的规定，可能是本单位，也可能是第三方机构，还有可能是两者的联合。云端位于本单位内部，也可能托管在其他地方。

(3)混合云。顾名思义，混合云是公有云与私有云的混合。混合云中公有云与私有云各自独立，但用标准的或专有的技术将它们组合起来，而这些技术能实现云之间的数据和应用程序的平滑流转。用户可以在私有云的私密性与公有云的灵活性及价格高低之间进行权衡。由私有云和公有云构成的混合云是目前最流行的，当私有云资源短暂性需求过大时，自动租赁公有云资源来平抑私有云资源的需求峰值。例如，网站在节假日期间点击量巨大，这时就会临时使用公有云资源来应急。

公有云和私有云的显著差别在于对数据的掌控。采用公有云服务的企业必须将数据托管于云服务商的数据中心，企业对数据的掌控力度自然减弱，一旦数据中心因自然灾害、人为因素或法律规范等各方面因素而导致数据丢失，将对企业形成致命的伤害。

在公有云与私有云的选择上，安全是首要关心的问题，因为对于任何的业务来说安全无疑是最基本的要求。毕竟大数据时代，企业信息就是企业的生命。如果选择一个私有云解决方案，云的网络是架设在企业自己的数据中心的设备上，企业对于这些云中的所有要素都拥有完整的控制权。私有云的成本较高。相反，对于大企业和大公司来说，他们有自己的数据中心和网络设施，他们可以利用云计算技术实现云托管从而在提高设备利用率的同时减少了大量的资产浪费。

云计算之所以受到大众的关注，成为 IT 界耀眼的新星，其低成本与可扩展性是重要的因素，特别是对于那些业务快速扩张的企业来说，可扩展性是云计算吸引他们非常重要的一个原因。

7.1.2　云计算的关键技术

从技术层面上看，云计算与大数据是密不可分的，它们的关系就像是一枚硬币的正反面一样。大数据发展的必然就是无法用单台计算机来处理数据，必须采用分布式计算架构，它的特色在于对海量数据的挖掘；大数据必须依托云计算的分布式处理、分布式数据库、云存储和虚拟化技术等。

云计算的关键技术包括虚拟化、分布式并行计算、分布式存储、分布式数据管理与云计算平台管理技术等。例如，Hadoop 是一个由 Apache 软件基金会所开发的分布式系统基础架构，Hadoop 就是一个实现 Google 云计算系统的开源平台。要实现云计算的诸多功能，具体需要以下的关键技术支持。

1.　分布式编程模型

MapReduce 是 Google 开发的 Java、Python、C++编程模型，它是一种简化的分布式编程模型和高效的任务调度模型，用于大规模数据集(大于 1TB)的并行运算。

2.　海量数据分布存储技术

云计算系统由大量服务器组成，同时为大量用户服务，因此云计算系统采用分布式存储的方式存储数据，用冗余存储的方式保证数据的可靠性。云计算系统中广泛使用的数据云计算系统中广泛使用的数据存储系统是 Google 的谷歌文件系统(Google File System，GFS)和基于大数据框架的开源分布式文件系统(Hadoop Distributed File System，HDFS)。

3.　海量数据管理技术

云计算需要对分布的、海量的数据进行处理、分析，因此，数据管理技术必须能够高效地管理大量的数据。云计算系统中的数据管理技术主要是 Google 的 BT(BigTable)数据管理技术和 Hadoop 团队开发的开源数据管理模块 HBase。

4.　虚拟化技术

云计算通过虚拟化技术实现软件应用与底层硬件相隔离，它包括将单个资源划分成多个虚拟资源的裂分模式，也包括将多个资源整合成一个虚拟资源的聚合模式。虚拟化技术根据对象可分成存储虚拟化、计算虚拟化、网络虚拟化等，计算虚拟化又分为系统级虚拟化、应用级虚拟化和桌面虚拟化。

5.　云计算平台管理技术

云计算资源规模庞大，服务器数量众多并分布在不同的地点，同时运行着数百种应用，如何有效地管理这些服务器，保证整个系统提供不间断的服务是巨大的挑战。云计算系统的平台管理技术使大量的服务器协同工作，方便进行业务部署和开通，快速发现和恢复系统故障，通过自动化与智能化的手段实现大规模系统的可靠运营。

7.1.3　云计算的典型应用与面临的挑战

1.　云计算的典型应用

较为简单的云计算技术已经普遍应用于现如今的互联网服务中，最为常见的就是网络搜索引擎和网络邮箱。大家最为熟悉的搜索引擎莫过于百度了，需要时，只要通过终端就可以在搜索引擎上搜索任何自己想要的资源。云计算技术已经融入现今的社会生活，下面列举其几个方面的典型应用。

1）存储云

存储云，又称云存储，是在云计算技术上发展起来的一个新的存储技术。云存储是一个以数据存储和管理为核心的云计算系统。用户可以将本地的资源上传至云端上，可以在任何地方连入互联网来获取云上的资源。大家所熟知的谷歌、微软等大型网络公司均有云存储的服务，在国内，百度云和微云则是市场占有量较大的存储云。存储云向用户提供了存储容器服务、备份服务、归档服务和记录管理服务等，大大方便了使用者对资源的管理。

2）医疗云

医疗云，是指在云计算、移动技术、多媒体、4G 通信、大数据以及物联网等新技术基础上，结合医疗技术，使用"云计算"来创建医疗健康服务云平台，实现了医疗资源的共享和医疗范围的扩大。

3）金融云

金融云，是指利用云计算的模型，将信息、金融和服务等功能分散到庞大的分支机构构成的互联网"云"中，旨在为银行、保险和基金等金融机构提供互联网处理与运行服务，同时共享互联网资源，达到高效、低成本的目标。

4）教育云

教育云，实质上是指教育信息化的一种发展。具体地，教育云可以将所需要的任何教育硬件资源虚拟化，然后将其传入互联网中，以向教育机构和学生老师提供一个方便快捷的平台。现在流行的慕课就是教育云的一种应用。

2．云计算面临的挑战

云计算所面临的挑战包括数据隐私问题、数据安全性、网络传输问题、缺乏统一的技术标准与能耗问题等。下面将从云计算中的不安全因素、云计算存在的问题与云计算需要完善的措施等三个方面描述云计算所面临的挑战。

1）云计算中的不安全因素

（1）隐私窃取。随着时代的发展，人们运用网络进行交易或购物，网上交易在云计算的虚拟环境下进行，交易双方会在网络平台上进行信息之间的沟通与交流。而网络交易存在着很大的安全隐患，不法分子可以通过云计算对网络用户的信息进行窃取，还可以在用户与商家进行网络交易时，窃取用户和商家的信息。

（2）资源冒用。云计算的环境有着虚拟的特性，用户通过云计算进行网络交易时，需要保障双方网络信息都安全，由于云计算中存储的信息很多，环境也比较复杂，云计算中的数据会出现滥用的现象，影响用户的信息安全。

（3）黑客攻击。黑客攻击指的是利用一些非法的手段进入云计算系统，给云计算的网络安全带来一定破坏的行为。

(4)病毒。在云计算中，大量的用户通过云计算将数据存储到云存储中，这样就会有人将病毒传播到云上。

2)云计算存在的问题

(1)访问的权限问题。用户可以在云计算服务提供商处上传自己的数据资料，与传统的利用自己的计算机或硬盘的存储方式不同，用户需要建立账号和密码完成虚拟信息的存储和获取。这种方式虽然为用户的信息资源获取和存储提供了方便，但用户失去了对数据资源的控制，而服务商则可能存在对资源的越权访问现象，从而造成信息资料的安全难以保障。

(2)信息保密性问题。信息保密性是云计算技术的首要问题，也是当前云计算技术的主要问题。比如，用户的资源被一些企业进行资源共享。网络环境的特殊性使得人们可以自由地浏览相关信息资源，信息资源泄露是难以避免的，如果技术保密性不足就可能严重影响到信息资源的所有者。

(3)数据完整性问题。在云计算技术的使用中，用户的数据被分散地存储在云计算数据中心的不同位置，而不是某个单一的系统中，如何保证数据的完整性是一大问题。

(4)法律法规不完善。云计算技术相关的法律法规不完善也是主要的问题。目前来看，法律法规尚不完善，云计算技术作用仍然受到制约。就当前云计算技术在计算机网络中的应用来看，其缺乏完善的安全性标准，也缺乏完善的服务等级协议管理标准，没有明确的责任人承担安全问题的法律责任。

3)云计算需要完善的措施

(1)合理设置访问权限，保障用户信息安全。当前，云计算服务由供应商提供，为保障信息安全，供应商应针对用户端的需求情况，设置相应的访问权限，进而保障信息资源的安全分享。在开放式的互联网环境之下，一方面，供应商要做好访问权限的设置工作，强化资源的合理分享及应用；另一方面，要做好加密工作，从供应商到用户都应强化信息安全防护，注意网络安全构建，有效保障用户安全。因此，云计算技术的发展，应强化安全技术体系的构建，在访问权限的合理设置中，提高信息防护水平。

(2)强化数据信息完整性，推进存储技术发展。存储技术是计算机云计算技术的核心，如何强化数据信息的完整性，是云计算技术发展的重要方面。首先，云计算资源以离散的方式分布于云系统之中，要强化对云系统中数据资源的安全保护，并确保数据的完整性，这有助于提高信息资源的应用价值；其次，加快存储技术发展，特别是大数据时代，云计算技术的发展，应注重存储技术的创新构建。

(3)建立健全法律法规，提高用户安全意识。建立完善的法律法规，是为了更好地规范市场发展，强化对供应商、用户等行为的规范及管理，为计算机网络云计算技术的发展提供良好条件。此外，用户端要提高安全防护意识，能够在信息资源的获取中，遵守法律法规、规范操作，避免信息安全问题造成严重的经济损失。因此，新时期计算机网络云计算技术的发展，要从实际出发，通过法律法规的不断完善，为云计算技术发展提供良好环境。

7.2 人工智能

人工智能是一个庞杂的学科体系,从概念上讲,一切为复制生物智能而做出的努力都可纳入其中。本节介绍人工智能的基本概念、实现人工智能的关键技术、人工智能的应用领域等知识,使读者建立起对人工智能的总体认识以及清楚人工智能时代我们应该怎么办。

7.2.1 我们身边的人工智能

人工智能是计算机科学的一个分支,它希望生产出一种能与人类智能相似的机器人,它具有像人一样的自主学习、判断推理、独立思考、统筹规划等行为方式,这种机器人透过"智能"的实质,对人的意识、思维进行模拟。我们现在每天的生活都跟它息息相关,如智能手机上的语音助手、扫地机器人、智能化搜索、脸部识别、指纹识别、视网膜识别等都属于人工智能领域的应用。

1. 个人助手

智能手机已经成了人手一个的必需品,Siri、百度小度、小米小爱等,相信多数人都使用过,其实智能手机已经被人工智能技术所包围。手机助手是智能手机的同步管理工具,拥有海量资源一键安装、应用程序方便管理等功能,可以给用户提供海量的游戏、软件、音乐、小说、视频、图片。用户通过手机助手可以轻松下载、安装、管理手机资源。

2. 谷歌搜索、百度搜索

谷歌搜索是谷歌公司的主要产品,拥有网站、图像、新闻组和目录服务四个功能模块,提供常规搜索和高级搜索两种功能。谷歌搜索引擎以它简单、干净的页面设计和最有关的搜索结果赢得了因特网使用者的认同。谷歌正在围绕一个巨大平台打造人工智能引擎,而不再仅仅是一家搜索公司。

百度搜索是一款有 7 亿位用户在使用的手机"搜索+资讯"客户端,"有事搜一搜,没事看一看",依托百度网页、百度图片、百度新闻、百度知道、百度百科、百度地图、百度音乐、百度视频等专业垂直搜索频道,方便用户随时随地使用百度搜索服务,支持文字、图像、语音多种模式的智能搜索。

人工智能技术让搜索引擎变得更聪明了。利用人工智能技术在语音识别、自然语言理解、知识图谱、个性化推荐、网页排序等领域的长足进步,谷歌、百度等主流搜索引擎正从单纯的网页搜索和网页导航工具,转变成综合大型的知识引擎。

3. 无人驾驶汽车

无人驾驶汽车是智能汽车的一种,也称为轮式移动机器人,主要通过车载传感系统感知道路环境,并根据感知所获得的道路、车辆位置和障碍物信息,控制车辆的转向和速度,依靠车内的以计算机系统为主的智能驾驶仪来实现无人驾驶的目的。从 20 世纪 70 年代开始，美国、英国、德国、中国等国家开始进行无人驾驶汽车的研究，在可行性和实用化方面都取得了突破性的进展。

2014 年下半年，特斯拉就开始在销售电动汽车的同时，向车主提供可选配的名为 Autopilot 的辅助驾驶软件。严格来说，特斯拉的 Autopilot 所提供的还只是"半自动"的辅助驾驶功能，车辆在路面行驶时，仍需要驾驶员对潜在危险保持警觉并随时准备接管汽车操控。

4. 在线翻译助手

一般是指在线翻译工具，如百度翻译、阿里翻译或 Google 翻译等。这类翻译工具的作用是利用计算机程序将一种自然语言(源语言)转换为另一种自然语言(目标语言)，除具备中英、英中翻译功能外，还具有多国家语言的翻译功能。

5. 机器人

机器人(robot)是自动执行工作的机器装置，诞生于科幻小说。它既可以接受人类指挥，又可以运行预先编排的程序，也可以根据以人工智能技术制定的程序行动，它的任务是协助或取代人类的工作，如生产业、建筑业或危险的工作。

2017 年 8 月 8 日 21 时 19 分，四川阿坝藏族羌族自治州九寨沟县发生了 7.0 级地震，曾经五彩瑰丽的九寨沟景区被这场灾难打翻了"颜料盒"，原本斑斓的色彩仿佛混在一起，变得一片灰暗、浑浊和狼藉。地震发生后的第 25s 机器人记者就将 540 个字配 4 张图片的新闻发在网络上。该新闻之所以能够在如此快的时间里发出，完全要归功于可以不眠不休工作的人工智能新闻撰写程序。地震发生的瞬间，计算机就从中国地震台网的数据接口中获得了有关地震的所有数据，然后飞速生成报道全文。25s 能做什么？当人类记者还处在惊愕中时，机器人已经迅速完成了数据挖掘、数据分析、自动写稿的全过程。人工智能的发展，推动新闻业直接从手工业阶段跨越到流水线大工业时代，从内容生产、渠道分发到用户信息反馈，传媒业正在经历有史以来最为震撼的大变革。

6. 家庭管家

真正容易打动家庭用户的是功能相对简单，智能功能只面向一些有限而实用的场景。也就是说，大多数用户会更喜欢一个有一定沟通能力、比较可爱甚至很"萌"的小家电，而不是一个处处有缺陷的全功能人形机器人，教育机器人也类似。

阿尔法蛋儿童教育陪护机器人是科大讯飞旗下产品。作为人工智能翘楚的科大讯飞公司，在智能语音领域深耕多年，其阿尔法蛋是"说教"结合的智能机器人，使得儿童早教进入人工智能时代，将人工智能带入千家万户。在父母工作繁忙之际，可爱的阿尔法蛋作为儿童玩伴，陪小朋友聊天、唱歌、讲故事，语音识别率达到 94%。

7. 电商零售

对于风雨飘摇中的传统零售业而言，人工智能会超乎想象地加速行业的重新洗牌。

8. 机器视觉

机器视觉是人工智能正在快速发展的一个分支，就是用机器代替人眼来做测量和判断。人脸识别，几乎是目前应用最广泛的一种机器视觉技术，是人工智能大家庭中的重要分支。就拿厦门瑞为信息技术有限公司的"瑞为信息"系统来说，他们在零售业务上主要有两种"人脸识别"产品：一种可以安装在超市、商场、门店等入口，统计每天进入门店的人数、大致年龄和性别等；另一种可以安装在货架上，分析客户的关注点和消费习惯等。这样就能实时识别 VIP 客户，并推送至店员手机，VIP 客户历史入店信息及购买记录一目了然。另外，也能通过大数据分析挖掘回头客，提升客户提袋率和 VIP 客户转化率。

7.2.2　人工智能的概念

人工智能是近年来引起人们很大兴趣的一个领域，它的研究目标是用机器，通常为电子仪器、计算机等，尽可能地模拟人的精神活动，并且争取在这些方面最终改善并超出人的能力。人工智能并不是无所不能！离人类大脑还很遥远！目前还主要停留在程序控制阶段。人工智能的"深度学习"会使用算法生成自己的概率规则，凭此在大量信息中进行筛选。

1. 人工智能的定义

人工智能亦称智械、机器智能，指由人制造出来的机器所表现出来的智能。通常，人工智能是指通过普通计算机程序来呈现人类智能的技术。人工智能也指研究这样的智能系统是否能够实现，以及如何实现。人工智能要区分初期、中后期人工智能。人工智能是通过软件或硬件完成人脑的部分功能。人工智能强调"机器学习"与"深度学习"。

人工智能是计算机科学的一个分支，是一个融合计算机科学、统计学、脑神经学和社会科学的前沿综合学科，它可以代替人类实现识别、认知、分析和决策等多种功能，它企图了解智能的实质，并生产出一种新的能以与人类智能相似的方式做出反应的智能机器。人工智能不是人的智能，但能像人那样思考，也可能超过人的智能。历史上，人工智能的定义历经多次转变，具体使用哪一种定义，通常取决于讨论问题的语境和关注的焦点。这里，简要列举几种历史上有影响的人工智能的定义。

定义 7.1　人工智能就是让人觉得不可思议的计算机程序。该定义揭示的是大众看待人工智能的视角，直观易懂，但主观性太强，不利于科学讨论。

定义 7.2　人工智能就是与人类思考方式相似的计算机程序。从心理学和生物学出发，科学家试图弄清楚人的大脑到底是怎么工作的，并希望按照大脑的工作原理构建计算机程序，实现"真正"的人工智能。

定义 7.3　人工智能就是与人类行为相似的计算机程序。这是计算机科学界的主流观点，也是一种从实用主义出发，简洁、明了的定义，但缺乏周密的逻辑。

定义 7.4　人工智能就是会学习的计算机程序。该定义反映的是机器学习特别是深度学习流行后，人工智能世界的技术趋势，虽失之狭隘，但最有时代精神。

定义 7.5　人工智能就是根据对环境的感知，做出合理的行动，并获得最大收益的计算机程序。这是学术界的教科书式定义，全面均衡，偏重实证。

2. 人工智能的基本工作方式

传统软件是"if-then"的基本逻辑，人类通过自己的经验总结出一些有效的规则，然后让计算机自动地运行这些规则。传统软件永远不可能超越人类的知识边界，因为所有规则都是人类制定的。简单地说：传统软件是"基于规则"的，需要人为地设定条件，并且告诉计算机符合这个条件后该做什么。

人工智能的支撑是大数据，其基本工作方式是从数据中归纳知识，并应用归纳的知识去解决实际问题，如图 7.3 所示。

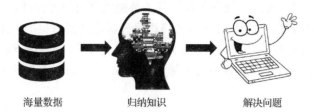

海量数据　　　　归纳知识　　　　解决问题

图 7.3　人工智能的基本工作方式

深度学习的技术原理跟传统软件的逻辑完全不同，机器从特定的大量数据中总结规律，归纳出某些特定的知识，然后将这种知识应用到现实场景中去解决实际问题。更具体地说，人工智能的本质是一种工具，它就如我们生活中使用的锤子、汽车、计算机一样，通过这种工具进行数据挖掘并解决问题，如图 7.4 所示。

提升力量　　　加快速度　　　提高生产力　　更大范围地提高生产力

图 7.4　人工智能的本质是一种工具

7.2.3　图灵测试与人工智能

1. 图灵测试

1950 年被称为"计算机之父"的图灵发表了划时代的论文《计算机器与智能》，首次提出了一个举世瞩目的对人工智能的评价准则——这就是历史中大名鼎鼎的图灵测试。

按照图灵的设想：在测试者与被测试者隔开（分别在隔离的房间）的情况下（被测试者分别是一个人和一台机器），由测试者通过一些装置（如打字机等）向被测试者随意提问。经过 5min 的交流后，如果有超过 30%的测试者不能区分出哪个是人的回答、哪个是机器的回答，那么这台机器就通过了测试，并被认为具有人类水准的智能。图灵测试没有规定问题的范围和提问的标准。如果机器能给出类似于人类的答案，而且在 5min 交谈时间内，人类没有识破对方，那么这台机器就算通过了图灵测试。

图灵测试的示意图如图 7.5 所示。

图灵认为，如果机器在某些现实条件

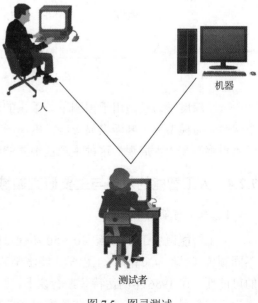

机器

人

测试者

图 7.5　图灵测试

下，能够非常好地模仿人回答问题，以至测试者在相当长的时间里误认它不是机器，那么就可以认为机器是能够思维的。

而就在这一年，图灵还大胆预言了真正具备智能的机器的可行性。图灵的论文标志着计算机人工智能问题研究的开始；计算机的终极目标就是达到机器的人工智能。图灵预言，到 2000 年将会出现足够好的计算机，在长达 5min 的交谈中，人类裁判在图灵测试中对被测试者是人或是机器的判断的准确率会下降到 70%或更低（或机器欺骗成功率达到 30%及以上）。

2. 图灵测试示例

（1）1997 年，IBM 公司的"深蓝"超级计算机战胜了国际象棋世界冠军卡斯帕罗夫。"深蓝"超级计算机采用了最笨、最简单的办法：搜索再搜索，计算再计算。计算机试图用一种勤能补拙的方式与人类抗衡。

（2）2014 年，俄罗斯弗拉基米尔·维西罗夫设计的人工智能程序"尤金·古斯特曼"通过了图灵测试。这个程序欺骗了 33%的测试者，让其误以为屏幕另一端是一位 13 岁的乌克兰男孩。

（3）2016 年，AlphaGo 与世界围棋冠军李世石进行人机大战，并以 4∶1 的总分获胜。AlphaGo 采用了两种核心技术：蒙特卡罗树搜索和深度学习技术。

蒙特卡罗树搜索分为选择、展开、模拟和反向传播四个步骤，如图 7.6 所示。

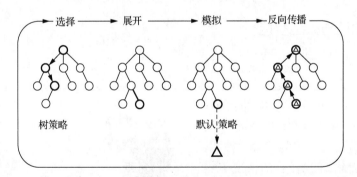

图 7.6　蒙特卡罗树搜索的步骤

一个深度学习模型用于预测下一手棋的最佳走法，预测结果降低了搜索的宽度；另一个深度学习模型用于判断棋局形势，棋局形势判断减小了搜索深度。深度学习技术学习到了"棋感"和"大局观"这种主观性很强的经验。

7.2.4　人工智能的发展与主要研究领域

1. 人工智能的诞生

人工智能诞生于 20 世纪 40～50 年代（1943～1956 年）。在 20 世纪 40～50 年代，来自不同领域（数学、心理学、工程学、经济学和政治学）的一批科学家开始探讨制造人工大脑的可能性。在 1956 年的达特茅斯会议上，"人工智能"的概念被首次提出，人工智能被确立为一门学科。1956 年 8 月，在美国汉诺斯小镇宁静的达特茅斯学院，约翰·麦卡锡（John

McCarthy，Lisp 语言发明者、图灵奖得主)、马文•明斯基(Marvin Minsky，人工智能与认知学专家)、克劳德•香农(Claude Shannon，信息论的创始人)、艾伦•纽厄尔(Allen Newell，计算机科学家)、赫伯特•西蒙(Herbert Simon，诺贝尔经济学奖得主)等聚在一起进行了一场头脑风暴讨论会。这几位年轻的学者讨论的是当时计算机尚未解决甚至尚未开展研究的问题：用机器来模仿人类学习以及其他方面的智能。会议将他们讨论的内容定义为人工智能、自然语言处理和神经网络等。

2．人工智能的发展

人工智能诞生后，经历了黄金年代、第一次低谷、繁荣、第二次低谷、平稳发展、快速发展阶段，每个发展阶段及特征如表 7.1 所示。

表 7.1　人工智能的发展阶段及特征

阶段	黄金年代	第一次低谷	繁荣	第二次低谷	平稳发展	快速发展
时间	1956～1974 年	1974～1980 年	1980～1987 年	1987～1993 年	1993～2011 年	2011 年至今
特征	图灵测试 工业机器人 聊天机器人	早期 AI 不具备真正的机器学习，仅据固定指令解决问题	专家系统是一种知识处理程序	专家系统应用有限	IBM 深蓝计算机战胜国际象棋世界冠军卡斯帕罗夫，深度学习，神经网络，图像识别	深度学习，大数据，AI 快速发展，AI 正在改变我们的生活

1）黄金年代：1956～1974 年

1959 年，第一台工业机器人诞生；1964 年首台聊天机器人诞生。

2）第一次低谷：1974～1980 年

20 世纪 70 年代，AI 开始遭遇批评。早期的人工智能大多是通过固定指令来解决特定的问题，并不具备真正的学习和思考能力，问题一旦变复杂，人工智能程序就不堪重负，变得不智能了。

3）繁荣：1980～1987 年

20 世纪 80 年代，一类名为"专家系统"的 AI 程序开始为全世界的公司所采纳，而"知识处理"成为主流 AI 研究的焦点。专家系统是一种程序，能够依据一组从专门知识中推演出的逻辑规则在某一特定领域回答或解决问题。

4）第二次低谷：1987～1993 年

随着专家系统的应用领域越来越广，问题也逐渐暴露出来。专家系统应用有限，且经常在常识性问题上出错，因此人工智能迎来了第二个寒冬。

5）平稳发展：1993～2011 年

1997 年，IBM 公司的深蓝计算机战胜了国际象棋世界冠军卡斯帕罗夫，成为人工智能史上的一个重要里程碑。之后，人工智能开始了平稳向上的发展。2006 年，李飞飞教授意识到了专家学者在研究算法的过程中忽视了"数据"的重要性，于是开始带头构建大型图像数据集——ImageNet，图像识别大赛由此拉开帷幕。同年，由于人工神经网络的不断发展，"深度学习"的概念被提出，之后，深度神经网络和卷积神经网络开始不断映入人们的眼帘。深度学习的发展又一次掀起人工智能的研究狂潮，这一次狂潮至今仍在持续。

6）快速发展：2011 年至今

进入 21 世纪，得益于大数据和计算机技术的快速发展，许多先进的机器学习技术成功应用于经济社会中的许多问题。大数据应用也开始逐渐渗透到其他领域，例如，生态学模型训练、经济领域中的各种应用、医学研究中的疾病预测及新药研发等。深度学习(特别是深度卷积神经网络和循环网络)更是极大地推动了图像和视频处理、文本分析、语音识别等问题的研究进程。现在，人工智能正在逐渐改变我们的生活。

3. 人工智能的研究学派

人工智能的三大研究学派包括符号主义学派、连接主义学派和行为主义学派，如图 7.7 所示。

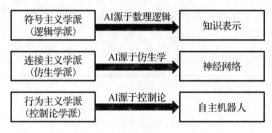

图 7.7　人工智能的三大研究学派

1) 符号主义学派

符号主义学派(又称为逻辑学派)，认为人工智能源于数理逻辑。数理逻辑从 19 世纪末得以迅速发展，到 20 世纪 30 年代开始用于描述智能行为。计算机出现后，又在计算机上实现了逻辑演绎系统。其有代表性的成果为启发式程序 LT(逻辑理论家)，证明了 38 条数学定理，表明可以应用计算机研究人的思维形成，模拟人类智能活动。正是这些符号主义者，早在 1956 年首先采用"人工智能"这个术语。后来，符号主义者又发展了启发式算法→专家系统→知识工程理论与技术，并在 20 世纪 80 年代取得了很大发展。

符号主义曾长期一枝独秀，为人工智能的发展做出重要贡献，尤其是专家系统的成功开发与应用，对人工智能走向工程应用和实现理论联系实际具有特别重要的意义。在人工智能的其他学派出现之后，符号主义学派仍然是人工智能的主流派别。这个学派的代表人物有纽厄尔(Newell)、西蒙(Simon)和尼尔逊(Nilsson)等。

2) 连接主义学派

连接主义学派(又称为仿生学派)认为人工智能源于仿生学，特别是对人脑模型的研究。它的代表性成果是 1943 年由生理学家麦卡洛克(McCulloch)和数理逻辑学家皮茨(Pitts)创立的脑模型，即 MP 模型，开创了用电子装置模仿人脑结构和功能的新途径。它从神经元开始进而研究神经网络模型和脑模型，开辟了人工智能的又一发展道路。20 世纪 60~70 年代，连接主义，尤其是对以感知机(perceptron)为代表的脑模型的研究出现过热潮，由于受到当时的理论模型、生物原型和技术条件的限制，脑模型研究在 20 世纪 70 年代后期至 80 年代初期落入低潮。直到 Hopfield 教授在 1982 年和 1984 年发表两篇重要论文，提出用硬件模拟神经网络以后，连接主义才又重新抬头。1986 年，鲁梅尔哈特(Rumelhart)等提出多层网络中的反向传播(Back Propagation，BP)算法。此后，连接主义势头大振，从模型到算法，从理论分析到工程实现，为神经网络计算机走向市场打下基础。现在，研究人员对人工神经网络(ANN)的研究热情仍然较高，但研究成果没有像预想的那样好。

3) 行为主义学派

行为主义学派(又称为控制论学派)，认为人工智能源于控制论。控制论思想早在 20 世纪 40~50 年代就成为时代思潮的重要部分，影响了早期的人工智能工作者。维纳(Wiener)

和麦卡洛克(McCulloch)等提出的控制论和自组织系统以及钱学森等提出的工程控制论和生物控制论,影响了许多领域。控制论把神经系统的工作原理与信息理论、控制理论、逻辑以及计算机联系起来。早期的研究工作重点是模拟人在控制过程中的智能行为和作用,如对自寻优、自适应、自镇定、自组织和自学习等控制论系统的研究,并进行"控制论动物"的研制。到 20 世纪 60~70 年代,上述这些控制论系统的研究取得了一定进展,播下了智能控制和智能机器人的种子,并在 20 世纪 80 年代诞生了智能控制和智能机器人系统。行为主义是 20 世纪末才以人工智能新学派的面孔出现的,引起了许多人的兴趣。这一学派的代表者首推布鲁克斯(Brooks)的六足行走机器人,它被看作新一代的"控制论动物",是一个基于感知-动作模式模拟昆虫行为的控制系统。

　　4. 人工智能的热门研究领域

　　(1)模式识别是人工智能最早研究的领域之一。它是利用计算机对物体、图像、语音、字符等信息模式进行自动识别的科学。模式识别过程一般包括对待识别事物进行样本采集、信息的数字化、数据特征的提取、特征空间的压缩以及提供识别准则等。

　　(2)问题求解(Problem Solving)是指通过搜索的方法寻找问题求解操作的一个合适的序列。问题求解程序由 3 个部分组成:数据库、操作规则与控制策略。

　　(3)自然语言处理(Natural Language Understanding)俗称人机对话,是计算机科学领域与人工智能领域中的一个重要方向,研究用电子计算机模拟人的语言交际过程,使计算机能理解和运用人类社会的自然语言,如汉语、英语等,实现人机之间的自然语言通信,以代替人的部分脑力劳动,包括查询资料、解答问题、摘录文献、汇编资料以及一切有关自然语言信息的加工处理。

　　(4)自动定理证明(Automatic Theorem Proving)的任务是对数学中提出的定理或猜想寻找一种证明或反证的方法。许多非数学领域的问题,如医疗诊断、信息检索、规划制定和难题求解等,都可以像定理证明问题那样进行形式化建模,从而转化为一个定理证明问题。

　　(5)机器视觉(Machine Vision)是人工智能正在快速发展的一个分支。机器视觉系统最基本的特点就是提高生产的灵活性和自动化程度。在一些不适于人工作业的危险工作环境或者人工视觉难以满足要求的场合,常用机器视觉来替代人工视觉。

　　(6)自动程序设计(Automatic Programming)是采用自动化手段进行程序设计的技术和过程。其目的是提高软件生产率和软件产品质量。

　　(7)专家系统(Expert System)是一个具有大量的专门知识与经验的程序系统,它应用人工智能技术和计算机技术,根据某领域一个或多个专家提供的知识和经验,进行推理和判断,模拟人类专家的决策过程,以便解决那些需要人类专家处理的复杂问题。简而言之,专家系统是一种模拟人类专家解决领域问题的计算机程序系统。

　　(8)机器人是整合了控制论、机械电子、计算机、材料和仿生学的产物,在工业、医学、农业、建筑业甚至军事等领域中均有重要用途。

7.2.5　人工智能的技术基础概述

　　神经网络、机器学习和深度学习是人工智能的三个层次:神经网络位于底层,它是建立实现人工智能的计算机结构；机器学习是中层，它是可以在神经网络上运行的一个程序，可训练计算机在数据中寻找特定的答案；深度学习处在顶层，它是一种得益于大数据的特定类型的机器学习。人工智能的关键技术主要包括机器学习与深度学习。

1. 机器学习

在人工智能的初级阶段，人们认为，机器是人造的，其性能和动作完全由设计者规定，因此无论如何其能力也不会超过设计者本人。1952 年，塞缪尔设计了跳棋程序，程序具有学习能力，可以在不断对弈中改善自己的棋艺，塞缪尔称它为"跳棋机"。"跳棋机"能自动分析哪些棋步源于书上推荐的走法。首先塞缪尔自己与"跳棋机"对弈，让"跳棋机"积累经验；1959 年"跳棋机"战胜了塞缪尔本人；3 年后，"跳棋机"一举击败了美国一个州保持 8 年不败纪录的跳棋冠军；后来它终于被世界跳棋冠军击败。程序向人们展示了机器学习的能力。机器学习涉及概率论、统计学、算法等多门学科。传统计算机遵照程序指令一步一步执行。机器学习是计算机利用数据而不是指令进行工作。机器学习是通过大样本数据训练出模型，然后用模型预测的一种方法。机器学习的处理过程不是因果逻辑，而是通过统计归纳得出相关性结论，如计算机视觉学习、用户网站浏览习惯的机器学习等。

机器学习是英文名称 Machine Learning(简称 ML)的直译，Machine 一般指计算机，是让机器"学习"的技术，这里使用了拟人的手法，是指用某些算法指导计算机利用已知数据得出适当的模型，并利用此模型对新的情境给出判断的过程。机器怎么可能像人类一样"学习"呢？从广义上来说，机器学习是一种能够赋予机器学习的能力以此让它完成直接编程无法完成的功能的方法。从实践的意义上来说，机器学习是一种利用数据训练出模型，然后使用模型进行预测的一种方法。常用的机器学习方法有决策树学习、关联规则学习、人工神经网络、支持向量机、贝叶斯网络、强化学习、相似度量学习、遗传算法、基于规则的机器学习等。

传统的机器学习是一种归纳法，主要是通过从特征样本中发现一些规律，提取特征值，然后把这些特征值放到各种机器学习模型中，实现对新的数据和行为进行智能识别和预测。不过它的缺点是需要人工整理好大量的、尽量覆盖全的样本，无疑是一个巨大的工作。机器学习方法就是计算机利用已有的数据(经验)，得出了某种模型(规律)，并利用此模型预测未来的一种方法。

下面以小朋友学识字为例来了解什么是机器学习。

教小朋友学识字时，我们会为每个汉字总结出了某种规律性的东西。比如，教小朋友分辨"一、二、三"时，我们会说，一笔是"一"，两笔是"二"，三笔是"三"，这个规律好记又好用。但是，"口"也是三笔，可它却不是"三"。我们通常会说，围成个方框儿的是"口"，排成横排的是"三"。很快小朋友就发现，"田"也是个方框儿，可它不是"口"，我们这时会说，方框里有个"十"的是"田"。再往后，我们就会教小朋友，"田"上面出头是"由"，下面出头是"甲"，上下都出头是"申"。慢慢地小朋友的大脑在接受许多遍相似图像的刺激后，就会为每个汉字总结出了某种规律性的东西，下次大脑再看到符合这种规律的图案，就知道是什么字了，并进而学会几千个汉字。我们可以把上面教小朋友认识汉字"一、二、三、口、田、由、甲、申"的过程表示成一棵决策树，如图 7.8 所示。

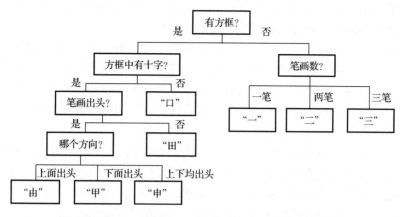

图 7.8　"一、二、三、口、田、由、甲、申"的决策树

其实，要教计算机认字，差不多也是同样的道理，这就是基于决策树的机器学习方法。

如果你想让计算机学习如何过马路，在传统编程方式下，你需要给它一套非常具体的规则，告诉它如何左右看，等待车辆，使用斑马线等，然后让它尝试。而在面对机器学习时，你只需向它展示 10000 部安全横穿马路的视频就行了。这里计算机用来学习的、反复看的视频称为"训练数据集"；"训练数据集"中，一类数据区别于另一类数据的不同方面的属性或特质，称作"特征"；计算机在"大脑"中总结规律的过程，称为"建模"；计算机在"大脑"中总结出的规律，就是我们常说的"模型"；而计算机通过反复看视频，总结出规律，然后学会过马路的过程，就称为"机器学习"。

通过上面的分析可见，机器学习的一个主要目的就是把人类思考归纳经验的过程转化为计算机通过对数据的处理计算得出模型的过程，机器学习强调"学习"而不是程序，通过复杂的算法来分析大量的数据，识别数据中的模式，它能考虑更多的情况，执行更加复杂的计算，并做出预测，不需要特定的代码。如何让计算机吸收视频中的所有信息是一大难点，在过去的几十年里，研究者尝试过各种办法来教计算机，其中就包括增强学习和遗传算法。

机器学习还与其他领域的处理技术相结合，形成了计算机视觉、语音识别、自然语言处理等交叉学科。

2. 深度学习

机器学习是一种实现人工智能的方法，而深度学习是一种实现机器学习的技术。深度学习是学习样本数据的内在规律和表示层次。深度学习的最终目标是让机器能够像人一样具有分析学习能力，能够识别文字、图像和声音等数据。

神经网络研究领域领军者、泰斗 Hinton 在 2006 年提出了神经网络深度学习(Deep Learning)算法，使神经网络的能力大大提高，向支持向量机发出挑战。2006 年，Hinton 和他的学生 Salakhutdinov 在顶尖学术刊物《科学》(Science)上发表了一篇文章，掀起了深度学习在学术界和工业界的浪潮。

这篇文章有两个主要的信息：一是很多隐层的人工神经网络具有优异的特征学习能力，学习得到的特征对数据有更本质的刻画，从而有利于可视化或分类；二是深度神经网络在训练上的难度，可以通过"逐层初始化"(Layer-wise Pre-training)来有效克服，在这篇文章中，逐层初始化是通过无监督学习实现的。

传统的机器学习是要输入特征样本，而深度学习是试图从海量的数据中让机器自动提取特征，深度学习也是一种机器学习，这种方式需要输入海量的大数据，让机器从中找到弱关联关系，这种方式比传统机器学习方式减少了大量人工整理样本的工作，识别准确率也提高了很多，让人工智能在语音识别、自然语言处理、图片识别等领域达到了可用的程度，是革命性的进步。

简单地说，深度学习就是把计算机要学习的东西看成一大堆数据，把这些数据放入一个复杂的、包含多个层级的数据处理网络(深度神经网络)，然后检查经过这个网络处理得到的结果数据是不是符合要求，如果符合，就保留这个网络作为目标模型，如果不符合，就一次次地、锲而不舍地调整网络的参数设置，直到输出满足要求为止。

机器学习是指计算机的算法能够像人一样，从数据中找到信息，从而学习一些规律。而深度学习是利用深度神经网络，将模型处理得更为复杂，从而使模型对数据的理解更加深入。

深度学习在制造业、金融行业、零售行业、语音识别和智能语音助手、自动翻译机和即时视觉翻译领域都有着广泛的应用。

人工智能的发展可能不仅取决于机器学习，更取决于深度学习，深度学习技术由于深度模拟了人类大脑的构成，在视觉识别与语音识别上显著性地突破了原有机器学习技术的界限，因此极有可能是真正实现人工智能梦想的关键技术。无论是谷歌大脑还是百度大脑，都是通过海量层次的深度学习网络所构成的。也许借助于深度学习技术，在不远的将来，一个具有人类智能的计算机真的有可能实现。

7.2.6　人工智能的典型应用

今天的人工智能到底有多"聪明"？人工智能到底会发展到什么程度？什么样的人工智能会超出人类的控制范围，甚至给人类带来威胁？计算机视觉让人工智能学会"看"，语音识别让人工智能学会"听"，对话系统让人工智能学会"说"，机器翻译让人工智能学会"想"。

算法、数据和计算三大要素助推了人工智能的再度崛起：数据是基础，大数据为机器学习装上引擎；算法是核心，将人工智能带到全新高度；计算能力是保障，为算法的实现提供坚实的后盾。深度学习算法使机器拥有自主学习的能力，被应用于语音、图像、自然语言处理等领域，开始纵深发展，带动了一系列的新兴产业。通过人工智能提高生产力以及创造全新的产品和服务，这是经济竞争和经济升级的迫切需求。

从最基础的感知能力，到对海量数据的分析能力，再到理解与决策，人工智能将逐步改变各领域的生产方式，推进结构转型。人工智能的典型应用包括计算机视觉、语音技术、自然语言处理、决策系统等。

1. 计算机视觉

计算机视觉应用包括车牌识别、安防、人脸识别等。

2. 语音技术

语音技术应用包括苹果智能语音助手 Siri、谷歌语音搜索 Voice Search 等。

3. 自然语言处理

自然语言处理研究能实现人与计算机之间用自然语言进行有效通信的各种理论和方法。目前一个比较重大的突破是机器翻译，如 Google 的 Translation 系统是人工智能的一个标杆性的事件。

4. 决策系统

决策系统起源于棋类问题的解决，如跳棋、国际象棋对弈等。决策系统的发展是随着棋类问题的解决而不断提升的，从 20 世纪 80 年代西洋跳棋开始，到 90 年代的国际象棋对弈，机器的胜利都标志了科技的进步，决策系统可以在自动化、量化投资等系统上广泛应用。

5. 智能医疗与医疗健康的监测诊断

历史上，重大技术进步都会催生医疗保健水平的飞跃。比如，工业革命之后人类发明了抗生素，信息革命后计算机断层扫描(CT)、微创手术仪器等各种诊断仪器都被发明出来。

人工智能在医疗健康领域的应用已经相当广泛，依托深度学习算法，人工智能在提高健康医疗服务的效率和疾病诊断方面具有天然的优势，各种旨在提高医疗服务效率和体验的应用应运而生。

6. 智能巡检与安保机器人

近些年随着人力资源成本逐步提高，以人力为主的安保防控体系面临巨大考验，而机器人与安防设备的结合，将有效替代安保人员执行高危险性任务，并能够与固定式安防系统构建全天候无缝隙的监控。

由于智能巡检机器人在环境应对、性能等方面具有人力所不具备的特殊优势，越来越多的智能巡检机器人被应用到安防巡检、电力巡检、轨道巡检等特殊场所，并且轻松地完成任务。

7.3　物　联　网

物联网被认为是继计算机、互联网之后世界信息产业发展的第三次浪潮，与互联网只有一字之差，"差"在哪里？物联网中如何让物品表明身份，实现人-物相连、物-物相连？物联网丰富的应用外延都有哪些？通过本节的学习，我们将对物联网技术有较全面的认识和初步的理解。

7.3.1　物联网概述

物联网(Internet of Things，IoT)，顾名思义，就是物物相连的互联网。这有两层意思：

其一，物联网的核心和基础仍然是互联网，是在互联网基础上延伸和扩展的网络；其二，物联网用户端延伸和扩展到了任何物品与物品之间，物与物之间进行信息交换和通信，也就是物物相息。物联网通过智能感知、识别技术与普适计算等通信感知技术，广泛应用于网络的融合中。随着移动网络技术的发展，物联网这一新兴产业随之发展壮大，几乎涉及人们生活中的所有行业。

1. 物联网的起源与发展

1)物联网的起源

20 世纪 80 年代初，卡内基·梅隆大学内的特殊自动售货机和剑桥大学内引起百万人关注的一只名为"特洛伊"的咖啡壶，是人们在讨论物联网起源时经常会提到的两个有趣的案例。

物联网理念最早可追溯到比尔·盖茨 1995 年所著的《未来之路》一书。《未来之路》一书中曾提及物物互联，但在当时的技术条件下并不能真正实现书中所设想的愿景，因此书中所提及的概念未引起广泛重视。

1999 年，美国麻省理工学院(MIT)的 Kevin Ashton 教授在美国召开的移动计算和网络会议上首次提出物联网的构想。同年，美国麻省理工学院建立了"自动识别中心"(Auto-ID)，提出"万物皆可通过网络互联"，首次从技术的角度阐明了物联网的基本含义，即依托射频识别(RFID)技术的物流网络。

2)物联网的发展

物联网的发展经历了如下三个阶段：

第一阶段：大规模建立阶段。从 1999 年美国麻省理工学院 Kevin Ashton 教授首次提出物联网的概念后，物联网的发展即进入了大规模建立阶段。早期的物联网是依托射频识别技术的物流网络。

第二阶段：物联网大数据阶段。大量连接入网的设备状态被感知，产生海量数据，形成了物联网大数据。在这一阶段，传感器、计量器等器件进一步智能化，多样化的数据被感知和采集，汇集到云平台进行存储、分类处理和分析。该阶段主要投资机会在 AEP(应用开发)平台、云存储、云计算、数据分析等。在第二阶段期间，2009 年欧盟执委会(European Commission)发表了欧洲物联网行动计划，描绘了物联网技术的应用前景，提出欧盟政府要加强对物联网的管理，促进物联网的发展。

第三阶段：智慧物联网阶段。初始人工智能已经实现，对物联网产生数据的智能分析和物联网行业应用及服务将体现出核心价值。该阶段物联网数据发挥出最大价值，企业对传感数据进行分析并利用分析结果构建解决方案实现商业变现。这一阶段的主要投资机会是面向物联网综合解决方案提供商、人工智能与机器学习厂商等。

2. 物联网的定义

1999 年美国麻省理工学院将物联网定义为：通过射频识别、红外感应器、全球定位系统、激光扫描器、气体感应器等信息传感设备，按约定的协议，把任何物品与互联网连接起来，进行信息交换和通信，以实现智能化识别、定位、跟踪、监控和管理的一种网络。

中国物联网校企联盟将物联网定义为：当下几乎所有技术与计算机、互联网技术的结合，实现物体与物体之间的状态信息实时共享，以及物体状态信息的智能化收集、传递、处理的网络系统。广义上说，当下所涉及的信息技术应用，都可以纳入物联网的范畴。

国际电信联盟(ITU)将物联网定义为：通过二维码识读设备、射频识别装置、红外感应器、全球定位系统和激光扫描器等信息传感设备，按约定的协议，把任何物品与互联网相连接，进行信息交换和通信，以实现智能化识别、定位、跟踪、监控和管理的一种网络。

物联网是一个基于互联网、传统电信网等的信息承载体，它让所有能够被独立寻址的普通物理对象形成互联互通的网络。物联网的核心和基础仍然是互联网，是在互联网基础上的延伸和扩展的网络，其用户端延伸和扩展到了任何物品，实现了物品与物品之间的信息交换和通信。

3. 物联网的基本特征

与传统的互联网相比，物联网有其鲜明的特征：它是各种感知技术的广泛应用；它是一种建立在互联网上的泛型网络；包含了智能处理。整体感知：可以通过射频识别、二维码、智能传感器感知获取物体各类信息。可靠传输：通过对互联网、无线网络的融合，将物体的信息实时、准确地传送，以便信息交流、分享。智能处理：用各种智能技术，对感知和传送到的数据、信息进行分析处理，实现监测与控制的智能化。

物联网是通过各种感知设备和互联网连接物与物，实现全自动、智能化采集、传输与处理信息，达到随时随地进行科学管理目的的一种网络。因此，网络化、物联化、互联化、自动化、感知化、智能化等是物联网的基本特征。

1) 网络化

网络化是物联网的基础，无论是 M2M(机器到机器)、专网，还是无线、有线传输信息，感知物体时都必须形成网络状态；不管是什么形态的网络，最终都必须与互联网相连，这样才能形成真正意义上的物联网，目前的物联网，从网络形态来看，多数是专网、局域网，只能算是物联网的雏形。

2) 物联化

人与物相连、物与物相连是物联网的基本要求之一。计算机和计算机连接成互联网，可以帮助人与人之间进行交流。而"物联网"就是在物体上安装传感器、植入微型感应芯片，然后借助无线或有线网络，让人们和物体"对话"，让物体和物体之间进行"交流"。可以说，互联网完成了人与人的远程交流，而物联网则完成了人与物、物与物的即时交流，进而实现由虚拟网络世界向现实世界的连接转变。

3) 互联化

物联网是一个多种网络的接入与应用技术的集成，让人与自然界、人与物、物与物进行交流的平台，因此，在一定的协议关系下实行多种网络融合，分布式计算与协同式计算并存是物联网的显著特征，与互联网相比，物联网具有很强的开放性，具备随时接纳新器件、提供新服务的能力，即自组织、自适应能力。这既是物联网技术实现的关键，也是其吸引人的魅力所在。

4) 自动化

物联网具备的"自动化"性能包括通过数字传感设备自动采集数据；根据事先设定的运算逻辑，利用软件自动处理采集到的信息，一般不需要人为干预；按照设定的逻辑条件，如时间、地点、压力、温度、湿度、光照等,可以在系统的各个设备之间自动地进行数据交换或通信;对物体的监控和管理实现自动指令执行。

5) 感知化

物联网离不开传感设备。射频识别装置、红外感应器、全球定位系统、激光扫描器等信息传感设备,就像视觉、听觉和嗅觉器官对于人的重要性一样,它们是物联网不可或缺的关键元器件。有了它们才可以实现近(远)距离、无接触、自动化感应和数据读出、数据发送等。

6) 智能化

所谓"智能"就是指个体对客观事物进行合理分析、判断及有目的地行动和有效地处理周围环境事宜的综合能力。物联网的产生是微处理技术、传感器技术、计算机网络技术、无线通信技术不断发展融合的结果。从其"自动化""感知化"要求来看,它已经能代表人、代替人"对客观事物进行合理分析、判断及有目的地行动和有效地处理周围环境事宜",智能化是其综合能力的表现。

4. 物联网的体系架构

物联网作为一种形式多样的聚合性复杂系统,涉及信息技术自上而下的每一个层面,通常认为物联网具有三个层次,即感知层、网络层和应用层。

1) 感知层

感知层相当于人体的皮肤和五官,用于识别物体、采集信息,处于物联网三层架构的底层,是物联网中的基础连接与管理对象。

物联网要实现物与物的通信,其中"物"的感知是非常重要的。感知是物联网的感觉器官,用来识别物体、采集信息。"物"能够在空间和时间上存在和移动,可以被识别,一般可以通过分配的数字、名字或地址对"物"加以编码,然后加以辨识。在物联网中,"物"既包括电器设备和基础设施,如家电、计算机、建筑物等,也包括可以感知的因素,如温度、湿度和光线等。

感知层利用最多的是 RFID、无线传感器、摄像头、GPS 等技术,感知层的目标是利用这些技术形成对客观世界的全面感知。在感知层中,物联网的终端是多样的,现实世界中越来越多的物理实体要实现智能感知,这就涉及众多的技术层面。在与物联网终端相关的多种技术中,核心是要解决智能化、低功耗、低成本和小型化的问题。

2) 网络层

网络层相当于人体的神经中枢和大脑,对感知层采集的信息进行安全无误的传输,对收集到的信息进行分析处理,并将结果提供给应用层,处于物联网三层架构的中间层,是物联网的传输中心。

网络层的主要作用是把下层(感知层)设备接入互联网,供上层服务使用。它与目前主流的移动通信网、互联网、企业内部网、各类专网等网络一样,主要承担着数据传输的功能。

3) 应用层

应用层相当于人的社会分工,为用户提供丰富的服务功能,用户通过智能终端在应用层上定制需要的服务信息，如查询信息、监控信息、控制信息等，是物联网与各行业的深度融合。

网络应用正从早期的以数据服务为主要特征的文件传输、电子邮件，发展到以用户为中心的应用，如万维网、电子商务、视频点播、在线游戏、社交网络等，再发展到物品追踪、环境感知、智能物流、智能交通等。因此，物联网应用层的任务是将各类物联网的服务以用户需要的形式呈现出来，提供一个"按需所取"的综合信息服务平台。在这个平台上，使用者不必了解服务的实现技术，也不必了解服务来自哪里，只需要关注服务能否满足自己的使用要求。相关的技术包括高性能计算、数据库与数据挖掘、云计算、SOA（面向服务的架构）、中间件、虚拟化与资源调度等。

7.3.2　物联网的相关技术

物联网的技术构成主要包括感知与标识技术、网络与通信技术、嵌入式系统技术等。具体地，物联网关键技术有射频识别技术、条形码技术、传感器与传感网、无线通信技术等。

感知与标识技术是物联网的基础，负责采集物理世界中发生的物理事件和数据，实现外部世界信息的感知和识别，包括多种发展成熟度差异性很大的技术，如传感器、RFID、二维码等。

网络与通信技术是物联网信息传递和服务支撑的基础设施，通过泛在的互联功能，实现感知信息高可靠性、高安全性传送。

嵌入式系统技术是集计算机软硬件、传感器技术、集成电路技术、电子应用技术为一体的复杂技术。

如果把物联网用人体做一个简单比喻，传感器相当于人的眼睛、鼻子、皮肤等感官，网络就是神经系统，用来传递信息，嵌入式系统则是人的大脑，在接收到信息后要进行分类处理。

1. 传感器

在物联网的部署中，需要感知节点及时、准确地获取外界事物的各种信息，需要感知外部世界的各种电量和非电量数据，如电、热量、力、光、声音、位移等，这就必须合理地选择和善于运用各种传感器，以获得对应的感知数据。《传感器通用术语》（GB/T 7665—2005）对传感器的定义为："能感受被测量并按照一定的规律转换成可用输出信号的器件和装置"。

传感器是目前世界各国普遍重视并大力发展的高新技术之一。在信息时代，实现物与物相连的今天，传感器技术已经成为物联网技术中必不可少的关键技术之一。

传感器一般由敏感元件、转换元件和转换电路组成。敏感元件根据基本感知功能的不同分为热敏元件、光敏元件、气敏元件、力敏元件、磁敏元件、湿敏元件、声敏元件、放射线敏感元件、色敏元件和味敏元件十大类。

2. 传感网

传感网（Sensor Network，SN）是指将各种信息传感设备，如 RFID 装置、红外感应器、全球定位系统、激光扫描器等装置与互联网结合起来而形成的一个巨大网络，其目的是让各类物品都能够被远程感知和控制，并与现有的网络连接在一起，形成一个更加智慧的信息服务体系。传感网综合应用了传感器技术、嵌入式计算技术、网络通信技术、分布式信息处理技术等，能够通过各类集成化的微型传感器协作地实时感知各种环境或检测对象的信息，通过嵌入式系统对信息进行处理，并通过随机自组织无线通信网络以多跳(multi-hop)中继方式将所感知的信息传送到用户终端，从而真正实现泛在计算(ubiquitous computing)的理念。

由于传感器往往是遍布在一个区域的，这个区域有时是人们不可达的，因此传感器的末端接入通常采用的是无线通信方式。所以目前在传感器技术领域中，人们重点研究的是无线传感网(Wireless Sensor Network，WSN)。换句话说，无线传感网是由称为"微尘"(mote)的微型计算机构成。这些微型计算机通常指带有无线链路的微型独立节能型计算机。无线链路使得各个微尘可以通过自我重组形成网络，彼此通信并交换有关现实世界的信息。

7.3.3　物联网的应用领域与面临的挑战

从概念说起，物联网的范畴极其宽泛，例如，智慧城市(如照明、停车以及交通，都可以被连接并有效地管理起来)，移动健康(包括病人的诊断、病人情况的跟踪、各种环境监控)，智能家居(如水表、电表、燃气表等自动抄表)，楼宇的安全及智能化、工业自动化的控制，零售商业及资产追踪，以及个人财产的安全监控、小朋友的足迹追踪等。

1. 物联网的应用领域

物联网产业的发展是以应用需求为导向的，物联网应用集中于各个垂直产业链，主要是现有物联网技术所推动的一系列产业领域的应用，包括智能农业、智能工业、智能物流、智能电网、智能交通、智能安防、智能环保、智能医疗、智能家居等。

在国防军事领域方面，虽然还处在研究探索阶段，但物联网应用带来的影响也不可小觑，大到卫星、导弹、飞机、潜艇等装备系统，小到单兵作战装备，物联网技术的嵌入有效提升了军事智能化、信息化、精准化，极大地提升了军事战斗力，是未来军事变革的关键。

1) 智能家居

20世纪80年代美国联合科技公司建成世界上首栋智能型建筑，拉开了建造智能家居的序幕。美国作为最早的研究设计智能家居系统的国家，拥有着非常先进的技术实力，设计出许多富含高科技的智能家居建筑，其中比尔·盖茨建造的"未来之屋"最为著名。它向人们展示了高科技给人们生活带来的种种便捷，通过网络将所有家居设备进行连接，计算机作为家居控制中心，完成对各种家居设备的自动控制。"未来之屋"的经典之处就在于它超前的设计理念和技术的创新应用，给以后智能家居的研究和设计提供了指导，并且具有一定的引领性。

2014年初，苹果公司推出了HomeKit智能家居平台，通过该平台可以使得iPhone、iPad、iWatch等用户设备管理控制支持HomeKit框架的智能家居设备。当智能家居设备和iOS

操作系统配对完成以后，可以通过 Siri 命令控制智能配件。比如说："打开电视""关闭电视""把空调设为 26℃""打开咖啡机"等。

在我国，海尔公司颇具前瞻性地推出了全交互性的家庭中央控制器与海尔 U-home 平台。U-home 使用规划统一的 Internet 智能协议标准，为用户提供了娱乐、安全、健康、美食、洗护等多种生活元素的智能生活解决方案，如图 7.9 所示。

图 7.9　海尔 U-home

2）智能医疗

智能医疗在发达国家已经属于技术发展相对成熟的现代化领域。

苹果公司推出了 HealthKit 智能健康服务客户端，用户可以根据自身情况购买旗下开发的硬件产品，然后通过传感器得到身体各项数据，进行科学化的分析和处理，再通过网络传输，让在线医务人员根据实际情况对用户进行医疗诊断和指导。苹果公司近年来已经和多家权威医疗机构合作，将自己开发的健康管理系统和医疗机构信息充分衔接，达到合作共赢的目的。

在我国，互联网行业在智能医疗领域不断发展创新。小米联合九安医疗开发了名为 iHealth 的一系列智能健康硬件，包括智能血压计、智能腕表等。腾讯在硬件设计和软件开发方面均有涉猎，能够通过网络平台使医疗机构和患者有效沟通，并联合丁香园推出智能血糖检测设备。随着物联网技术的发展，我国的医疗行业逐渐走进智能信息化时代，很多城市已经开始推广智慧医疗，利用相关技术手段整合医疗资源，方便患者就诊，减少医疗失误。

3）智能物流

智能物流就是将条形码、射频识别技术、传感器、全球定位系统等先进的物联网技术通过信息处理和网络通信技术平台广泛应用于物流业运输、仓储、配送、包装、装卸等基本活动环节，实现货物运输过程的自动化运作和高效率优化管理，提高物流行业的服务水平，降低成本，减少自然资源和社会资源消耗。物联网将传统物流技术与智能化系统运作管理相结合，进而能够更好更快地实现智能物流的信息化、智能化、自动化、透明化、系统化的运作模式。

4) 智能交通

现有的城市交通管理基本是自发进行的，每个驾驶者根据自己的判断选择行车路线，交通信号标志仅仅起到静态的、有限的指导作用。这导致城市道路资源未能得到最高效率的运用，由此产生不必要的交通拥堵甚至瘫痪。

智能交通系统是未来交通系统的发展方向，它是将先进的信息技术、数据通信传输技术、电子传感技术、控制技术及计算机技术等有效地集成运用于整个地面交通管理系统而建立的一种在大范围内、全方位发挥作用的，实时、准确、高效的综合交通运输管理系统。

5) 智能电网

在电力安全检测领域中，物联网应用在电力传输的各个环节，如隧道、核电站等，而在这些环节中，市场潜力可达千亿元，如南方电网与中国移动之间的密切合作，通过 M2M 技术来对电网进行管理。

6) 智能农业

在农业领域，物联网的应用非常广泛，如对地表温度、家禽的生活情形、农作物灌溉情况、土壤酸碱度变化、降水量、空气、风力、氮浓缩量、土壤的酸碱性和土地的湿度等进行合理的科学估计，为农民在减灾、抗灾、科学种植等方面提供很大的帮助，提高农业综合效益。

7) 智能工业

将具有环境感知能力的各类终端、基于泛在技术的计算模式、移动通信等不断融入工业生产的各个环节，大幅提高制造效率，改善产品质量，降低产品成本和资源消耗，将传统工业提升到智能化的新阶段。

8) 智能环保

"智能环保"是"数字环保"概念的延伸和拓展，它借助物联网技术，把感应器和装备嵌入各种环境监控对象(物体)中，通过超级计算机和云计算将环保领域物联网整合起来，可以实现人类社会与环境业务系统的整合，以更加精细和动态的方式实现环境管理和决策。

9) 智能安防

智能安防报警系统与家庭中的各种传感器、功能键、探测器及执行器共同构成家庭的安防体系，是家庭安防体系的"大脑"。

2. 物联网未来面临的挑战

虽然物联网近年来的发展已经渐成规模，各国都投入了巨大的人力、物力、财力来进行研究和开发，但是在技术、管理、成本、政策、安全等方面仍然存在许多需要攻克的难题。

1) 技术标准的统一与协调

目前，传统互联网的标准并不适合物联网。物联网感知层的数据多源异构，不同的设备有不同的接口、不同的技术标准；网络层、应用层也由于使用的网络类型不同、行业的应用方向不同而存在不同的网络协议和体系结构。如何建立统一的物联网体系架构、统一的技术标准是物联网现在正在面对的难题。

2) 管理平台问题

物联网自身就是一个复杂的网络体系，加之应用领域遍及各行各业，不可避免地存在很大的交叉性。如果这个网络体系没有一个专门的综合平台对信息进行分类管理，就会出现大量信息冗余、重复工作、重复建设造成资源浪费的状况。每个行业的应用各自独立，成本高、效率低，体现不出物联网的优势，势必会影响物联网的推广。物联网现在急需一个能整合各行业资源的统一管理平台，使其能形成一个完整的产业链模式。

3) 成本问题

就目前来看，各国对物联网都积极支持，但在看似百花齐放的背后，能够真正投入并大规模使用的物联网项目少之又少。譬如，实现 RFID 技术最基本的电子标签及读卡器，其成本价格一直无法达到企业的预期，性价比不高；传感网是一种多跳自组织网络，极易遭到环境因素或人为因素的破坏，若要保证网络通畅，并能实时安全传送可靠的信息，则网络的维护成本高。在成本没有达到普遍可以接受的范围内之前，物联网的发展只能是空谈。

4) 安全性问题

传统的互联网发展成熟、应用广泛，尚存在安全漏洞。物联网作为新兴产物，体系结构更复杂、没有统一标准，各方面的安全问题更加突出。其关键实现技术是传感网，传感器暴露在自然环境下，特别是一些传感器放置在恶劣环境中，如何长期维持网络的完整性对传感技术提出了新的要求，传感网必须有自愈的功能。

7.4　5G 移动通信技术

随着 5G 商用牌照的发放，5G 通信将逐渐开始普及，从目前的应用前景来看，5G 将给物联网、人工智能、边缘计算等领域带来新的发展机会，物联网生态体系将得到全面的发展。4G 的缺陷包括能耗高、实施难度高、需要复杂的硬件；而 5G 的性能目标是高数据速率、低延迟、低能耗、低成本等。

7.4.1　移动通信技术的发展史

1. 移动通信概述

1) 移动通信的概念

通信是衡量一个国家或地区经济文化发展水平的重要标志，对推动社会进步和人类文明的发展有着重大的影响。随着社会经济的发展，人类交往活动范围的不断扩大，人们迫切需要交往中的各种信息。这就需要移动通信系统来提供这种服务。移动通信是指通信双方或至少有一方处于运动中，在运动中进行信息交换的通信方式。

2) 移动通信系统信息传输方式

移动通信系统由于综合利用了有线和无线的传输方式，满足了人们在活动中与固定终端或其他移动载体上的对象进行通信联系的要求，成为 20 世纪 70 年代以来发展最快的通信领域之一。目前，我国的移动通信网络无论从网络规模还是用户总数上来说，都已跃居世界前列。

无线通信的发展历史可以上溯到19世纪80年代赫兹(Heinrich Hertz)所做的基础性实验,以及马可尼(Guglielmo Marconi)所做的研究工作。移动通信的始祖马可尼首先证明了在海上轮船之间进行通信的可行性。自从 1897 年马可尼在实验室证明了运动中无线通信的可应用性以来,人类就开始了对移动通信的兴趣和追求。也正是20世纪20年代末,奈奎斯特提出了著名的采样定理,成为人类迈向数字化时代的金钥匙。

3) 移动通信的主要应用系统

移动通信的主要应用系统有无绳电话、无线寻呼、陆地蜂窝移动通信、卫星移动通信、海事卫星移动通信等。陆地蜂窝移动通信是当今移动通信发展的主流和热点。

4) 个人通信

众所周知,个人通信(Personal Communications)是人类通信的最高目标,是指用各种可能的网络技术实现任何人(Whoever)在任何时间(Whenever)、任何地点(Wherever)与任何人(Whoever)进行任何种类(Whatever)的信息交换。个人通信的主要特点是每一个用户有一个属于个人的唯一通信号码。它取代了以设备为基础的传统通信号码。电信网能够随时跟踪用户并为其服务,无论被呼叫的用户在车上、船上、飞机上,还是在办公室里、家里、公园里,电信网都能根据呼叫人所拨的个人号码找到用户,然后接通电路提供通信,用户通信完全不受地理位置的限制。要实现个人通信,必须把以各种技术为基础的通信网组合到一起,把移动通信网和固定通信网结合在一起,把有线接入和无线接入结合到一起,综合成一个容量极大、无处不通的个人通信网,被称为"无缝网",形成所谓的万能个人通信网(UPT)。这是 21 世纪电信技术发展的重要目标之一。移动通信是实现个人通信的必由之路。没有移动通信,个人通信的愿望是无法实现的。

2. 1G 到 5G 的主要特征

从 1G 到 5G 的商用年份、关键词及系统功能等主要特征如表 7.2 所示。

表 7.2　1G 到 5G 的主要特征

移动通信技术	1G	2G	3G	4G	5G
商用年份	国际:1984 年 国内:1987 年	国际:1989 年 国内:1994 年	国际:2002 年 国内:2009 年	国际:2009 年 国内:2013 年	国际:2018 年 国内:2019 年
关键词	模拟通信 仅语音通话	数字语音通话 短信	宽带通信、高速蜂窝移动网络、语音通话、短信、邮件、声音微信	无线多媒体、是3G 的延伸、速度可达 1Gbit/s	移动互联网、是 4G 的延伸、速度可达10Gbit/s、高速低能耗低成本等
系统功能	频谱利用率低、费用高、通话易被窃听(不保密)、业务种类受限、系统容量低、扩展困难	业务范围受限、无法实现移动的多媒体业务、各国标准不统一、无法实现全球漫游	通用性高、在全球实现无缝漫游、低成本、优质的服务质量、高保密性及良好的安全性能	高速率、频谱更宽、频谱效率高	更大的容量、更高的系统速率、更低的系统时延及更可靠的连接

第一代移动通信技术,简称 1G(First Generation),为模拟式移动电话系统,自 1984 年起开始发展使用,直至被 2G 数字通信取代。1G 的缺陷:低电池容量、低语音质量、大尺寸、无安全性、通话频繁掉线。

第二代移动通信技术,简称 2G(Second Generation)。相对于前一代直接以模拟信号的方式进行语音传输,2G 移动通信系统对语音以数字化方式传输,除具有通话功能外,某些系统还引入了短信服务(Short Message Service，SMS)功能。2G 的缺陷：弱数字信号、低语音质量、系统难以处理复杂的数据(如视频等)。

第三代移动通信技术，简称 3G(Third Generation)，是指支持高速数据传输的蜂窝网络移动电话技术。3G 服务能够同时发送声音(通话)及信息(电子邮件、即时通信等)。3G 的代表特征是提供高速数据业务，速率一般在几百千位每秒(Kbit/s)以上。3G 的缺陷：高带宽需求、3G 手机价格昂贵、手机尺寸较大。

第四代移动通信技术，简称 4G(Fourth Generation)，是 3G 的延伸。从技术标准的角度看，按照 ITU 的定义，静态传输速率达到 1Gbit/s，用户在高速移动状态下可以达到 100Mbit/s，就可以作为 4G 的技术之一。从用户需求的角度看，4G 能为用户提供更快的速度并满足用户更多的需求。移动通信之所以从模拟到数字、从 2G 到 4G 以及未来的 xG 演进，最根本的推动力是用户需求由无线语音服务向无线多媒体服务转变。4G 的缺陷：更高的能耗、实施难度高、需要复杂的硬件。

第五代移动通信技术，简称 5G(Fifth Generation)，是最新一代移动通信技术，是 4G(LTE-A、WiMAX-A)系统的延伸。5G 的性能目标是高数据速率、低延迟、低能耗、低成本、高系统容量和大规模设备连接。当前，提供 5G 无线硬件与系统的公司有：华为、三星、爱立信、高通、联发科技、诺基亚、思科和中兴等。

7.4.2　4G 面临的挑战

1. 运营商面临的挑战

智能手机的普及带来 OTT(Over The Top)业务(基于开放互联网的各种视频及数据服务业务)的繁荣。在全球范围内，OTT 的快速发展对基础电信业造成重大影响，导致运营商赖以为生的移动话音业务收入大幅下滑，短信和彩信的业务量连续负增长。

OTT 应用大量占用电信网络资源，产生的数据量少、突发性强、在线时间长，导致运营商网络时常瘫痪。尽管移动互联网的发展带来了数据流量的增长，但是相应的收入增长和资源投入已经严重不成正比，运营商进入了增量不增收的境地。

2. 用户需求的挑战

移动通信技术的发展带来智能终端的创新。随着显示、计算等能力的不断提升，云计算日渐成熟，增强现实(Augmented Reality，AR)等新型技术应用成为主流。用户追求极致的使用体验，要求获得与光纤相似的接入速率(高速率)、低时延的实时体验，以及随时随地的宽带接入能力(无缝连接)。

各种行业和移动通信的融合，特别是物联网行业，将为移动通信技术的发展带来新的机遇和挑战。

3. 技术面临的挑战

新型移动业务层出不穷，云操作、虚拟现实、增强现实、智能设备、智能交通、远程医疗、远程控制等各种应用对移动通信的要求日益增加。

随着云计算的广泛使用，未来终端与网络之间将出现大量的控制类信令交互，现有语音通信模型将不再适应。

超高清视频、3D 和虚拟现实等新型业务需要极高的网络传输速率才能保证用户的实际体验，对当前移动通信带来了巨大挑战。以 8K(3D)视频为例，在无压缩情形下，需要高达 100Gbit/s 的传输速率，即使经过百倍压缩后，也需要 1Gbit/s 的传输速率，而采用 4G技术则远远不能满足需要。

物联网业务带来海量的连接设备，现有 4G 技术无法支撑，而控制类业务不同于视听类业务(听觉：100ms；视觉：10ms)对时延的要求，如车联网、自动控制等业务，对时延非常敏感，要求时延低至毫秒量级(1ms)才能保证高可靠性。

总体来说，不断涌现的新业务和新场景对移动通信提出了新需求，包括流量密度、时延、连接数三个维度，其将成为未来移动通信技术发展必须考虑的方面。

7.4.3   5G 需求

互联网不仅能像传统电话网一样，将人和人连接起来，还能把网站和网站连接起来。互联网提供的不仅是简单的话路连接，还能够向全世界提供知识、信息和智能。尽管互联网的物理层与传统电话网可以有很大部分的重合，但互联网是把人类星球连接成一个地球村的崭新信息网络。于是，社会学家开始使用一个词语：互联网时代。

原先的互联网随着光纤和网线，送到楼、送到户、送到屋、送到桌、送到网络终端——个人计算机。现在，移动通信把互联网的终端真正交给了每个人口袋里的智能手机。从此，就有了一个新词：移动互联。

传感技术无论在物理学领域还是在信息通信领域，一直是一个重要的研究方向。伴随着最近 30 年来移动通信的进步，无线传感网的研究取得了重大进展。

现代微型传感器已经具备 3 种能力：感知、计算和通信，而且具有体积小、能耗小的特征。现代无线传感网将传感器、嵌入式计算、分布式信息处理和无线通信技术结合在一起，能将感知的信息通过多跳的方式传输给用户，又可以做到传感器节点相对密集。这些节点既可以是静止的，也可以是移动的。网络还具备通信路径自组织能力。将现代传感网与互联网连接是人类和世间万物的联结，有着极其广阔的发展前景和极其深远的历史意义。

正是在这样的背景下，产生了物联网的概念。2005 年，在信息社会世界峰会(WSIS)上，国际电信联盟发布"ITU 互联网报告 2005：物联网"。报告指出，无所不在的"物联网"通信时代即将来临，世界上所有的物体，从轮胎到牙刷、从房屋到纸巾都可以通过互联网主动进行信息交换。射频识别技术、传感器技术、纳米技术、智能嵌入技术将得到更加广泛的应用。

面对移动互联网和物联网等新型业务的发展需求，5G 系统需要满足各种业务类型和应用场景的需求。

在保证设备低成本的前提下，5G 网络需要满足的几个目标：服务更多的用户、支持更高的速率、支持无限的连接、提供个性化的体验。

因此，5G 移动通信系统要求在确保低成本，传输的安全性、可靠性、稳定性的前提下，能够提供更高的数据速率、更多的连接数和获得更好的用户体验。

移动通信系统从 1G 到 4G 的发展是无线接入技术的发展，也是用户体验的发展。每一代的接入技术都有自己鲜明的特点，同时每一代的业务都给予用户更全新的体验。然而，在技术发展的同时，无线网络已经越来越"重"："重"部署、"重"投入、"重"维护。

在 5G 阶段，因为需要服务更多用户、支持更多连接、提供更高速率以及多样化的用户体验，网络性能等指标需求的爆炸性增长将使网络更加难以承受其"重"。为了应对在 5G 网络部署、维护及投资成本上的巨大挑战，对 5G 网络的研究应总体致力于建设满足部署轻便、投资轻度、维护轻松、体验轻快要求的"轻形态"网络。

7.4.4　5G 网络的性能特征

5G 是继 4G(LTE-A、WiMAX-A)、3G(UMTS、LTE) 和 2G(GSM) 之后的延伸。5G 移动网络与早期的 2G、3G 和 4G 移动网络一样，也是数字蜂窝网络，在这种网络中，供应商覆盖的服务区域被划分为许多被称为蜂窝的小地理区域。表示声音和图像的模拟信号在手机中被数字化，由模数转换器转换并作为比特流传输。蜂窝中的所有 5G 无线设备通过无线电波与蜂窝中的本地天线阵和低功率自动收发器(发射机和接收机)进行通信。收发器从公共频率池分配频道，这些频道在地理上分离的蜂窝中可以重复使用。本地天线通过高带宽光纤或无线回程连接与电话网络和互联网连接。与现有的手机一样，当用户从一个蜂窝穿越到另一个蜂窝时，他们的移动设备将自动"切换"到新蜂窝中的天线。

5G 的性能目标是高数据速率、低延迟、低能耗、低成本、高系统容量和大规模设备连接。5G 网络的主要优势在于，数据传输速率远远高于以前的蜂窝网络，最高可达 10Gbit/s，比当前的有线互联网要快，比先前的 4G LTE 蜂窝网络快 100 倍。还有一个优点是较低的网络延迟(更快的响应时间)，低于 1ms，而 4G 为 30～70ms。由于数据传输更快，5G 网络将不仅仅为手机提供服务，而且还将成为一般性的家庭和办公网络提供商，与有线网络提供商竞争。以前的蜂窝网络提供了适用于手机的低数据率互联网接入，但是一个手机发射塔不能经济地提供足够的带宽作为家用计算机的一般互联网供应商。5G 移动通信区别于前几代移动通信的关键是以技术为中心逐步向以用户为中心转变。5G 网络具备如下特点：

1. 5G 的峰值速率需要达到 Gbit/s 的标准

峰值速率需要达到吉比特每秒(Gbit/s)的标准，以满足高清视频、虚拟现实等大数据量的传输。空中接口时延水平需要在 1ms 左右，满足自动驾驶、远程医疗等实时应用。超大网络容量，提供千亿个设备的连接能力，满足物联网通信。频谱效率要比 LTE 提升 10 倍以上。连续广域覆盖和高移动性下，用户体验速率达到 100Mbit/s。流量密度和连接数密度大幅度提高。系统协同化、智能化水平提升，表现为多用户、多点、多天线的协同组网，以及网络间的灵活自动调整。

2. 5G 是一个广带化、泛在化、智能化、融合化、绿色节能的网络

为了满足未来用户、业务、网络的新需求，必然要求 5G 具有更多、更先进的功能，实现无时不在、无所不在的信息传递。因此，未来 5G 是一个广带化、泛在化、智能化、融合化、绿色节能的网络。

1)网络广带化，满足用户需求

终端的快速发展以及各类新应用的产生将会刺激移动业务数据量的飞速增长。随着技

术发展和行业融合，移动互联网产业将会继续呈现快速增长的态势，用户对于移动网络带宽和传输速率的需求将更大。因此，为了满足未来用户和业务的发展需求，5G 将具有超高容量。

2）网络泛在化，适应移动互联网发展

移动超高清视频播放：随着移动智能终端和移动互联网的发展，越来越多的用户希望在任何时间和任何地点都能通过移动终端观看视频。

3）网络智能化，提升网络资源效率

未来，5G 网络数据流量和信令流量将呈现爆炸式增长，面对挑战，只有通过网络智能化，才能最大化每比特的收益，实现网络资源、用户体验和收益的和谐发展。

4）网络融合化，推进网络演进

随着全球信息产业的发展，5G 将实现更加融合的发展趋势：首先是电信网、广播电视网、互联网三网融合推动业务发展，为用户提供更多的增值价值；其次是 2G、3G、4G 多制式网络融合，实现电信网络资源共享，实现投资利益最大化。

5）绿色节能，降低网络能耗

就移动通信而言，提升通信网络的节能环保性能，建设绿色移动网络，实现与环境的和谐发展已成为通信产业的共识。当前，基站建设规模逐年扩大，基站年耗电量随之剧烈增长，不但带来较大的运营成本负担，而且给环境带来污染。未来，5G 网络基站之间的距离更近，异构网络更加普及。在保证用户感受不受影响的前提下，将会采用更加有效的节能技术，有效降低网络的整体能耗，实现绿色环保的移动通信运营。

7.4.5 5G 的典型应用与应用趋势

1. 5G 的典型应用

1）车联网与自动驾驶

车联网技术经历了利用有线通信的路侧单元（道路提示牌）以及 2G/3G/4G 网络承载车载信息服务的阶段，正在依托高速移动的通信技术，逐步步入自动驾驶时代。

2）外科手术

2019 年 1 月，中国一名外科医生利用 5G 技术实施了全球首例远程外科手术。这名医生在福建省利用 5G 网络，操控 30mi（约合 48km）以外一个偏远地区的机械臂进行手术。在手术中，由于延时只有 0.1s，外科医生用 5G 网络切除了一只实验动物的肝脏。5G 网络的高速度和较低的延时性能满足远程呈现，甚至远程手术的要求。

3）智能电网

因电网高安全性要求与全覆盖的广度特性，智能电网必须在海量连接以及广覆盖的测量处理体系中，做到 99.999% 的高可靠度；超大数量末端设备的同时接入、小于 20ms 的超低时延，以及终端深度覆盖、信号平稳等是其可安全工作的基本要求。

2. 5G 的应用趋势

5G 移动通信技术的应用趋势主要体现在以下 3 个方面。

1）万物互联

从 4G 开始，智能家居行业已经兴起，但只是处于初级阶段的智能生活，4G 不足以支撑"万物互联",距离真正的"万物互联"还有很大的距离;而 5G 极大的流量将能为"万物互联"提供必要条件。物联网的快速发展与 5G 的商用有着密不可分的关系。

2)生活云端化

如果 5G 时代到来,4K 视频甚至是 5K 视频将能够流畅、实时播放。云技术将会更好地被利用,生活、工作、娱乐都将有"云"的身影。另外,极高的网络速率也意味着硬盘将被云盘所取缔;随时随地可以将大文件上传到云端。

3)智能交互

无论是无人驾驶汽车间的数据交换还是人工智能的交互,都需要运用 5G 技术庞大的数据吞吐量。由于只有 1ms 的延迟时间,在 5G 环境下,虚拟现实、增强现实、无人驾驶汽车、远程医疗这些需要时间精准、网速超快的技术也将成为可能。

本 章 小 结

通过物联网产生、收集海量的数据存储于云平台,再通过大数据分析,甚至更高形式的人工智能,可为人类的生产活动及生活所需提供更好的服务。现在已进入物联网、大数据、云计算、人工智能时代,我们只有弄清楚它们的本质,抓住机遇,跟上趋势,创新发展,才能在高科技的发展大潮中立于不败之地。

云计算相当于人的大脑,是物联网的神经中枢。云计算是基于互联网的相关服务的增加、使用和交付模式,通常涉及通过互联网来提供动态易扩展且经常是虚拟化的资源。大数据相当于人的大脑从小学到大学记忆和存储的海量知识,这些知识只有通过消化、吸收、再造才能创造出更大的价值。

人工智能,打个比喻,为一个人吸收了人类大量的知识(数据),不断地深度学习、进化成一方高人。人工智能离不开大数据,更是基于云计算平台完成深度学习进化。

物联网是互联网的应用拓展,与其说物联网是网络,不如说物联网是业务和应用。因此,应用创新是物联网发展的核心,以用户体验为核心的创新是物联网发展的灵魂。

高连接速率、超低网络延时、海量终端接入、高可靠性,都是 5G 所具备的优点。5G 的超高速上网和万物互联所产生的海量数据,将促进大数据的分析和人工智能的扩展。通过 5G 可以连接大量的设备,因此,5G 网络将成为物联网的重要连接技术。5G 将开启万物互联时代,加速推动物联网落地。

习题与思考题

7-1　试列举 2~3 个我们身边的典型云计算示例。

7-2　试通过你对云计算的理解给出云计算的定义。

7-3　云计算有哪些特点?

7-4　按服务模式云计算分为哪几类?

7-5　按部署模式云计算分为哪几类?

7-6　试简述云计算的关键技术。

7-7　云计算有哪些典型应用？

7-8　云计算面临的挑战有哪些？

7-9　试列举 5 个以上你熟悉的我们身边的人工智能示例。

7-10　试从几种历史上有影响的人工智能的定义中选择一种定义 AI。

7-11　试简要描述图灵测试的内容。

7-12　列出几个人工智能的热门研究领域。

7-13　写出人工智能的几个关键技术。

7-14　人工智能有哪些典型应用？

7-15　物联网的核心和基础是什么？

7-16　最早提出物物相联理念的是什么书？

7-17　物联网的发展经历了哪三个阶段？

7-18　国际电信联盟对物联网的定义是什么？

7-19　物联网的基本特征是什么？

7-20　试按从下至上的顺序给出物联网的体系架构。

7-21　物联网的相关技术有哪些？

7-22　物联网有哪些应用领域？

7-23　4G 的缺陷有哪些？

7-24　5G 的性能目标是什么？

7-25　5G 有哪些典型应用？

拓展阅读 1：新的计算模式

随着计算机的迅猛发展，出现了一些新的计算模式。

1. 普适计算

普适计算(Ubiquitous Computing、Pervasive Computing)，又称普存计算、普及计算、遍布式计算、泛在计算，是一个强调和环境融为一体的计算概念，而计算机本身则从人们的视线里消失。在普适计算的模式下，人们能够在任何时间、任何地点、以任何方式进行信息的获取与处理。普适计算是一个涉及的研究范围很广的课题，包括分布式计算、移动计算、人机交互、人工智能、嵌入式系统、感知网络以及信息等技术的融合。普适计算的核心思想是小型、便宜、网络化的处理设备广泛分布在日常生活的各个场所，计算设备将不只依赖命令行、图形界面进行人机交互，而更依赖"自然"的交互方式，计算设备的尺寸将缩小到毫米级甚至纳米级。普适计算的目的是建立一个充满计算和通信能力的环境，同时使这个环境与人们逐渐地融合在一起。在这个融合空间中人们可以随时随地、透明地获得数字化服务。在普适计算环境下，整个世界是一个网络的世界，数不清的为不同目的服务的计算机和通信设备都连接在网络中，在不同的服务环境中自由移动。

2. 高性能计算

高性能计算(High Performance Computing，HPC)指通常使用很多处理器(作为单个机器的一部分)或者某一集群中组织的几台计算机(作为单个计算资源操作)的计算系统和环境。在移动端，我们可以认为是通过同时启用移动设备 CPU 和图形处理单元(GPU)构成的异构计算资源，进行协同计算。

高性能计算机的发展趋势主要表现在网络化、体系结构主流化、开放和标准化、应用的多样化等方面。网络化的趋势将是高性能计算机最重要的趋势，高性能计算机的主要用途是作为网络计算环境中的主机。

3. 智能计算

智能计算只是一种经验化的计算机思考性程序，是人工智能化体系的一个分支，是辅助人类去处理各式问题的具有独立思考能力的系统。智能计算也称为计算智能，包括遗传算法、模拟退火算法、禁忌搜索算法、进化算法、启发式算法、蚁群算法、人工鱼群算法、粒子群算法、混合智能算法、免疫算法、人工智能、神经网络、机器学习、生物计算、DNA计算、量子计算、智能计算与优化、模糊逻辑、模式识别、知识发现、数据挖掘等。

智能计算不是一个全新的物种，是由通用计算发展而来的，它既是对通用计算的延续与升华，更是应对 AI 趋势的新计算形态。

4. 云计算

云计算是分布式计算的一种，指的是通过网络"云"将巨大的数据计算处理程序分解成无数个小程序，然后，通过多部服务器组成的系统处理和分析这些小程序得到结果并返回给用户。简单地说，云计算早期，就是简单的分布式计算，实现任务分发，并进行计算结果的合并。因而，云计算又称为网格计算。通过这项技术，可以在很短的时间内(几秒)完成对数以万计的数据的处理，从而实现强大的网络服务。具体内容，请参看第 7 章。

拓展阅读 2：伏羲八卦与二进制

伏羲八卦又称先天八卦，传说是由距今七千年的伏羲氏观物取象所作。《易经·系辞上传》说，"易有太极，是生两仪，两仪生四象，四象生八卦"。太极八卦示意图如图 1 所示。

图 1　太极八卦示意图

太极生两仪中的两仪，即阴阳，用爻来表示。阳爻，用长横"—"表示，阴爻用两短横"--"表示，这个是构成八卦的基本符号，是矛盾(阴阳)的形态和万物演变过程中的根本；两仪生四象，是指阴爻和阳爻两两组合(2^2=4 种组合)，生成了太阳"⚌"、少阳"⚎"、太阴"⚏"、少阴"⚍"四象；四象生八卦，是指阳爻和阴爻三三组合(2^3=8 种组合)，分别为乾(☰)、坤(☷)、震(☳)、巽(☴)、坎(☵)、离(☲)、艮(☶)、兑(☱)，象征天、地、雷、风、水、火、山、泽八种自然现象。以天地为"父母"，其余为"六子"，说明世界的生成根源。以乾与坤、震与巽、坎与离、艮与兑之间的相互对立和刚柔互易，表示事物的相互转化和发展变化，具有朴素的辩证法因素。

如果我们把八卦图向右旋转 90°，并用 1 表示阳爻，0 表示阴爻，则八卦分别代表了二进制表示的数字 0 到 7。八卦与二进制编码对应图如图 2 所示。

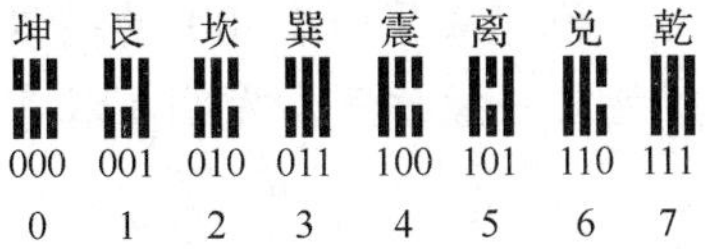

图2　八卦与二进制编码对应图

用阴阳爻符号的组合来表达特定的信息，其中贯穿着二进制编码的重要思想，古老的东方智慧和西方数学竟然如此惊人地统一。

据史料记载，1679年3月15日戈特弗里德·威廉·莱布尼茨发明了一种计算法，用两位数代替原来的十位数，即1和0。1701年他写信给在北京的神父Grimaldi（中文名字闵明我）和Bouvet（中文名字白晋）告知自己的新发明，希望能引起他心目中的"算术爱好者"——康熙皇帝的兴趣。

白晋很惊讶，因为他发现这种"二进制的算术"与中国古代的一种建立在两个符号基础上的符号系统是非常相似的，这两个符号分别由一条直线和两条短线组成，即"▬"和"▬▬"，这是中国著名的《易经》的基本组成部分。莱布尼茨对这个相似也很吃惊，和他的笔友白晋一样，他也深信《易经》在数学上的意义。

易经八卦蕴含的思想简单而又深刻，西方世界以二进制为基础，逐步孕育出了计算机，创造了一个虚拟的世界。

莱布尼茨在1679年3月15日记录下他的二进制体系的同时，还设计了一台可以完成数码计算的机器，我们今天的现代科技将此设想变为了现实，这在莱布尼茨的时代是超乎人的想象能力的。

拓展阅读3：王选与"汉字激光照排技术"

1946年，世界上第一台计算机在美国诞生，当时的计算机根本不支持汉字，有国外的专家在国际会议上公开宣称"只有拼音文字才能救中国"，甚至有国内的专家也说"现代计算机是方块汉字的掘墓人"，直到王选教授发明了"汉字激光照排技术"，将每一个汉字存储到计算机中，才使我们能够方便地在计算机上应用汉字。

20世纪70年代，人类进入信息爆炸的时代。为了改变我国印刷行业的落后面貌，解决汉字的计算机信息处理问题，我国推出了"748工程"这一汉字信息处理技术的重要研究项目，目标是填补国内三个空白：汉字高质量的输入和输出，汉字全自动排版，汉字情报检索和图书馆自动化。王选教授从事的是精密中文编辑排版系统的研制，1975年初，王选教授主持"华光激光照排系统"的研制工作。

汉字字形是由以数字信息构成的点阵形式表示的，一个1号字要由80000多个点组成，因此全部汉字字模的数字化存储量非常大。怎样利用电子排版系统排出或印出精美的书刊、报纸呢？

在先后四代照排机技术中，王选教授果断地选择了西方还没有产品的第四代激光照排系统，他所做的是一步跨过西方40年走的路。

　　经过无数个日夜的呕心沥血，他完成了 1∶500 的高倍率汉字字形信息压缩方案，这是一项领先西方的技术。后来，他又一鼓作气，发明了汉字字形信息高速还原技术、不失真的文字变倍技术。

　　王选教授研发的"华光激光排版系统"由输入、信息处理和激光扫描记录三个部分组成。输入部分可以用纸带或软磁盘等，也可由通信系统输入。信息处理部分由操作控制台、电子计算机和硬磁盘驱动器组成，按照输入代码和操作控制指令，完成控制、编排、拼排和曝光四个主要程序，并对整机起着控制、指挥、调度和监视的作用。激光扫描记录部分由激光平面线扫描主机记录经计算机处理后输出的点阵字形信息。其优点是激光束直线性好，解像力可达每毫米 4000 线以上，字符清晰度高；排出的字符不是单个而是整版。汉字激光照排以效率高、周期短、版面灵活、字库齐全等优势逐渐取代了陈旧落后的铅字排版技术，成为出版印刷行业的主力军。

　　西方国家用了 40 年时间才从第一代照排机发展到第四代激光照排系统，而王选教授发明的汉字激光照排系统，却使我国印刷业从落后的铅字排版一步跨进了世界最先进的技术领域，发展历程缩短了近半个世纪，使印刷行业的效率提高了几十倍，使图书、报刊的排版印刷告别了"铅"与"火"，进入了"光"与"电"的时代。王选教授的这一成就被誉为中国印刷史上继活字印刷后 1000 多年来最伟大的发明之一。

　　只要有汉字的地方，就一定有字库。如今，大部分的主流媒体都在用方正字库，这里的每一个字都是方正人一笔一画设计出来的。汉字激光照排技术奠定了方正集团的发展基础，也让"创新"这一基因深深植入了方正文化之中。

　　1979 年 7 月 27 日，在北大汉字信息处理技术研究室的计算机房里，科研人员用自己研制的照排系统，在短短几分钟内，一次成版地输出了一张由各种大小字体组成、版面布局复杂的八开报纸样纸，报头是"汉字信息处理"六个大字。这就是首次用激光照排机输出的中文报纸版面。

　　就是这六个大字后来彻底改变了中文排版印刷系统，有人将其称之为"中国印刷界的革命"。1981 年 7 月，我国第一台计算机激光汉字照排系统原理性样机华光 I 型机通过国家电子计算机工业总局和教育部联合举行的部级鉴定，鉴定结论是"与国外照排机相比，在汉字信息压缩技术方面领先，激光输出精度和软件某些功能达到国际先进水平"。

　　随着研究工作的不断深入，华光激光照排系统日臻完善，1988 年推出的华光系统，既有整批处理排版规范美观的优点，又有方便易学的长处，是国内唯一的具有国产化软、硬件的印刷设备，也是当今世界汉字印刷激光照排的领衔设备，在国内和世界上汉字印刷领域有着不可替代的地位。

　　这之后，华光Ⅲ型机、Ⅳ型机、方正 91 型机相继推出。1987 年，《经济日报》成为我国第一家试用华光Ⅲ型机的报纸。1988 年，经济日报社印刷厂卖掉了全部铅字，成为世界上第一家彻底废除了中文铅字的印刷厂。1990 年全国省级以上的报纸和部分书刊已基本采用这一照排系统。

　　到 1993 年，这套国产照排系统迅速占领了国内报业 99% 的市场，书刊出版业 90% 的市场，以及 80% 的海外华文报业市场，并进入日本和韩国。

　　2002 年 2 月 1 日，王选教授荣获 2001 年度国家最高科学技术奖。

拓展阅读 4：不可思议的压缩技术

在多媒体系统中，由于涉及的各种媒体信息主要是非常规数据类型，如图形、图像、视频和音频等，这些数据所需要的存储空间是十分巨大和惊人的，而且视频、音频信号还要求快速的传输处理。但目前多媒体计算机中，存储器的存储空间和互联网的传输速度都是有限的。如果没有数据压缩技术，我们就没法用 WinRAR 为 E-mail 中的附件瘦身；如果没有数据压缩技术，市场上的数码录音笔就只能记录不到 20min 的语音；如果没有数据压缩技术，从网络上下载一部电影也许要花半年的时间……因此，为了使多媒体技术达到实用水平，除了采用新技术手段增加存储空间和通信带宽外，对数据进行有效压缩将是多媒体发展中必须解决的关键问题之一。

多媒体数据之所以能够进行压缩主要是基于两个原因：一个是信号源数据中存在或多或少的冗余，这种冗余既存在于信源本身的相关性中，也存在于信号源概率分布的不均匀中，如空间冗余、时间冗余、结构冗余、知识冗余及纹理统计冗余；另一个是对于图像、音频和视频等特殊信源，人的感知可容忍某些细节信息的丢失（感知冗余）。数据压缩就是利用原始数据中的冗余度来压缩数据的。

数据压缩处理一般由两个过程组成：一是编码过程，即对原始数据进行编码压缩，以便存储和传输；二是解码过程，即对压缩的数据进行解压，恢复成可用的数据。根据解压后数据的保真度，数据压缩技术可分为无损压缩编码和有损压缩编码两大类。无损压缩编码是指解码后的数据与原始数据完全相同，无任何偏差。这种编码通常基于信息熵原理，常用的编码有哈夫曼编码、算术编码、行程编码等。它的压缩比通常比较低，一般在 2∶1 到 5∶1 之间，主要用于要求数据无损压缩存储和传输的场合，如传真机、文本文件传输等。有损压缩编码是指解码后的数据与原始数据相比有一定的偏差，但仍可保持一定的视听质量和效果。它主要是在保持一定保真度下对数据进行压缩，其压缩比可达 100∶1，压缩比越高，其解压缩后的视、音频质量就越低。编码方法有：基于线性预测原理的预测编码、基于分量量化的量化编码、基于正交变换原理的正交变换编码、基于分层处理的分层编码以及基于频带分割原理的子带编码等。有损压缩编码主要用于对音频和视频数据的压缩。

多媒体信息编码技术主要侧重于有损压缩编码的研究。经过多年的研究与开发，已经出台了一系列有关的国际标准。其中，最著名的是国际标准组织制定的 JPEG（Joint Photographic Experts Group）和 MPEG（Moving Picture Experts Group）标准。

对于计算机和数字电器（如数码录音笔、数码随身听）中存储的普通音频信息，我们最常使用的压缩方法主要是 MPEG 系列中的音频压缩标准。例如，MPEG-1 标准提供了 Layer Ⅰ、Layer Ⅱ和 Layer Ⅲ三种可选的音频压缩标准，MPEG-2 又进一步引入了 AAC（Advanced Audio Coding）音频压缩标准，MPEG-4 标准中的音频部分则同时支持合成声音编码和自然声音编码等不同类型的应用。在这许多种音频压缩标准中，声名最为显赫的恐怕要数 MPEG-1Layer Ⅲ，也就是我们常说的 MP3 音频压缩标准了。

数字化图像压缩方面的国际标准主要有 3 种。第一种是 1991 年通过的静态图像压缩编码国际标准的 JPEG，称为 ISO/IEC10918 标准。第二种运动图像压缩编码国际标准，MPEG 系列标准。1992 年第一个动态图像编码标准 MPEG-1 颁布，1993 年 MPEG-2 颁布，MPEG 系列的其他标准还有 MPEG-4、MPEG-7、MPEG-21。第三种是 H.26X 标准，这是视频图像压缩编码国际标准，主要用于视频电话和电视会议，可以以较好的质量来传输更复杂的图像。

在多媒体信息日益成为主流信息形态的数字化时代里，人们对信息数量和信息质量的追求是永无止境的，数据压缩技术特别是专用于图像、音频、视频的数据压缩技术还有很大的发展空间。分形压缩技术是图像压缩领域近几年来的一个热点，人工智能的发展也会对数据压缩的未来产生重大的影响。

拓展阅读 5：二维码的原理与制作

二维码，最流行的莫过于 QR 码，下面以 QR 码为例说明二维码的基本结构、原理与制作方法。

1. 基本结构

二维码一共有 40 个版本（Version），Version 1 是 21×21 的矩阵，Version 2 是 25×25 的矩阵，Version 3 是 29 的尺寸，每增加一个版本，就会增加 4 的尺寸，公式是：（V-1）×4+21（V 是版本号），最高 Version 40，（40-1）×4+21=177，所以最高是 177×177 的正方形。二维码的基本结构如图 3 所示。

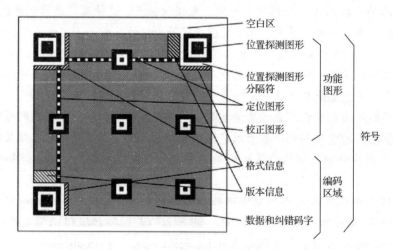

图 3　二维码的基本结构

1）功能图形

功能图形是不参与编码数据的区域。它包含空白区、位置探测图形、位置探测图形分隔符、定位图形、校正图形五大模块。

空白区：空白区顾名思义就是要留空白。这里不能有任何图样或标记，这样才能保证 QR 码能被识别。

位置探测图形：这个有点类似于中文的"回"字。在 QR 码中有个这样的标识，它分别位于左上、右上和左下角。作用是协助扫描软件定位 QR 码并转换坐标系。我们在扫描二维码的时候，不管是竖着扫、横着扫、斜着扫都能识别出内容，主要是它的功劳。

位置探测图形分隔符：主要作用是区分功能图形和编码区域。

定位图形：主要用于指示标识密度和确定坐标系。原因是 QR 码有 40 个版本，也就是说有 40 种尺寸。每种二维码的尺寸越大，扫描的距离就越远。

校正图形：只有 Version 2 及以上的 QR 码有校正标识。校正标识用于进一步校正坐标系。

2)编码区域

编码区域是数据进行编码存储的区域。它由格式信息、版本信息、数据和纠错码字三部分构成。

格式信息：所有尺寸的二维码都有该信息。它存放一些格式化数据的信息，如容错级别、数据掩码和容错码。

版本信息：版本信息规定二维码的规格。前面讲到 QR 码一共有 40 种规格的矩阵(一般为黑白色)，从 21×21(版本 1)，到 177×177(版本 40)，每一版本的符号比前一版本每边增加 4 个模块。

数据和纠错码字：主要是存储实际数据以及用于纠错码字。

2. 数据编码

二维码的编码过程如图 4 所示。

图 4　二维码的编码过程

(1)数据分析：确定编码的字符类型，按相应的字符集转换成符号字符。

(2)数据编码：将数据字符转换为位流，每 8 位一个码字，整体构成一个数据码字序列。其实知道这个数据码字序列就知道了二维码的数据内容。

下面以对数据 01234567 编码为例，简单讲解编码过程：

第 1 步：分组 012、345、67。

第 2 步：转成二进制 012→0000001100、345→0101011001、67→1000011。

第 3 步：转成序列 000000110001010110011000011。

第 4 步：字符数转成二进制，8→0000001000。

第 5 步：加入模式指示符(表1)**0001**：0001 0000001000 000000110001010110011000011。

表 1　二维码模式指示符

模式	ECI	数字	字母数字	8位字节	日本汉字	中国汉字	结构链接	FNCI	终止符
指示符	0111	0001	0010	0100	1000	1101	0011	0101(第1位置) 1001(第2位置)	000

对于字母、中文、日文等只是分组的方式、模式等内容有所区别，基本方法是一致的。

（3）纠错编码：按需要将上面的码字序列分块，并根据纠错等级和分块的码字，产生纠错码字，并把纠错码字加入数据码字序列后面，成为一个新的序列。QR码有L、M、Q、H四种级别的纠错，在规格一定的条件下，纠错等级越高其真实数据的容量越小。这就是为什么二维码有残缺还能扫出来，也是为什么可以在二维码的中心位置加入图标。

（4）构造最终数据信息：在规格确定的条件下，将上面产生的序列按次序放入分块中，然后对每一块进行计算，得出相应的纠错码字区块，把纠错码字区块按顺序构成一个序列，添加到原先的数据码字序列后面。（最后将探测图形、分隔符、定位图形、校正图形和码字模块放入矩阵中，并把上面的完整序列填充到相应规格的二维码矩阵的区域中构造矩阵。）

（5）掩模：将掩模图形用于符号的编码区域，使得二维码图形中的深色和浅色(黑色和白色)区域能够比率最优地分布。

（6）格式和版本信息：生成格式和版本信息放入相应区域内。

3. 二维码的制作

二维码分为静态码和活码两大类。静态码直接对文字、网址、电话等信息进行编码，不支持存储图片和文件，无须联网也能扫描，但是生成的二维码图案复杂，不容易识别和打印，生成后内容无法改变；活码是指对一个分配的短网址进行编码生成二维码，生成后可以随时修改内容，二维码图案不变，可跟踪扫描统计，支持存储大量文字、图片、文件、音视、视频等内容，同时图案简单易扫。

知道了二维码的基本结构和编码过程以后，理论上我们就可以自己手动绘制一个二维码了，但是这个过程是非常烦琐的。二维码制作有很多工具软件，如草料二维码、二维码大师、sinsur名片二维码生成器、彩色二维码生成器等，我们可以用这些工具软件制作二维码。

拓展阅读6：如何配置一台自己理想的计算机

买计算机就像做饭一样，可以根据自己的口味和喜好来烹饪，但并不是所有人都会做菜而且能做得很好。所以用户购买计算机时可以自我攒机(意思是自己选购计算机配件，自主安装)或者直接购买品牌机。虽然购买品牌机简单且能享受比较好的售后服务，但自我攒机有自由的乐趣，可以根据喜好和需求来搭配自己的梦幻计算机。因此有必要去了解一下攒机的基本知识，在选购计算机时能做到有的放矢。

普通消费者的计算机组件主要是以下几大配件：机箱及电源、主板、CPU及散热器、内存、硬盘、显示器、键盘及鼠标。根据自己的需求来选择是否需要显卡、蓝牙配件等。一般来说，主板上会集成声卡、网卡等功能，如果没有特殊需求，不需要单独购买。

1. 中央处理器

中央处理器是计算机的核心大脑，非常重要。购机时首先要确定自己需要什么品牌和档次的CPU。CPU品牌目前在市场上主要是Intel和AMD。下面分别介绍一下这两大品牌。

1）Intel 公司目前主要提供酷睿、至强、奔腾、赛扬、凌动五大类芯片产品

（1）至强（Xeon）：提供云计算，通过数据分析获得实时见解，提高数据中心生产力并可轻松地进行扩展，主要面向企业服务器和工作站。

（2）凌动（Atom）：面向移动设备、嵌入式设备。

（3）酷睿（Core）：管理 3D、高级视频和照片编辑，玩复杂游戏，享受高分辨率 4K 显示，主要用在桌面电脑，面向中高端、工作站和发烧级处理器。

（4）奔腾（Pentium）：入门级桌面，比酷睿低一个级别。

（5）赛扬（Celeron）：低端桌面，比奔腾低一个级别。

普通消费者一般接触购买的是 Intel 的酷睿系列。目前主要是 i3、i5、i7、i9，每种系列中的具体型号处理器在 Intel 官网上都有详细信息和规格介绍。大家要善于利用官网获得自己想要的信息。

Intel 官网：https://www.Intel.cn/content/www/cn/zh/products/overview.html。

官网产品详细信息页面中罗列着该系列所有型号的产品。每种型号的芯片命名都以品牌和产品系列开头。比如，Intel 酷睿 i9-10850K，i9 指代是 i9 系列，10850 中的 10 表示处理器的代编号，标明该芯片是 i9 系列的第 10 代产品，后三位是库存编号。Intel 酷睿 i9-9900T 表示该芯片是 i9 系列的第 9 代产品。Intel 酷睿 i9-8950HK 表示该芯片是 i9 系列的第 8 代产品。这三款产品的最后均带有不同的字母标识，如 K、T、KF、HK 等，字母标识具体描述在产品信息页中都有，其中 KF 表示需要独立显卡，HK 表示带有高性能核显，这些内容和显卡相关，在显卡叙述中再详细阐述。

2）AMD 目前在售的 CPU 有三种

一种是高端的线程撕裂者，如 3960X、3970X 和 3990X，这是 HEDT（High End Desktop，终极桌面电脑）平台的高性能 CPU，搭配 TRX40 主板，用于计算量非常大的生产力工具；第二种是常见的 Ryzen 处理器，包括 5、7、9 等系列；第三种是适用于普通家用办公的入门级带核显的 APU（Accelerated Processing Units，加速处理器），具体信息在 AMD 官方网站有详细介绍。

AMD 官网：https://www.amd.com/zh-hans。

具体购买 CPU 时，产品多种多样，让用户眼花缭乱迷失于选择之中。用户可以参考桌面级 CPU 性能天梯图（在搜索引擎中搜索桌面级 CPU 性能天梯图，或者直接进入快科技网站查看天梯图 https://rank.kkj.cn），通过天梯图可以查看目前市面上芯片产品的排名、跑分及上市时间等详细信息。

无论是 AMD 还是 Intel，都推荐买新款，但是要根据自己的预算和需求合理选择。如果用户仅仅是进行网页浏览、看视频及简单应用，可以买入门级较低端的 CPU，但如果是游戏玩家或有影视频剪辑、图形图像处理、运营网络直播等应用需求的话，就必须买高性能的 CPU 了，高核心高线程高睿频都是必要的配置参数。

2. 散热器

计算机在工作的时候会产生大量的热量，其中发热最多的就是 CPU。我们必须将高热散发出去，保持计算机的正常工作，所以在 CPU 之上需要安装散热器。

散热器目前分为风冷、一体式水冷和分体式水冷。风冷最简单，易于维护。一体式水

冷散热性能更强，但价格更高。分体式水冷比一体式水冷性能更强，适合预算充足的用户。普通用户推荐风冷，如果你选择高性能 CPU 则推荐一体式水冷或者旗舰风冷。

3. 内存

一般来说内存有三个参数：分别是容量、频率和时序。容量是大小，频率是速度，时序是定位目标文件的速度。购买时优先考虑容量，其次是频率，再次是时序，最后才是发烧友在意的颗粒。运行视频剪辑、游戏直播、影视后期等应用程序时推荐内存容量在 32GB 及以上。购买时优先选择双通道，即购买两根同品牌、同型号、同批次的内存，利用主板 2、4 插槽并行使用，性能比单内存条更好。处理器是 AMD 公司的 APU 芯片时，内存频率越高越好，因为 APU 把内存当显存使用，在内存频率的选择上，Intel Z 系列主板和 AMD 所有主板推荐 3200 MHz 频率的内存，都需购买 2666MHz 以上频率的内存。

4. 主板

选购主板需要注意两个参数：主板规格和芯片组。

现在民用的主板板型有 E-ATX、ATX、M-ATX、MINI-ITX 等，从左向右扩展能力和板型依次变小。ATX 是标准型，就是通常所称的大主板，一般都会搭载高端芯片组，接口全、扩展强、性能好。M-ATX 属于紧凑型，搭载的芯片组属于中低端，接口偏少，所以扩展性一般，但性价比较高。MINI-ITX 是迷你型主板，通常走极端路线，扩展和接口都走向新低，而且主板尺寸太小也导致攒机兼容性差，能选择的硬件不多。E-ATX 是增强型主板，一般用于高性能 PC、入门式工作站或服务器上。

芯片组是一块主板的"心脏"，从某种意义上讲代表了主板的级别和档次，直接决定了主板可以装什么样的 CPU，有多少个接口和什么样的扩展能力。每一次硬件的升级都离不开主板芯片组的支持。目前市场上芯片组基本上是 Intel 系列和 AMD 系列。Intel 公司提供多种系列芯片组。其中市场主流的 Intel400 系列主板芯片组可划分为 Z 系列、B 系列、H 系列、Q 系列。比如，现在市面上很多主板搭配的就是 Intel 于 2020 年发布的 Z490 芯片组，包括 DMI（Direct Media Interface，直接媒体接口）3.0 互连总线、24 条 PCI-E（Peripheral Component Interconnect Express）（一种高速串行计算机扩展总线标准）3.0 通道、6 个 SATA 6Gbit/s 接口、6 个 USB 3.1 接口、10 个 USB 3.0 接口、14 个 USB 2.0 接口，全面支持十代桌面酷睿处理器，最高升级到 10 核心 20 线程、20MB 三级缓存，加速频率最高达 5.3GHz，支持更开放的超频、更高的内存频率、2.5 千兆有线网络、Wi-Fi 6（Gig+）无线网络，总线速度达到 8GT/s。总之，Z490 对应高性能，H470 适合不超频的中高端用户，B460 适合普通用户，H410 对应 mini 主机，各个芯片组详情可以在 Intel 官网查到。

AMD 公司针对三代 ryzenCPU 的最新芯片组有 A320、B450 和 X370，其中 A320 适合家用上网影音，普通用户适合用 B450，有较高性能和扩展需求的用户推荐 X370。

购买主板时，品牌非常多，如华硕、微星、玩家国度、华擎、七彩虹等，各个产品均搭载不同的 Intel 芯片组或 AMD 芯片组供用户选择。支持 AMD 芯片组的主板比支持 Intel 芯片组的主板品牌稍微少一点，总之 CPU 和主板芯片选择同一家公司最好。

5. 显卡

显卡是绘制图像的设备，在计算机上看到的任何图像都是显卡一张一张画出来的。一张一张图片的高速连续播放，就形成了连贯流畅的动画画面。显卡性能的优劣，就体现在这一张一张的图片上。高级显卡每秒能画出几百张高品质的图像，低性能的显卡当然出图速度和品质远远不行。既然显卡是画画的，那显卡的关键参数有哪些呢？

（1）流处理单元：流处理器就是显卡里负责画画的，可以想象成显卡里的画师，有多少流处理器，那么这个显卡就有多少个画师为它服务。画师越多，每秒能画出的图片也就越多，游戏帧数也就越高。

（2）架构：光比画师的数量也没有决定性的意义，还要比画师的水平，这个就要看显卡的架构了。新架构的显卡效率更高，性能也更强。比如，现在 NVIDIA 推出的 Turing（图灵）架构集实时光线追踪、AI、模拟和光栅化于一身，并具有深度学习的能力，为计算机图形带来了根本性变革，堪称自 2006 年 NVIDIA CUDA GPU 问世以来的一次巨大飞跃，性能比以前的 Pascal（帕斯卡）架构更加优越。

（3）核心频率：可以理解为画师画画的速度。在流处理器和架构一样的情况下，这个频率值越高，显卡的性能也就越好。

画师画好画之后，还需要有强大的后勤运输团队把这些画运出来存好，以供 CPU 调取。后勤要强就必须靠显存容量、位宽和频率。

（4）显存位宽：表示每趟能运输多少比特数据。

（5）显存频率：表示每秒能运输多少趟。

（6）显存容量：就是存储仓库的大小，只有这些后勤部队跟得上，才能发挥出显卡应有的实力。

显卡不是必须购买的硬件，没有特殊需要的用户不必购买独立显卡，为什么呢？因为显卡分为集成显卡、核心显卡和独立显卡。

（1）集成显卡：主要是早期计算机主板上的板载显卡，集中在北桥芯片中，现在基本上被核显取缔。

（2）核心显卡：藏在 CPU 封装中，如图 5 所示。

核心显卡藏在CPU封装中

图 5 核心显卡

核心显卡最初由 Intel 开创，是集成在 CPU 中的显示核心。目前大部分芯片都是有核心显卡的，但 Intel 芯片名称后带 KF 表示没带核心显卡，需要独立显卡。而 AMD 的锐龙系列大部分不带核心显卡，但其有一个 CPU 系列名为 APU，该系列的 CPU 具有非常强大的核心显卡性能，甚至足以媲美一部分入门独立显卡，性价比十分高。

（3）独立显卡：安装于主板 PCI-E 插槽中，可更换，性能强，扩展性强。如果运行游戏、VR、建模、视频剪辑等，就必须安装独立显卡。

桌面消费级显卡厂商有两家 NVIDIA 和 AMD，简称 N 卡和 A 卡。目前高端旗舰卡是 N 卡的天下，如果追求光影效果，有深度学习、CUDA 加速的需求则购买 N 卡。各种显卡具体性能表现可以参考显卡天梯图。

6. 机箱

机箱要和主板板型对应，ATX 主板搭配 ATX 机箱，以此类推。在选购机箱时要去商品详情页看看能否兼容你的显卡和散热器，如显卡长度不能大于机箱兼容的显卡长度，散热器高度不能超过主板设计的散热器高度。

另外，机箱内必须配备电源，给机箱内的部件进行供电。可以直接购买机箱电源套装，也可以单独购买电源。电源按接线类型可分为全模组、半模组和非模组，区别是线材是否固定。对机箱内美观没有追求的可以买非模组或半模组电源，否则买全模组电源。电源按尺寸可分为 ATX 电源和 SFX 电源。普通用户选择 ATX 电源就可以了，组 ITX 机箱选择 SFX 电源。一般来说普通用户选择 450～650W 的金牌电源就可以。

其他配件，如键盘、鼠标、硬盘，则按喜好、需求和价格综合比较购买即可。显示器选择 IPS（In-Plane Switching，平面转换）屏幕，支持 2K/1440P（2560×1440）或 4K/2160P（3840×2160），大尺寸当然好。硬盘选择固态硬盘最好，也可以选择固态+机械混合式，当然容量也是越大越好。总之自主攒机费心费力，但是乐趣多多，希望大家都能根据需求买到称心如意的计算机。

拓展阅读 7：比特币的发展史

1. 比特币的出现

2008 年，一位化名为中本聪的人（或组织），在一篇名为《比特币：一个点对点的电子现金系统》的论文中首次提出了比特币的概念。中本聪结合以前的多个数字货币发明，创建了一个完全去中心化的电子现金系统，不依赖于任何中央机构发行。关键的创新是利用分布式计算系统（称为"工作量证明"算法）每隔 10min 进行一次的全网"选拔"，能够使去中心化的网络同步交易记录。这个方法可以优雅地解决双重支付问题（即同一笔钱花了两次或多次）。此前，双重支付问题是数字货币的一个弱点，主要通过一个中央结算机构清除所有交易来处理。

根据中本聪的论文，比特币网络被许多其他的程序员修订之后，于 2009 年正式启动。而分布式计算则为比特币提供了成倍增长的安全性和韧性。根据 2021 年 2 月比特币兑美元汇率，比特币的总市值达 1 万亿美元，所有的加密货币市值已经达到 1.7 万亿美元。

比特币系统的运行，不依赖于中本聪或其他任何人，比特币系统依赖于完全透明的数学原理。这项发明本身就是开创性的，它已经蔓延到了分布式计算、经济学、计量经济学领域。

2. 比特币的原理

比特币是基于非对称加密技术的。所谓非对称加密，就是加密和解密需要两个不同的密钥：公钥和私钥。

公钥是公开的，任何人都可以获取。私钥是保密的，只有拥有者才能使用。别人使用你的公钥加密信息，然后发送给你，你用私钥解密，取出信息。反过来，你也可以用私钥加密信息，别人用你的公钥解开，从而证明这个信息确实是你发出的，且未被篡改，这就是数字签名。

现在请设想，如果公钥加密的不是普通的信息，而是加密了一笔钱，发送给你，这会怎样？首先，你能解开加密包，取出里面的钱，因为私钥在你手里。其次，别人偷不走这笔钱，因为他们没有你的私钥。因此，支付可以成功。这就是比特币(以及其他数字货币)的原理：非对称加密保证了支付的可靠性。

由于支付的钱必须通过私钥取出，所以你是谁并不重要，重要的是谁拥有私钥。只有拥有了私钥，才能取出支付给你的钱；反之，如果弄丢了私钥，也就相当于损失了这笔钱。

3. 比特币这类加密货币的优点

1) 降低欺诈风险

每年在线欺诈都以惊人的速度增长。欺诈者和黑客利用网络设立欺诈账户并销售假冒产品。而区块链可以用于品牌溯源和产品追寻，例如，通过使用区块链购买任何商品的门票，你都可以从存储的区块中跟踪卖家的信息。此外，这些区块无法篡改或伪造，因此你将获得准确的信息。利用加密货币付款是安全且不可逆的，所有交易在去中心化的区块链中都提供了无法破解的高等级加密保护。

2) 国际认可

加密货币不受利率、汇率、交易费用或任何其他费用的约束。所以，你可以在国际层面进行转账而不会遇到任何问题。这将节省大量的时间和金钱，否则按目前的做法将资金从一个国家转移到另一个国家将会耗费大量的精力和金钱。

3) 降低交易费用

通过加密货币购买商品和服务，通常不会有任何额外的交易费用，因为矿工"挖矿"做数字运算产生比特币和其他加密货币，他们从加密货币网络中收取补偿。

4) 交易保密

每次使用信用卡/借记卡进行在线支付时，银行或所涉及的信用卡公司都将拥有支付者的整个交易历史记录。这意味着他们可以查看支付者的银行账户和余额等信息。但是，如果使用加密货币进行在线交易，则它将是双方之间的唯一的交易渠道。信息通过"推送"进行交易，你可以在其中决定要发送给收件人的内容。这种交易方式可以有效保护用户的敏感数据。

5) 轻松访问

全球有数十亿人在使用手机接入互联网。这些人倾向于加密货币而不是传统的金融系统。任何人都可以访问加密货币，你不需要提款软件或企业账户，只需要利用手机和互联网连接即可，这对网络基础不发达的发展中国家意义重大。

6) 点对点交易

加密货币支付的主要方式是点对点的交易，没有涉及任何中间商或第三方。点对点技术旨在促进合理、即时和安全的结算，而无须任何人参与，包括银行或任何其他金融系统。

参 考 文 献

陈文伟, 2006. 数据仓库与数据挖掘教程[M]. 北京: 清华大学出版社.

陈小玉, 2017. 趣学算法[M]. 北京: 人民邮电出版社.

丹宁, 马特尔, 2017. 伟大的计算原理[M]. 罗英伟, 高良才, 张伟, 等, 译. 北京: 机械工业出版社.

樊重俊, 刘臣, 霍良安, 2016. 大数据分析与应用[M]. 上海: 立信会计出版社.

冯岩松, 2015. SPSS22.0 统计分析应用教程[M]. 北京: 清华大学出版社.

佛罗赞, 2018. 计算机科学导论: 原书第 3 版[M]. 刘艺, 刘哲雨, 等, 译. 北京: 机械工业出版社.

郭洪波, 2020. 汉字激光照排系统之父——王选[M]. 南宁: 广西科学技术出版社.

胡阳, 李长铎, 2006. 莱布尼茨二进制与伏羲八卦图考[M]. 上海: 上海人民出版社.

李凤霞, 陈宇峰, 史树敏, 2014. 大学计算机[M]. 北京: 高等教育出版社.

林静, 2012. 把世界变成地球村的互联网[M]. 北京: 中国社会出版社

刘化君, 刘传清, 2015. 物联网技术[M]. 2 版. 北京: 电子工业出版社.

刘家瑛, 郭炜, 李文新, 2017. 算法基础及在线实践[M]. 北京: 高等教育出版社.

卢江, 刘海英, 陈婷, 2018. 大学计算机——基于翻转课堂[M]. 北京: 电子工业出版社.

麦克安利斯, 海奇, 2020. 数据压缩入门[M]. 王凌云, 译. 北京: 人民邮电出版社.

申艳光, 刘志敏, 薛红梅, 2019. 大学计算机——计算思维导论[M]. 北京: 清华大学出版社.

孙春玲, 2019. 大学计算机——计算思维与信息素养[M]. 北京: 高等教育出版社.

唐良荣, 唐建湘, 范丰仙, 等, 2015. 计算机导论——计算思维和应用技术[M]. 北京: 清华大学出版社.

唐培和, 徐奕奕, 2015. 计算思维——计算科学导论[M]. 北京: 电子工业出版社.

万珊珊, 吕橙, 邱李华, 等, 2019. 计算思维导论[M]. 北京: 机械工业出版社.

王建忠, 2014. 大学计算机基础[M]. 3 版. 北京: 科学出版社.

肖海蓉, 2016. 数据库原理与应用[M]. 北京: 清华大学出版社.

谢希仁, 2017. 计算机网络[M]. 7 版. 北京: 电子工业出版社.

战德臣, 2018. 大学计算机——理解和应用计算思维[M]. 北京: 人民邮电出版社.

张传福, 赵立英, 张宇, 2018. 5G 移动通信系统及关键技术[M]. 北京: 电子工业出版社.

张春英, 赵艳君, 2016. 大学计算机——从应用到思维[M]. 北京: 高等教育出版社.

张问银, 王振海, 赵慧, 2020. 大学计算思维基础[M]. 北京: 高等教育出版社.